KB116637

인조이 **스위스**

인조이 스위스

지은이 맹지나
펴낸이 임상진
펴낸곳 (주)넥서스

초판 1쇄 발행 2019년 5월 20일
초판 3쇄 발행 2020년 3월 10일

출판신고 1992년 4월 3일 제311-2002-2호
주소 10880 경기도 파주시 지목로 5
Tel (02)330-5500 Fax (02)330-5555

ISBN 979-11-90032-15-5 13980

가격은 뒤표지에 있습니다.
잘못 만들어진 책은 구입처에서 바꾸어 드립니다.

www.nexusbook.com

여행을 즐기는 가장 빠른 방법

인조이
스위스
SWITZERLAND

맹지나 지음

넥서스BOOKS

Prologue

여는 글

스위스는 여느 여행에서 느끼는 기쁨과 설렘은 물론이고, 자연에 대한 경외감 그에서 비롯된 겸손한 마음과 맑고 푸른 녹음이 선사하는 상쾌한 기분까지 안겨준 고마운 여행지였다. 이웃 나라들을 여행할 때 경험하지 못했던 자연의 무한함을 스위스의 아주 작은 마을에서도 매 순간 마주했다. 여러 해를 거듭하여 이 동네 저 동네를 조금씩 돌아보고, 또 전역을 한꺼번에 취재하면서 그 모든 날들이 새로웠던 이유는 무엇일까, 책을 마무리하며 다시금 되묻는다. 모든 것이 신속하고 정확하고 빠르던 한국에서의 생활이 몸과 마음에 노폐물처럼 쌓여 왔던가 싶다. 마셔도 좋다는 맑은 호수에 매일 얼굴을 비추고, 차디찬 공기 속에서 내뱉는 숨소리에 귀를 기울이며 알프스산을 오르는 것으로 나는 정화됨을 느꼈다.

스위스의 자연은 멀리서 볼 때는 단조로울 정도로 고요하고, 가까이 다가가면 너무나 역동적이다. 그 간극이 얼마나 큰지는 스위스를 여행한 사람만 알 수가 있다. 부지런히 달리는 기차와 자동차

와 버스를 타고, 때론 두 발로 걷고 또 걸으며 만났던 많은 호수와 산봉우리들 그리고 유구한 역사의 시가지도 주목받아 마땅하다. 여기저기 소문내며 뽐내지 않고, 존재 그 자체로 빛을 발하는 전시들이 모든 도시에 있다. 기차역 두어 개만 지나면 또 다른 매력의 건축미와 조형미를 갖춘 명소가 반겨준다. 산과 산, 물과 물 사이에는 온종일 걷고 싶은 거리가 있다.

고요한 아침 산책으로 복잡하던 심신에 감사한 평안을 선물 받고, 영하의 날씨에도 땀을 삘삘 흘리며 자연 속 슬로프를 타는 모든 날의 다채로움을 한 권에 담아 보려 부단히 노력했다. 무한한 스위스의 아름다움이 최대한 많이 담겼기를 소망한다. 스위스로 떠나는 모두가 진정으로 행복할 것이라 믿는다.

언제나 마음 한 켠에 스위스를 품고 있는

맹지나

이 책의 구성

Notice! 현지의 최신 정보를 정확하게 담고자 하였으나 현지 사정에 따라 정보가 예고 없이 변동될 수 있습니다. 특히 요금이나 시간 등의 정보는 안내된 자료를 참고 기준으로 삼아 여행 전 미리 확인하시기 바랍니다.

1 미리 만나는 스위스

스위스는 어떤 매력을 가지고 있는지 주요 관광지와 먹을거리 그리고 쇼핑 리스트 등을 사진으로 보면서 여행의 큰 그림을 그려 보자.

2 추천 코스

어디부터 여행을 시작할지 고민이 된다면 추천 코스를 살펴보자. 저자가 추천하는 코스를 참고하여 자신에게 맞는 최적의 일정을 세워 본다.

3 근교 여행

주요 도시 외에도 시간을 내어 찾아가기 좋은 매력적인 주변 여행지의 정보를 담았다.

4 지역 여행

스위스의 주요 지역에서 꼭 가 봐야 할 대표적인 관광지와 맛집, 호텔을 소개하고, 상세한 관련 정보를 알차게 담았다.

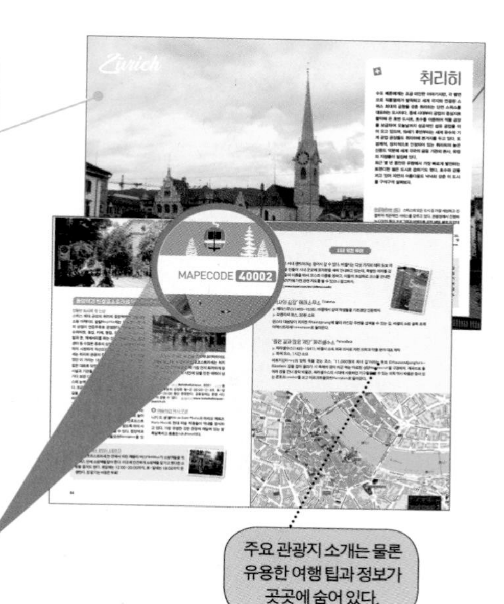

주요 관광지 소개는 물론 유용한 여행 팁과 정보가 곳곳에 숨어 있다.

▶ '인조이맵'에서 맵코드를 입력하면 책 속의 스폿이 스마트폰으로 쏙!
▶ 위치 서비스를 기반으로 한 길 찾기 기능과 스폿간 경로 검색까지!
▶ 즐겨찾기 기능을 통해 내가 원하는 스폿만 저장!
▶ 각 지역 목차에서 간편하게 위치 찾기 가능!

5 테마 여행

스위스의 아름다운 자연을 감상할 수 있는 걷기 좋은 곳, 스위스의 대표적인 초콜릿과 치즈 이야기 등 스위스에서 경험할 수 있는 특별한 테마를 소개한다.

6 여행 정보와 휴대용 여행 가이드북

여행에 유용한 정보를 정리하고, 휴대용 부록에는 각 지역의 지도와 간단한 영어, 독일어, 프랑스어, 이탈리어 기본 회화를 담았다.

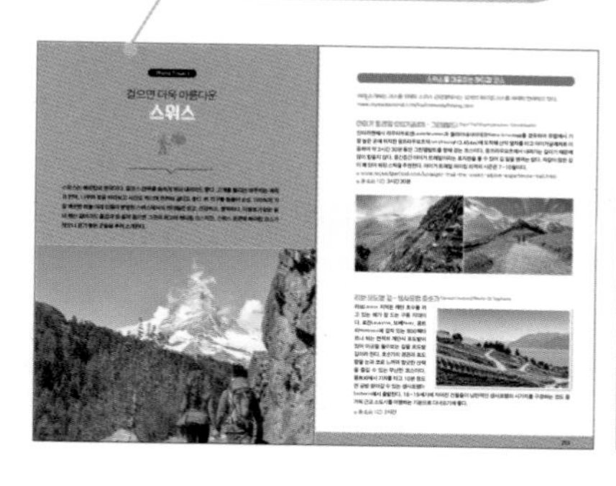

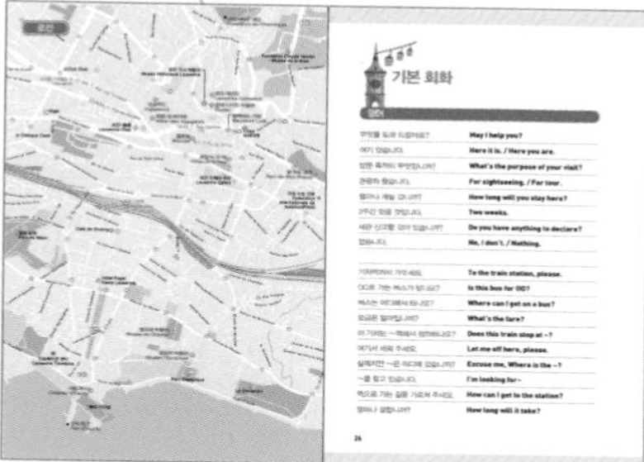

Contents

차례

미리 만나는 스위스

추천 코스

지역 여행

테마
여행

여행
정보

톡톡
스위스
이야기

스위스 전도

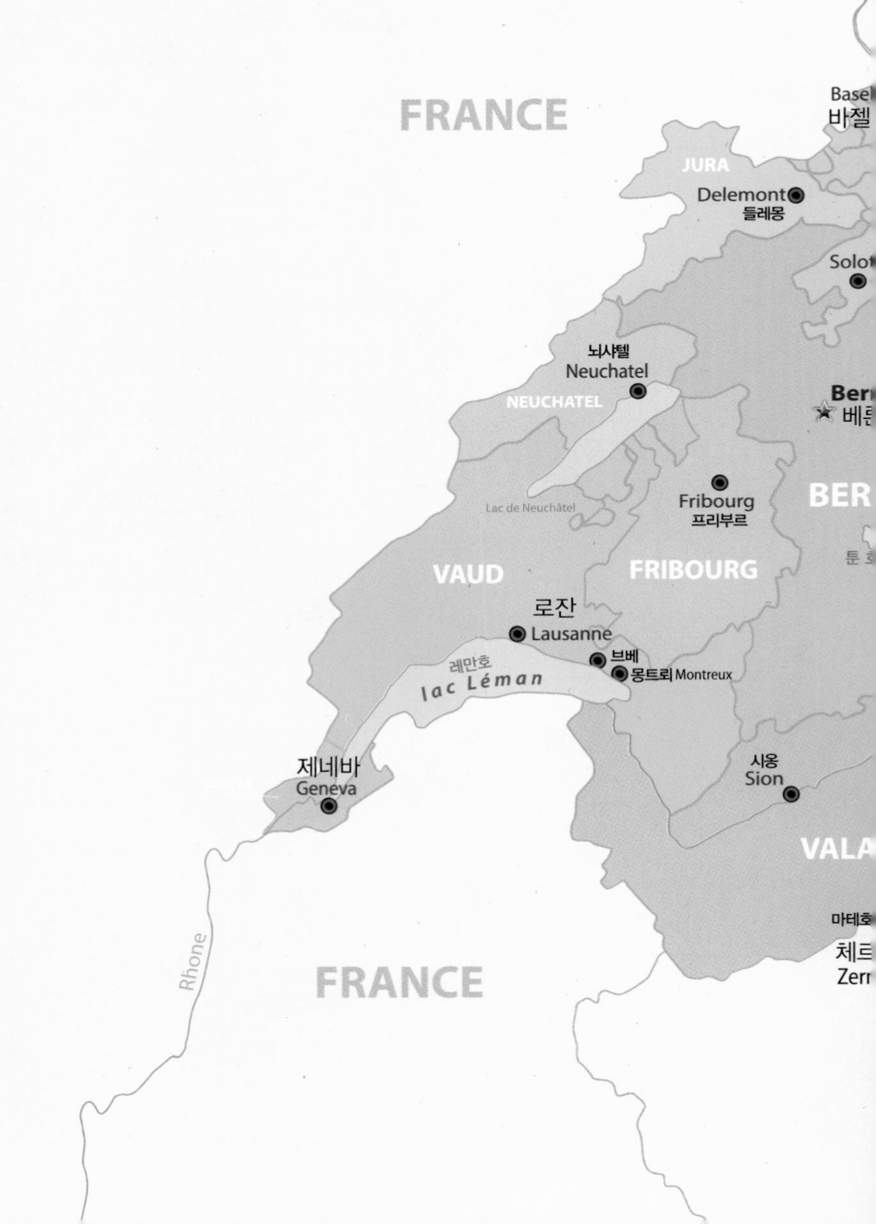
FRANCE
JURA
Delemont
들레몽
뇌샤텔
Neuchatel
NEUCHATEL
Lac de Neuchâtel
Fribourg
프리부르
VAUD
FRIBOURG
로잔
Lausanne
브베
몽트뢰 Montreux
레만호
lac Léman
제네바
Geneva
시옹
Sion
마테호
Rhone
FRANCE

ERMANY
Schaffhausen
샤프하우젠
Rhine
보덴호
Bodensee
프라우엔펠트
Frauenfeld
THURGAU
AARGAU
Arau
아라우
취히리
Zurich
ZÜRICH
생갈렌
Sankt Gallen
Herisau
헤리자우
Appenzell
아펜첼
Rhine
취리히호
CERNE
Zug
추크
ZUG
SCHWYZ
ST. GALLEN
Vaduz
LIECHTENSTEN
AUSTRIA
루체른
Lucerne
리기
루체른호
Schwyz
슈비츠
Glarus
글라리스
필라투스
Stans
GLARUS
Sarnen
자르넨
티틀리스
Altdorf
알트도르프
Chur
쿠어
다보스
Davos
OBWALDEN
Rhein
URI
Interlaken
GRAUBÜNDEN
생모리츠
St. Moritz
TICINO
티라노
Tirano
Bellinzona
벨린초나
루가노
Lugano
Lago Maggiore
ITALY

미리 만나는
스위스
SWITZERLAND
PREVIEW

Information

스위스 기본 정보

공식 명칭 스위스 연방. 라틴어로 공식 국가명을 '헬베티카 연합국 Confederatio Helvetica' 이라 표기한다. 그래서 스위스를 줄여 표기할 때는 CH로 나타낸다. 스위스 프랑을 은행에서 CHF라 표기하는 것도 같은 이유이다. 인터넷 도메인도 '닷 CH(.ch)'이다.

수도 베른 Bern

언어 독일어(62.6%), 프랑스어(22.9%), 이탈리아어(8.2%), 로망슈어(0.5%)
지난 세기 동안 로망슈어를 쓰는 인구가 반이나 줄어 현재는 약 6만 명만 로망슈어를 사용한다. 보존하려는 노력이 없는 것은 아니지만 워낙 쓰임이 없어 이내 사라질 언어가 될 것이라는 전망이다.

종교 가톨릭 38.6%, 개신교 28%, 이슬람교 4.5%, 무교 20.1%

지리 북쪽으로 독일, 동쪽으로 리히텐슈타인과 오스트리아, 남쪽으로는 이탈리아, 서쪽으로는 프랑스에 접한다.

면적 41,285km² (한반도의 약 1/5)

인구 약 840만 명

1인당 GDP 약 8만 달러 (세계 4위)

전압 230V, 50Hz

전화 국가번호 +41

비자 쉥겐 조약에 따라 90일 내에는 무비자로 여행 가능

통화 스위스 프랑 (CHF)
스위스는 유럽자유무역연합(European Free Trade Association)에는 가입되어 있으나 유럽 연합(EU), 유로존에는 가입하지 않았다.
따라서 독립적인 통화 정책을 유지하고 있다.

환율 스위스 1프랑≒1,200원(2020년 2월)

시차 한국보다 8시간 느리다. 서머타임 중에는 7시간 느리다.

환전

스위스 전역의 은행, 공항, 주요 기차역, 주요 호텔 등에서 환전할 수 있다. 한국에서 환전해 가는 것이 가장 환율이 유리하며, 부득이하게 현지에서 환전해야 한다면 환율 앱이나 은행 홈페이지를 통해 환율을 알고 비교하여 환전하도록 한다. 환전소마다 사용하는 환율이 다를 수 있기 때문이다. 특히 호텔에서는 환전 수수료를 부과할 가능성이 크다.

기후

국토는 좁지만 기후는 지역별로 큰 차이를 보인다. 알프스산맥 남부는 온난한 지중해성 기후, 북부는 서안 해양성 기후와 건조한 대륙성 기후 사이를 오간다. 여러 개의 기후가 공존하기 때문에 날씨 변화가 잦다. 최근에는 지구 온난화로 인하여 유럽 전역이 이상 기온을 보이기 때문에 해마다, 계절마다 기후가 아주 다르다. 전년의 여행 후기를 참고해도 크게 어긋날 수 있어서 실시간 여행자들의 후기를 블로그나 인터넷 커뮤니티, SNS 등으로 확인하는 것이 가장 도움이 될 것이다. 또 스위스 안에서 도시별로 기온/기후가 다르기 때문에 여행하고자 하는 도시를 개별적으로 검색해 보는 것을 추천한다. 대표 도시들의 평균 여름/겨울 기온은 다음과 같다.

- **제네바** 1월 1.1℃ 7월 19.2℃
- **베른** 1월 -1℃ 7월 17.4℃
- **인터라켄** 1월 -0.4℃ 7월 16.6℃
- **바젤** 1월 1.3℃ 7월 18.8℃
- **취리히** 1월 -0.1℃ 7월 17.7℃
- **루가노** 1월 1.9℃ 7월 21℃

물가

빅맥지수 $6.71로 세계 1위 (2020년 1월 기준)

평균 소비가

커피 1잔 CHF4 / 대중교통 1회권 CHF2.50 / 아침 식사가 포함된 3성 호텔 더블룸 1박 비성수기 CHF120 / 레스토랑 메인 식사 메뉴 CHF30

음주

와인 및 맥주 구매 가능 나이는 만 16세 이상이고, 높은 도수의 술은 만 18세 이상이다.

흡연

2010년 5월 1일부터 공공 장소 및 1인 이상 사업장 등 밀폐된 공간에서의 흡연이 금지되었다. 따라서 레스토랑, 공공 빌딩과 사무실을 비롯해 대중교통에서 흡연할 수 없으며 흡연은 흡연실, 야외 및 개인 주택에서만 가능하다. 담배 구입은 만 18세 이상 가능하다.

팁

스위스에서는 팁이 가격에 포함되어 있어 따로 줄 필요는 없다. 서비스가 훌륭했다면 소정의 팁을 지불하거나 호텔 턴다운 서비스에 대한 감사 인사로 베개 위나 머리맡에 CHF1~2 동전을 두는 것도 좋다.

행정 구역

연방 공화국 체제의 스위스는 26개의 주(Canton)로 구성되어 있다. 연방 정부에 위임된 권한을 제외하고는 각자의 권한을 갖는다. 각 주의 힘도 매우 커 지방 자치 자율성이 크게 보장된다. 스스로 재원을 충당하고 자체적인 법이 있으며 조세와 세금 사용도 자주적이다.

외교

1515년 마리냐노 전투에서 패한 후 스위스는 중립국 상태를 지켜왔다. 1815년 파리 협약을 통해 유럽 다른 국가에게도 중립을 인정받았고, 따라서 비동맹 외교를 외교 정책의 기조로 하여 공격받지 않는 이상 먼저 군사 동맹을 맺을 수 없다. 1만 8,000명의 병력만이 주권을 보호하기 위해 존재한다. 국기로는 네모반듯한 정사각형 국기를 사용한다. 정사각형 국기를 사용하는 나라와 국제 조직은 스위스와 바티칸과 UN뿐이다. 중립국이기 때문에 많은 국제 기구가 스위스에 본부를 두고 있기도 하다.

정치

직접 민주주의. 4년에 1번씩 직접 선거로 선출하는 200명의 국민의원(하원)도 있으나 나라의 중대 사안에 있어서는 국민 모두가 투표를 하는 직접 투표제를 택해 시행한다. 1231년 스위스 국민들이 왕정에 항거하여 시작한 직접 투표제가 아직까지 이어지고 있는 것이다. 기업 임원 보수를 제한하는 법안을 68%의 찬성으로 통과시키는 등 국민들이 국가의 주요 사안에 대해 스스로 강력한 주권을 지켜 나가며 책임을 고르게 진다. 글라루스Glarus와 아펜첼이너로덴주Appenzell Innerrhoden에서는 1년에 한 번 광장에 모여 거수로 주요 사안을 투표하는 란츠게마인데Landsgemeinde를 여전히 시행하고 있다.

©Interlaken Tourismus

역사

B.C. 5세기 헬베티아족이 스위스에 정착한다.

B.C. 1세기 카이사르가 이끄는 로마군에 대패하여 로마화된다.

5세기 게르만족의 대이동으로 인해 서부에 부르군트족, 동부에는 알라만족이 정착한다.

중세 프랑크 왕국, 신성 로마 제국의 일부가 되었다.

1291년 현재 중앙 스위스 지역의 세 개 칸톤(주)에 해당하는 지역의 대표들이 베른에서 영구 동맹을 맺는다. 이것이 스위스 연방의 기원이며 이때 서명한 것이 스위스에서 가장 오래된 헌법으로 여겨지는 1921년의 연방 헌장 문서이다. 서명한 8월 1일을 스위스 국가의 날로 지금까지 공휴일로 지정하여 기념한다. 여러 주가 계속해서 이 동맹에 가담하기 시작한다.

1499년 합스부르크 가문의 막시밀리안 신성 로마 제국 황제가 스위스를 공격하나 패한다. 스위스는 사실상의 독립을 승인받는다.

1648년 베스트팔렌 조약(독일 30년 전쟁을 끝내기 위해 체결된 평화 조약)을 통해 신성 로마 제국으로부터 공식적으로 독립한다.

1815년 파리 협약(프랑스 혁명 후 유럽 각국의 군주, 지도자들이 모여 유럽을 개편한 회의)에서 영세 중립국으로 공인받는다.

1847년 스위스 통일 전쟁을 겪은 이후에 스위스 최초로 중앙 정부가 들어섰다. 힘이 미미하여 지방 자치 주 정부들이 여전히 우세했다.

1864년 알리 뒤낭 Henry Dunant이 제네바에 본부를 둔 적십자를 설립한다. 적십자는 1차 세계대전 기간 동안 스위스가 중립을 유지하는 데 큰 역할을 한다.

1920년 1차 세계대전 종전 후 제네바에 현재 국제연합(UN)의 전신인 국제연맹(League of Nations)의 본부가 세워졌다.

1971년 여성에게 선거권을 부여한다.

공휴일

• 1월 1일	설날
• 1월 2일	설 휴일
• 3월 말~4월	부활절과 부활절 다음 월요일
• 4월	성 금요일
• 5월 1일	노동절
• 5월 말	예수 승천일
• 6월 7일	가톨릭 성체 축일
• 6월 초	성령 강림절, 성령 강림절 월요일
• 8월 1일	건국 기념일
• 12월 25일	크리스마스
• 12월 26일	크리스마스 휴일

※위의 공통된 전 국가적 공휴일 외에도 주마다 공휴일, 축제일이 있다.

비상 시 연락처

• 경찰	117
• 화재	118
• 구급차	144
• 구조대	1414
• 차량 고장	140
• 날씨 안내	162
• 도로 정보	163
• 산/눈사태 정보	187
• 전화 고장	112
• 각종 전화 안내	111

주 스위스 대한민국 대사관

수도 베른에 위치하고 여권이나 비자 발급 등을 안내하며 정무, 경제, 홍보, 교민 업무 등도 본다. 주재국인 스위스 국경일, 공휴일 및 한국 국경일(3.1절, 광복절, 개천절, 한글날)은 휴무이다.

주소

Kalcheggweg 38, 3006 Bern, Switzerland

전화

• **근무 시간 내**(월~금 08:30~12:30, 14:00~17:00) +41-31-356-2444
• **근무 시간 외** +41-79-897-4086
• **24시간 영사콜 센터** +822-3210-0404

홈페이지

overseas.mofa.go.kr/ch-ko/index.do

스위스 한인연합회

홈페이지 homepy.korean.net/~swiss/www

세관 (스위스 입국 시 면세 범위)

• **담배 및 주류**(17세 이상의 성인)
담배, 시가(궐련), 기타 담배 제품 250g
알코올 5리터(18%), 알코올 1리터(18% 이상)
• **현금** 현금 반입 및 반출은 제한 없음
• **고기와 생선 제품**
1kg의 고기와 식육가공품
※위의 물량을 초과하여 반입하는 경우 반드시 신고해야 한다.

세금 환급(택스 리펀드)
Tax Refund

스위스 이외의 국가에서 거주하는 사람이 스위스에서 물품 구입 시 부과되는 8%의 부가가치세를 환급받을 수 있다. 총 구매액이 CHF300을 초과해야 환급을 받을 수 있다. 영수증을 챙겨야 하고, 구입한 물건은 30일 내에 반출되어야 한다. 택스 프리, 택스 리펀드 가맹점인 상점에서 물건을 구입할 때 매장 직원에게 부가가치세 환급을 요청하고, 필요한 서류를 받아 정보를 작성한다(이름, 여권번호 등). 스위스를 떠날 때 세관 직원에게 구입 물품과 영수증, 여권을 제시하고 서류에 도장을 받아 바로 환급을 받거나(추가 수수료 발생) 신용카드로 환급받을 수 있다(3~5주 정도 소요). 구입한 물건을 확인할 수도 있으니 짐을 부치기 전에 택스 리펀드 절차를 밟아야 하고, 스위스가 EU 국가가 아니기 때문에 스위스를 떠나 EU 국가를 여행한다 하더라도 마지막 체류지에서 환급을 받는 것이 아니라 스위스를 떠날 때 받아야 한다. 공항뿐 아니라 국경을 넘는 기차를 운행하는 기차역에도 세관과 택스 리펀드 사무소가 있으나 공항이 항시 상주하는 직원이 있어 절차가 확실하고 빠르니, 가급적 공항에서 처리하는 편을 추천한다.

PREVIEW 1

SWITZERLAND

다양하고 풍성한 문화

유럽 중부의 스위스는 정치적, 지리적, 문화적 중립과 균형을 갖추고 있는 나라이다. 국경을 면하고 있는 여러 이웃 나라들의 특징을 보여주면서도 고유한 스위스다움을 잃지 않는다. 문화적 다양성과 효율성, 고품질의 제조품, 안정성과 가치 지향적인 생활 방식이 스위스다움을 만든다고 스위스 사람들은 믿고 있다.

세계 문화 유산

스위스는 1983년 3개의 문화유산을 세계적으로 인정받은 것을 시작으로 문화적 유산 9개와 자연적 유산 3개, 총 12개의 유산/유산지를 보유하고 있다.

라쇼드퐁·르로클 시계 도시

La Chaux-de-Fonds & Le Locle

시계 산업에 몰두하며 발전을 거듭하고 있는 인접한 두 도시이다. 스위스 시계 협회 본부, 시계 제작 학교, 시계 박물관 등이 이곳에 있다.

알프스 주변 선사 시대 호상 가옥

Sites palafittiques préhistoriques autour des Alpes

111개의 작은 가옥들이 모인 유적으로, 이 중 56개가 스위스에 위치하고 있다. 물 속에 기둥을 세워 수면 위의 집을 떠받들게 만들었다. BC.5,000~500년경에 만들어졌다고 한다.

2008년
등재

레티슈 반·철도청의 알불라·베르니나 구간

Rhätische Bahn • Albula • Bernina

아찔한 높이에 만들어진 나선형 철도를 따라 달리는 총 길이 122km의 아름다운 기찻길.

스위스 사르도나 지각표층 지역

Swiss Tectonic Arena Sardona

아름다운 입체 구조의 노출된 지각표층으로, 대륙 충돌을 거친 조산 운동과 단층 운동으로 만들어진 지질 지역의 대표적인 예로 꼽힌다. 18세기 이래 지리학의 주요 연구 지역으로 쓰이고 있다.

라보 포도밭 Lavaux

제네바 호숫가 부근에 위치한 총 면적 830만m의 넓은 포도 재배지.

몬테 산 조르지오 Monte San Giorgio

이탈리아와 마주하는 국경 부근에 위치한 울창한 숲으로 뒤덮인 산.

르코르뷔지에의 건축 작품, 모더니즘 운동에 관한 탁월한 기여

The Architectural Work of Le Corbusier, an Outstanding Contribution to the Modern Movement

르코르뷔지에가 설계한 건축물 중에서 7개국(프랑스, 스위스, 벨기에, 독일, 아르헨티나, 인도, 일본)에 분포되어 있는 17개의 선정 작품으로, 손실 면적을 최소화하고 자연광을 극대화하는 등 획기적인 건축으로 모더니즘 운동에 관한 탁월한 기여를 인정받아 등재되었다. 17개 건축물 중 10개는 프랑스에 있으며, 스위스에 위치한 것은 빌라 르 락 르코르뷔지에Petite villa au bord du lac Léman(1923)이다.

융프라우-알레치빙하-비에취호른

Jungfrau-Aletschgletscher-Bietschhorn

스위스 알프스의 중심. 빙하기에 형성된 유럽 최대, 최장의 빙하이다.

장크트갈렌 수도원 도서관

Die Fürstabtei St. Gallen

스위스에서 가장 아름다운 로코코 양식 건축물에 자리한 스위스 최고(古) 도서관이다.

벨린초나의 3개 고성 및 성벽 Castelli di Bellinzona

13세기 롬바르디 주 통치자가 건설한 카스텔그란데Castelgrande와 카스텔로 디 몬테벨로Castello di Montebello, 카스텔로 디 사쏘 코르바로Castello di Sasso Corbaro이다.

사진 ©MySwitzerland / ©Villa Le Lac Le Corbusier / ©P. Pétrequin, Centre de la Recherches Archeologique de la Vallée de l'Ain / ©Jungfrau /©Ticino Turismo

베른 구시가지 Altstadt von Bern

12세기 조성된 베른의 구시가지는 기나긴 역사를 그대로 보존하고 있다.

뮈스테어의 성 요한 베네딕트회 수도원

Benediktinerinnenkloster St. Johann, Müstair

이 8세기 수도원은 세계 최대 규모이자 최상의 상태로 보존되고 있는 중세 시대에 만들어진 예수 일대기를 그린 프레스코화를 소장하고 있다.

헬베티카

1957년 스위스의 하스 활자 주조소에서 일하던 글꼴 디자이너 막스 미딩거Max Miedinger가 제작했다. 내용의 객관적인 전달에 중점을 둔 서체로 20세기 전 세계적으로 널리 쓰였다. 자간이 좁은 편이며 모든 삐침의 끝부분이 정확히 수평이거나 수직을 이루는 것이 특징이다. 처음에는 '노이에 하스 그로테스크Neue Haas Grotesk'라고 불렸으나 스위스의 라틴어 형용사인 헬베티카로 개칭되었다.

스위스 전통 음악

'요들레히 요들레히 요~' 신나는 요들 외에도 19세기경 다듬어져 완성된 스위스의 전통 음악의 갈래는 다양하다. 양을 몰던 양치기들이 소리를 멀리 뻗어 나가도록 하기 위해 만든 가락이 그 시초이다. 스위스에서만 볼 수 있는 독특한 악기가 사용되니 여행 중 기회가 되면 반드시 접해 보라 권하고 싶다. 뛰어난 기교의 화려한 연주와 노래는 아니지만 스위스 사람들의 생활 속에 녹아 있는 정겹고 친근한 음악이다.

알프혼 Alphorn

알프스나 피레네 산맥 사람들의 목제 관악기이다. 크기가 다양하나 대부분 키가 약 2.7m로 매우 크다. 하나의 통나무를 둘로 잘라 다시 조립하여 만들며 중간에 구멍이 없어 오로지 불어서만 소리를 내고, 2옥타브에 걸쳐 5음밖에 낼 수 없다. 음악 연주나 가축을 부르는 신호로도 사용된다.

©Hans Hillewaert

©Gisela Doswald

알프세겐 Alpsegen

알프스 목동의 저녁 기도라고 알려진 알프세겐은 그 가사가 천 년도 더 된 것이라 한다. 목동이 하나님과 성모 마리아 그리고 여러 천사에게 동료 목동과 양의 안전을 위해 올리는 기도문에 그레고리안Gregorian 성가의 가락을 붙인 것이 바로 알프세겐이다. 깔대기 모양으로 깎아 만든 나무 악기에 입을 대고 노래를 부른다. 이 도구는 이물질이 들어간 우유를 거를 때도 사용한다.

요들 Yodel

스위스의 알프스와 오스트리아의 티롤 지방 주민들의 창법과 이러한 창법으로 부르는 노래를 요들이라 한다. 알프스 뿔 피리를 모방한 것이라는 설도 있고, 알프스 고원에서 목동들이 서로를 부를 때 쓰던 통신 수단이었다는 설도 있다. 소리를 높은 가성(팔세토 Falsetto)으로 냈다가 일반 창법으로 내는 것을 굉장히 빠르게 반복하는 독특한 발성법을 사용한다. 요들을 할 때 이용하는 소리는 의미 없는 글자로, 보통 우리가 알고 있는 '요들레이'와 같다. 가락도 즉흥적으로 일반 노래 뒤에 붙여 부르는 것이 일반적이다. 전통 곡 중에는 가사가 있어 뜻을 전하는 요들송도 있다.

©MySwitzerland

대표적인 볼거리

특별한 계획 없이 골목을 거니는 것도 좋지만 도시마다 특색 있는 장소를 미리 확인하고 가 보는 것도 좋다. 스위스는 한 도시의 역사와 문화를 담고 있는 중요한 장소는 물론이고, 스위스에서 빼놓을 수 없는 푸른 자연, 높은 산, 맑은 호수를 마음껏 볼 수 있다. 스위스에 대한 기대를 저버리지 않을 아름다운 명소를 소개한다.

스위스의 아름다운 자연

체르마트의 마테호른 (p.292)

높이 4,478m의 피라미드형 빙식 첨봉. 체르마트를 대표하는 심볼로 많은 산악가와 스키어들의 버킷 리스트이다.

바젤의 라인 강변 (p.158)

배를 타거나 강을 따라 느릿한 걸음으로 산책을 할 수도 있다. 바젤의 아름다움을 완성시키는 맑고 너른 강변을 즐긴다.

©MySwitzerla

인터라켄의 브리엔츠 호수와 툰 호수

(p.206)

'호수와 호수 사이'라는 이름처럼 인터라켄을 대표하는 것은 바로 시내 양옆의 두 호수이다. 산책로와 카약, 유람선 등을 즐길 수 있다.

융프라우요흐 (p.198)

정상에 올라야만 할 것 같은 까마득한 높이의 유럽의 지붕. 세 개의 산악 열차를 타고 올라 알프스에서 가장 크고 긴 빙하 알레치Aletschgletscher를 감상하자.

루가노의 몬테 브레 (p.342)

루가노 시내에서 귀여운 푸니쿨라 열차를 타고 오른다. 아담한 성당 하나와 작은 산책로뿐인데, 시내와 떨어져 있어 평온하고 운치 있는 느낌이다.

생모리츠 호수 (p.314)

동계 올림픽을 2회 개최한 생모리츠는 겨울 스포츠의 성지이자 아름다운 호반의 도시이다. 겨울에는 얼어 붙어 그 위로 마차가 달리기도 하지만 여름에는 요트 레이스를 하는 역동적인 공간이 된다. 언제 찾아도 숨막히게 아름다운 곳이다.

레만 호수 (p.222, 251)

제네바와 몽트뢰에서 유람선을 타고 돌아볼 수 있는 스위스 최대 규모의 호수로, 크로와상 모양으로 두 도시에 걸쳐 있다.

스위스의 랜드마크

취리히의 프라우뮌스터 (p.086)

취리히 3대 성당 중 하나로, 샤갈의 스테인드글라스가 영롱하게 빛나는 아름다운 곳이다. 시내를 구경하다 고개를 돌리면 날씬한 모습으로 높이 솟아오른 성당의 탑을 볼 수 있다.

루체른의 스위스 교통 박물관 (p.122)

스위스에서 단 하나의 박물관에 가야 한다면 주저 없이 이곳이라 말할 수 있을 정도로, 남녀노소 즐거운 시간을 보낼 수 있는 유익한 전시관이다. 린트 사Lindt의 초콜릿 어드벤처도 꼭 타볼 것!

루체른의 카펠교 (p.115)

하루에도 여러 번 루체른강의 이편저편을 오가게 되는 이유는 강의 양편으로 볼거리가 고루 위치하는 이유도 있지만 목조 다리인 카펠교가 정말 아름답기 때문이다.

제네바의 근현대 미술관 (p.232)

왠지 어렵게 느껴지는 현대 미술을 편하게 접할 수 있는 훌륭한 전시관이다. 건물 자체의 건축미도 뛰어나고 큐레이션도 훌륭하다. 파텍 필립 시계 박물관 바로 맞은편에 있다.

제네바의 구시가지 (p.225)

휘황찬란한 명품 시계와 주얼리 브랜드의 네온사인을 뒤로하고, 성당과 자갈길, 동네 찻집과 서점이 들어서 있는 고즈넉한 구시가지를 걷다 보면 제네바의 매력에 온전히 취할 수 있는 시간이 된다.

베른의 구시가지 (p.174)

유네스코 세계 문화 유산으로 지정된 오랜 역사의 시내로, 구시가지 안에 베른을 대표하는 볼거리들이 많아서 자연스럽게 골목골목을 걷게 된다. 중세 유럽 도시의 정취를 진하게 느낄 수 있는, 마치 타임머신을 타고 과거를 여행하는 듯한 기분이 든다.

©Chateau de Chillon

몽트뢰의 시옹성 (p.250)

디즈니 애니메이션 〈인어 공주〉의 성이 시옹성을 모티브로 삼았을 정도로 동화 같은 아름다움을 뽐내는 중세의 성채이다. 몽트뢰 시내에서 호숫가 산책로를 따라 꽤 걸어야 하지만 시가지와 동떨어져 있어 그 아름다움이 오롯이 빛난다.

몽트뢰의 퀸 스튜디오 익스피리언스 (p.252)

음악을 좋아한다면 놓치지 말아야 할 곳. 프레디 머큐리가 녹음했던 곳을 박물관으로 개방해 놓았다. 퀸의 역사가 고스란히 보관되어 있다.

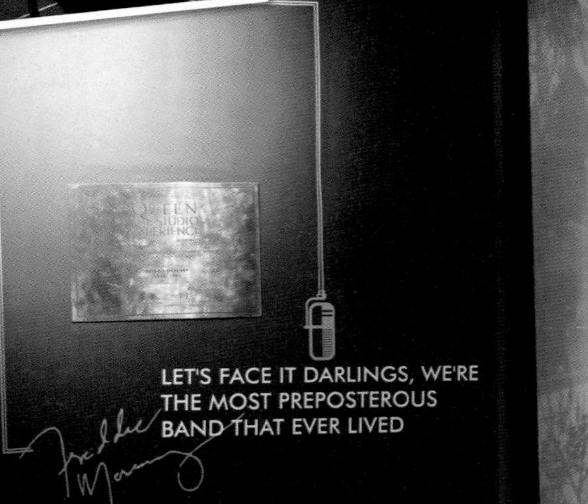

몽트뢰의 네스트 박물관 (p.258)

초콜릿 천국! 네슬레 본사가 있는 브베에 위치한 대형 박물관 겸 카페이다. 주말에는 카페의 브런치를 먹을 수 있어 더욱 붐빈다.

로잔의 올림픽 박물관 (p.272)

몽트뢰의 이웃 도시 로잔을 이야기할 때 빼놓을 수 없는 것이 바로 올림픽이다. 고대 그리스 로마 시대부터 지금까지 이어진 전 세계 최고의 스포츠 축제인 올림픽의 역사를 짚어보는 곳이다. 자랑스러운 한국의 운동선수의 이름도 찾아볼 수 있다.

스위스를 즐기는 방법

만년설이 덮여 있는 슬로프에서는 여름에도 스키를 탈 수 있지만, 초록빛이 완연한 스위스의 여름이라면 하이킹과 인터라켄, 생모리츠 호수에서 즐기는 카약과 요트, 인터라켄에서의 패러글라이딩을 추천한다. 호수가 있는 도시라면 크고 작은 보트로 할 수 있는 다양한 액티비티가 있고, 스키나 트레킹, 기차 등은 스위스 거의 모든 도시에서 가능한 보편적인 활동이니 원하기만 한다면 지역에 크게 구애 받지 않고 여행지마다 활기찬 프로그램을 즐길 수 있다.

스키

인공 눈이 아니다! 자연설 위에서 즐기는 스위스 알프스 스키.

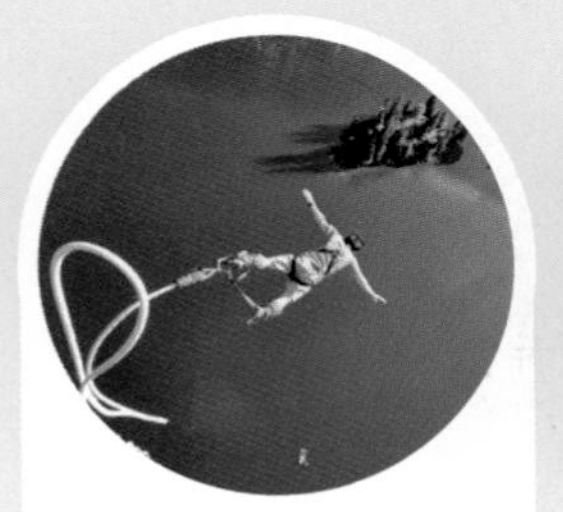

번지 점프

온몸을 하늘 높이 던지는 짜릿함이 있다. 인터라켄을 비롯한 스위스의 여러 도시에서 체험해 볼 수 있다.

©Interlaken Tourism

트레킹

여름에도 스위스의 높고 낮은 언덕에 오르는 이유는 자연의 진면모를 몸으로 느끼는 트레킹을 즐길 수 있기 때문이다.

©Interlaken Tourism

기차

스위스 곳곳의 매력을 쉽게 접할 수 있는 특별한 테마 열차가 여러 종류 있다.

에어 체르마트

하늘 위에서 내려다보는 알프스는 또 얼마나 아름다운지, 평생 간직할 특별한 추억이 된다.

카약

호수 수면과 눈높이를 맞추고 물살을 가르며 나아갈 때 느끼는 평온함이 있다. 카약은 일년 내내 즐길 수 있다.

패러글라이딩

아름다운 자연 경관을 한눈에 담을 수 있는 패러글라이딩은 어디서 즐기는가도 중요하다. 날개를 단 듯 순풍을 타고 하늘을 나는 기분은 정말 최고이다.

스위스 최고의 슬로프 5

활동적인 여행자에게 이보다 더 좋은 여행지가 있을까. 스위스는 지형의 특징을 변형시키지 않고 그대로 보존하며 스키장을 만든다. 끝내주는 전경의 자연 속에 만들어진 슬로프에서 스키와 보드를 타거나 썰매, 스노우 워킹, 에어보드, 헬리스키, 헬리보드, 토보간(두 발로 조종하며 타는 썰매의 일종) 등의 다양한 레포츠를 즐길 수 있다.

©Pilatus-Bahnen AG

필라투스

세계에서 가장 경사가 가파른 기찻길을 오르내리는 톱니바퀴 산악 열차를 타고 오르는 루체른 최고의 근교 여행지이다. 급경사를 활용하는 스키, 눈썰매를 즐길 수 있다.

체르마트

시내에서 걸어서 리프트 탑승지까지 갈 수 있는 진정한 스키 타운. 마테호른을 바라보며 눈보라를 일으키는 스키어들의 역동적인 에너지가 넘친다.

BEST 3

티틀리스

해발고도 3,238m의 위엄 있는 알프스 봉우리로, 만년설로 덮인 규모 있는 스키장과 1년 내내 즐길 다양한 레포츠와 환상적인 호수 전망이 있다.

BEST 4

인터라켄

이 작은 마을이 그토록 인기가 있는 이유는 멋진 슬로프들로 둘러싸여 있기 때문이다. 융프라우 지역 내의 그린델발트, 벵겐, 뮈렌 등 난이도에 따른 다양한 산세를 즐길 수 있다.

BEST 5

생모리츠

겨울 레포츠 하면 스위스 사람들이 가장 먼저 외치는 도시. 예전부터 여름 휴양지로 이름을 날리다 겨울 여행의 묘미를 발견한 유럽 각지의 부호들이 몰려들며 스위스에서 가장 고급스러운 쇼핑 대로와 훌륭한 5성 호텔, 미슐랭 레스토랑을 갖추었다.

스위스에서 반드시 겨울 레포츠를 즐겨야 하는 이유

자연의 눈

스위스는 폭신한 천연 눈에서 스키를 탄다. 겨울에 즐기는 운동을 좋아하는 사람이라면 그 진정한 가치를 알고 있을 것이다.

긴 슬로프와 짧은 줄

아무리 바쁜 시즌이라도 줄 서는 데 시간을 낭비할 일이 없는 스위스이다. 넓은 땅에 수많은 슬로프와 스키 리조트가 들어서 있다. 한 리조트 안에서도 스노우 하이킹, 썰매, 스키, 보드, 스케이트 등 다양한 활동을 할 수 있다.

※ **스키 시즌** 12월 초부터 4월까지가 성수기이다. 어떤 지역은 1년 내내 스키장을 개방하기도 하지만 눈이 내리는 겨울 시즌이 당연히 더 재미있다. 1월 중순쯤이 가장 좋은데, 비성수기에 비해 사람이 많은 건 당연하지만, 우리나라의 스키장 피크 시즌처럼 붐비고, 불편하지 않다. 워낙 슬로프가 크고 개수도 많아 줄을 서는 데 시간이 많이 걸리거나 하지 않는다.

PREVIEW 4

SWITZERLAND

대표적인 음식

스위스는 유럽 식도락계의 최고봉인 프랑스, 독일, 이탈리아 세 나라의 영향을 받아 지방마다 다양한 음식을 선보인다. 타고난 자연의 혜택으로 스위스만이 누리는 식재료와 유럽 최고의 요리 비법이 어우러져 여행자들의 미각을 자극하고 행복하게 만든다. 스위스에서 꼭 먹고 가야 하는 음식을 알아보자.

퐁듀 Fondue

작은 항아리나 그릇에 치즈를 녹여 여기에 빵이나 여러 음식을 찍어 먹는 알프스 지역의 전통 요리로, 스위스를 대표하는 요리이다.

타티플렛 Tartiflette

감자와 베이컨, 양파, 흐블로숑 치즈의 환상적인 궁합! 감자를 식감이 느껴질 수 있도록 두껍게 썰어 포만감이 크다.

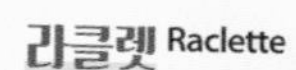

라클렛 Raclette

스위스산 치즈 라클렛으로 만드는 요리이다. 부드럽게 녹은 라클렛 치즈를 이불 덮듯 감자 위에 얹어 후후 불어 입에 넣으면, 입안에서 사르르 녹는다.

게슈넷젤테스 Geschnetzeltes

취리히 지역의 특식이다. 작게 자른 송아지 고기를 크리미한 그레이비 소스에 요리한 것이다. 진하게 소스를 졸여 감자 또는 밥과 함께 먹는다.

비르허뮤즐리 Birchermüesli

1900년경 스위스의 의사 막시밀리안 오스카 비르허-브레너Maximilian Oskar Bircher-Brenner가 개발한 건강식품으로 오늘날까지 스위스 전역에서 가장 인기 있는 아침 식사 메뉴이다. 오트밀 플레이크와 레몬즙, 요거트, 잘게 자른 사과와 견과류를 한데 섞은 것으로 담백하고 건강한 맛이다.

뢰스티 Rösti

얇게 채를 썬 감자를 바삭하게 구워 짭쪼름한 베이컨과 달걀을 얹고 치즈를 녹여 함께 먹는다.

초콜릿 Chocolate

스위스의 푸르른 초원의 풀을 먹고 뛰놀며 자란 건강한 소의 우유로 만든 달콤쌉싸름한 스위스의 초콜릿은 설명이 필요 없다.

머랭 Meringue

한입 베어 물면 입안에서 달콤한 맛이 퍼진다. 17세기 말 스위스 마이링겐Meiringen 지역에서 처음 만들어진 것으로 알려져 있다. 스위스 머랭은 프랑스와 이탈리아 머랭과 조금 다르다. 달걀 흰자를 이중 냄비 위에서 중탕으로 거품기로 저으며 익히고, 다시 식히면서 휘저은 후 굽는다. 단단하고 윤이 나는 쫀득한 질감이 비법이다.

맥주 Bier

알프스 정상에서 스키를 타다 마시는 맥주 한잔의 짜릿함. 온몸을 채우는 그 시원함은 무엇에도 견줄 수 없다. 세계적으로 부는 크라프트 맥주 열풍은 스위스도 마찬가지이다. 지역마다 작은 브루어리들이 양조하는 로컬 맥주가 인기를 끌고 있으니 처음 보는 브랜드라도 도전해 보자.

와인 Wein

생산량은 전 세계 와인의 1% 미만이지만 소비량은 10%! 스위스에서 만드는 와인은 내수용으로도 턱없이 부족하다. 여행 중에 발레Valais, 라보Lavaux 지역의 훌륭한 품종의 포도로 만든 와인을 즐겨 보자.

PREVIEW 5

SWITZERLAND

스위스 쇼핑 리스트

사실 스위스는 고가의 시계를 살 것이 아니라면 쇼핑 예산이 크게 들지 않는다. 레포츠나 음식에 드는 예산이 훨씬 더 큰 여행지이다. 그러나 여행지를 추억할 만한 기념품과 친구와 가족들에게 전할 선물은 빼놓을 수 없다. 슈퍼마켓에 들러 현지에서만 살 수 있는 것들을 구경하는 재미도 쏠쏠하다. 스위스만의 특별함이 담긴 물건들로 쇼핑 목록을 작성해 보자.

초콜릿 Chocolate

선물하기도 받기도 부담이 없는 최고의 기념품이다. 구입하기도 쉽다. 공항 면세점이나 기차역 편의점에서도 살 수 있고, 부피도 작고 부치는 짐에 넣지 않아도 되니 여러모로 편리하다. 스위스 초콜릿의 품질은 세계에서 인정하고 있으니, 잘 모르는 생소한 브랜드나 독특한 종류의 초콜릿이라 하더라도 믿고 살 수 있는 장점도 있다.

바즐러 레컬리 Basler Lackerli

크리스마스에 가장 인기가 많은 스위스 전통 과자로, 특히 바젤에서 만드는 것이 최고로 꼽힌다. 독일의 렙쿠첸Lebkuchen이 스위스로 넘어오면서 생강과 향신료의 맛이 부드러운 헤이즐넛 맛으로 조금 중화되었고, 바삭함이 더해졌으며 꿀을 발라 쫀득하고 달아졌다. 14세기부터 바젤에서 열리는 모든 축제에 등장하는 축제 스낵으로 자리하였고, 가장 유명한 레컬리 브랜드로는 1903년에 창립한 레커를리-후스Läckerli-Huus가 있다. 스위스 전역에서 판매하고 있어 기념품으로 사오기 좋다.

라클렛 그릴 Raclette Grill

라클렛의 맛을 잊을 수 없어 친한 사람들에게 꼭 먹어보라고 권하는 사람들이 스위스에서 사야 할 품목 1순위로 꼽는 것이다. 한국에서도 물론 구할 수 있지만 종류가 많지 않아 캐리어 공간만 충분하다면 현지에서 비교적 싸게 구입하는 것이 좋다.

카우벨 Cowbell

알프스에서 방목하는 소의 목에 다는 종 모양의 방울로, 여기에 스위스 국기 모양을 그리거나 각 지방의 문양을 넣은 천을 매달아 기념품 가게에서 판매한다. 다양한 크기가 있으며 다른 나라에서는 쉽게 볼 수 없는 스위스 색깔이 묻어나는 귀여운 기념품이다.

스위스 군용 칼 Swiss Army Knife

'맥가이버 칼'이라고도 불리는 스위스의 군용 칼은 빅토리녹스 사Victorinox와 웽거 사Wenger가 만드는데, 두 브랜드 모두 스위스 정부에 납품을 하던 곳으로 어느 것이 더 낫다 할 수 없을 정도로 모두 품질이 좋다. 가장 간단한 모델도 10개 이상의 도구를 속에 품고 있어 매우 유용하게 사용될 수 있다. 일반 가위와 줄 등의 도구 외에도 생선의 비늘을 제거할 때 사용하는 비늘 떨개와 와인 코르크 따개 등 다양한 용도로 쓸 수 있는 도구가 알차게 담겨 있다. 실생활에서 휴대할 일은 별로 없더라도 캠핑이나 여행을 다닐 때 유용하고, 선물하기 좋아 기념품으로 사랑받는다. 크기가 작고 가격이 저렴할수록 칼의 구성이 간단하다.

스위스 슈퍼마켓 COOP

알뜰한 쇼핑을 원한다면

알뜰한 여행자들이 오래 전부터 스위스 여행의 꿀팁으로 추천하는 것이 바로 스위스 전역에서 쉽게 볼 수 있는 대형 체인 마트 쿱COOP이다. 쿱은 스위스에서 10번째로 이윤 규모가 큰 기업으로, 현재 8만 명 가까이 되는 직원이 스위스 전역의 쿱에서 일하고 있고, 2,213개의 매장이 운영 중이다. 스위스 구석구석에 지점이 있고, 규모가 클수록 제품군이 다양한데 반조리, 조리 식품도 있고, 손질된 과일이나 샐러드도 많아서 일정이 바쁠 때 식사를 해결할 수 있다. 에어비앤비나 서비스 아파트먼트, 레지던스 호텔 등 주방이 있는 숙소에 묵을 경우 좋은 가격에 신선한 육류, 채소, 과일, 냉동식품을 구입해 요리를 해도 좋다. 매장별로 구비되어 있는 품목이 조금 다르지만 쿱의 베스트 품목을 소개한다.

www.coop.ch

초콜릿

마트 자체 할인 행사를 종종 하기 때문에 면세점보다도 좋은 가격에 구입할 수 있다. 개별 초콜릿 브랜드 상점에 가지 않고 스위스의 여러 브랜드 초콜릿을 한번에 쇼핑할 수 있다는 것도 장점. 기념품 쇼핑을 쉽고 빠르게 끝낼 수 있다.

유제품

스위스의 우유와 밀크 커피는 한입 마시는 순간, 갓 짜서 방금 멸균 처리하여 포장해 판매하나 싶을 정도로 완전히 다른 차원의 신선도를 자랑한다. 호텔 조식으로 커피를 마시고 나와서도 쿱에 들러 꼭 사던 것이 바로 커피 우유다. 빵과 치즈 한 덩이를 사서 하이킹을 가거나 새벽부터 스키를 타러 가느라 조식을 먹지 못할 때 샌드위치를 만들려고 쿱에서 판매하는 여러 종류의 치즈를 고민하며 골라보기도 했다.

물과 음료

사실 스위스의 여러 도시들은 수돗물을 마셔도 된다고 할 정도로 깨끗한 빙하수를 정제하여 공급하지만, 예민한 체질이거나 이동하면서 가지고 다닐 물이 필요할 때는 쿱으로 가자. 식당이나 편의점, 호텔에서 판매하는 것에 비해 훨씬 가격이 저렴하다. 물 말고 음료도 좋다. 1905년 창립한 스위스의 편의 상품 · 식품 브랜드인 발로라 Valora의 인기 브랜드 〈OK.-〉의 제품들이 특히 맛있고 가격도 착하다.

손질된 과일

세척하여 한입 크기로 잘라 적당한 양으로 포장해서 판매하는 망고, 사과, 포도, 멜론, 오렌지 등 다양한 과일이 있다. 물론 일반 식료품점처럼 과채류를 판매하는 쿱도 있으나 기차에서 이동하며 간식으로 먹기에는 손질 포장된 과일이 좋다.

샌드위치류

바쁠 땐 든든하고 간편한 한끼가 되어 준다. 신선한 식재료로 만든 샌드위치는 간식으로도 좋다.

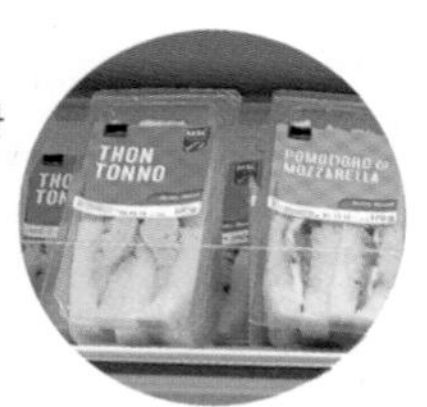

주류

아는 브랜드보다 생소한 라벨이 붙은 맥주가 훨씬 많을 테지만, 그래서 더 재미있다. 처음 보는 로컬 맥주들을 용기 있게 시음해 보자. 바에 가지 않고 숙소에서 훨씬 경제적으로 신나는 저녁을 보낼 수 있다.

해외 뷰티 브랜드

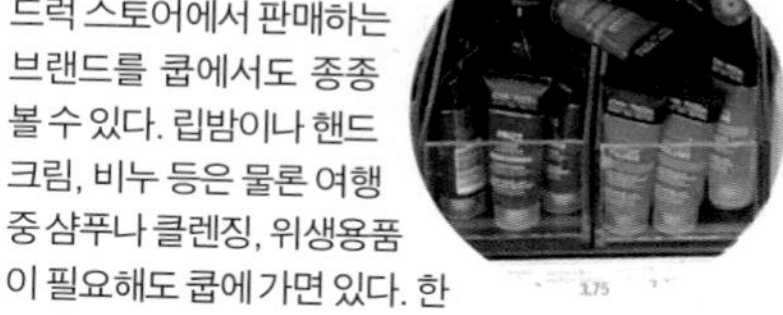

드럭 스토어에서 판매하는 브랜드를 쿱에서도 종종 볼 수 있다. 립밤이나 핸드크림, 비누 등은 물론 여행 중 샴푸나 클렌징, 위생용품이 필요해도 쿱에 가면 있다. 한국에 없는 브랜드, 로컬 유기농 브랜드 등을 사오면 좋다. 인터넷 사용이 가능하다면 빠르게 검색해서 가격을 비교해 보도록. 여행용 미니 사이즈 샴푸나 치약도 볼 수 있다.

의약품

영어 표기가 없을 수도 있으니 번역기를 사용하거나 고질적인 질환이 있다면 미리 독일어/프랑스어/이탈리아어로 병명이나 약 이름을 알아두는 것도 좋다. 멀미약이나 소화제, 제산제, 지사제, 종합 감기약 등 기본적인 약품은 물론 천식이나 기관지 질환을 위한 스프레이 등 다양한 제품을 판매한다.

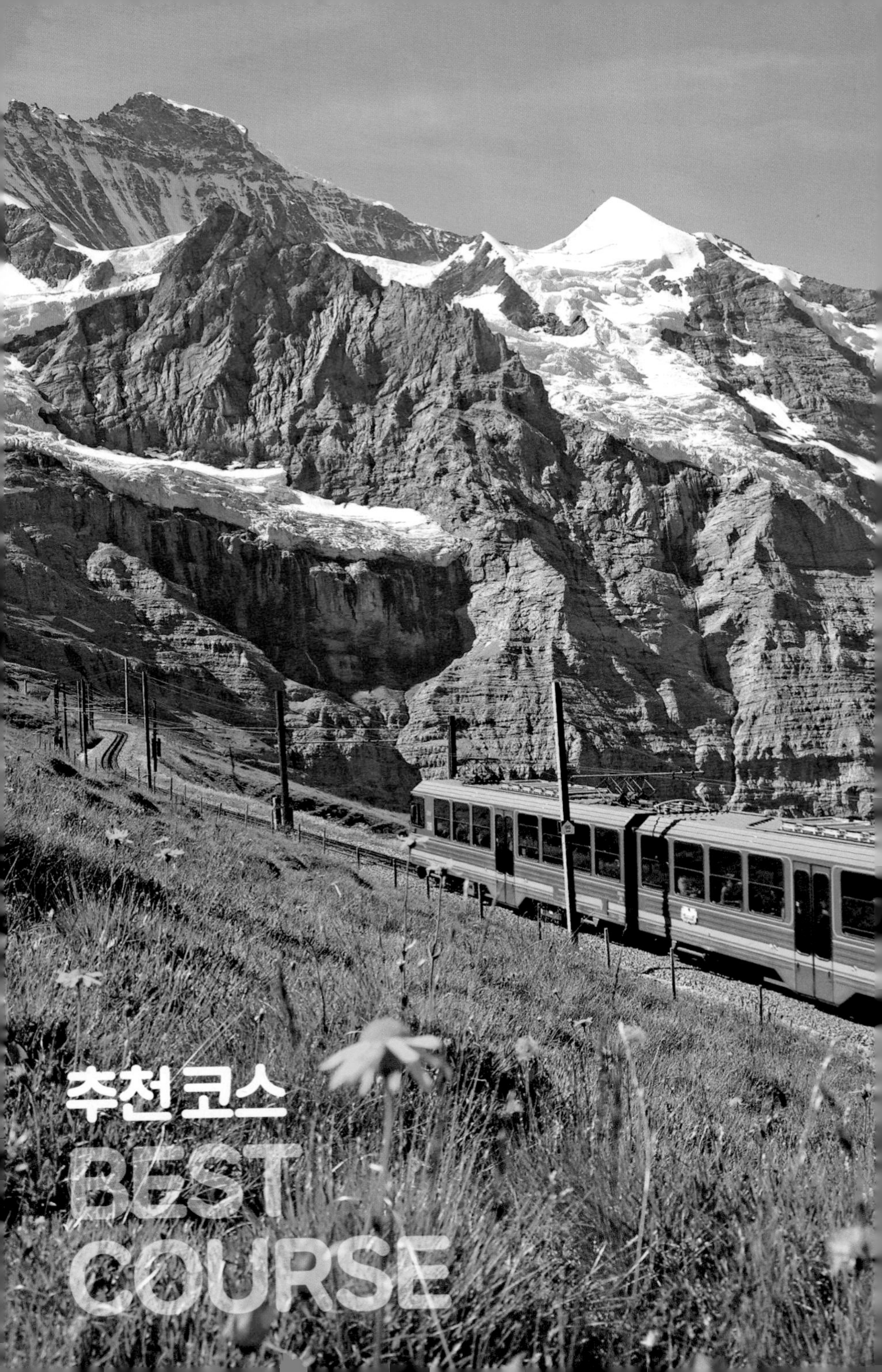

추천코스
BEST COURSE

스위스 대표 도시 탐방 7일

· 7일 코스 1

· 7일 코스 2

스위스 소도시 여행 7일

스위스 매력 탐구 열차 여행 15일

스위스 꼼꼼 일주 30일

SPECIAL

· 스위스 열차 패스

· 스위스 특급 열차

스위스 대표 도시 탐방 7일

모든 여행자들을 고민에 빠뜨리는 일주일이라는 시간! 열차를 타고 두어 시간이면 국경도 넘을 수 있는 유럽을 여행할 때는 특히 그렇다. 하지만 바로 옆의 도시로만 이동해도 완전히 다른 느낌의 여행을 할 수 있는 팔색조 같은 스위스를 여행할 때는 잠시 욕심을 내려놓자. 자연 풍경만 감상하는 지루하고 조용한 시간이 될 거라 섣불리 판단하지도 말자. 번화한 도시 취리히와 제네바는 물론 스위스의 대자연을 포함하는 두 가지의 일주일 여정을 소개한다.

COURSE 1.

꼭 보리라 다짐했던 알프스 산자락을 밟고, 맑디 맑은 빙하수에 얼굴을 비춘다. 스위스 대자연의 아름다움에 한껏 취하는 일주일간의 여행이다.

DAY 1
취리히

- 중앙역과 젤몰리를 비롯한 반호프스트라세의 상점들을 둘러본다.
- 힐틀과 스프룽글리에서 건강한 점심과 달콤한 후식을 먹고, 취리히를 대표하는 명소들이 자리한 구시가지를 걷는다.
- 중앙역 뒤편의 뜨는 동네, 취리히 웨스트를 돌아보고 저녁 식사도 한다. 취리히에서의 첫 날을 자축하는 칵테일 한잔을 해도 좋다.

DAY 2
취히리

리마트강의 경치를 감상하고, 수영장에서 수영을 즐겨도 좋다.

다채로운 매력의 구시가지에 위치한 칸토레이에서 점심 식사를 하고, 쿤스트하우스와 취리히 디자인 박물관이나 FIFA 축구 박물관에서 오후를 보낸다.

주그하우스켈러에서 시원한 맥주 한잔과 함께 취리히 특식 양고기 요리로 저녁을 먹는다.

벨뷰 광장을 산책하고 스터넨 그릴에서 통통한 소시지를 야식으로 먹는다.
벨뷰 광장에는 오페라 하우스가 있고, 겨울에는 크리스마스 마켓이 선다.

취리히 ➔ 루체른 열차 1시간

DAY 3
루체른

카펠교를 건너 호프 성당을 지나 빈사의 사자상과 빙하 공원을 돌아본다.

라팡에서 점심 식사를 하고 무제크 성벽을 따라 걷다가 스위스 최고의 박물관으로 추천하는 스위스 교통 박물관을 관람한다.
린트 초콜릿 어드벤처까지 즐기려면 하루 종일 머물러도 모자라지만 체험 활동을 제외하고 전시만 보면 늦은 오후에 나올 수 있다.

슈프로이어교를 건너 예수 성당과 로젠가르트 미술관 또는 루체른 문화 컨벤션 센터(KKL)의 전시를 관람한다. 저녁 식사는 데 잘프스에서 스위스 요리를 먹는다.

카펠교의 야경이 아름답다. 낮과 다른 모습을 감상하며 강변을 걸어 보자.

DAY 4

루체른에서 당일 여행

필라투스
리기
티틀리스

아침 일찍 일어나 루체른 근교의 산을 하나 골라 올라가 보자. 유람선을 포함하는 왕복 일정으로 세 곳 중 어디든 가볼 수 있다. 여름에는 하이킹, 겨울에는 스키와 눈에서 즐길 수 있는 다양한 레포츠를 즐길 수 있다. 스키를 타지 않더라도 얼음 공원이나 전망대 등 구경할 것이 많다. 아기자기한 엥겔베르크 마을까지 돌아볼 수 있는 티틀리스는 당일로 부족할 정도로 알차다.

루체른 → 인터라켄 열차 2시간

DAY 5

인터라켄

- 인터라켄은 레포츠의 천국이다. 브리엔츠 호수나 툰 호수의 유람선을 타거나 호수에서 카약을 즐긴다.
- 동역과 서역 사이에 길게 뻗은 인터라켄 대로를 구경하고, 슈에서 맛있는 스테이크로 점심 식사를 한다. 쿤스트하우스를 돌아보고, 아이스 매직에서 스케이트를 타 보자. 여름에는 성 보투스 동굴을 다녀와도 좋다.
- 좀 더 부지런히 움직이거나 오전 일정을 조정하여 패러글라이딩이나 밤 썰매 등 인터라켄에서만 즐길 수 있는 액티비티를 예약해 즐긴다.
- 바라쿠다 펍에서 맥주와 저녁 식사로 하루를 마감한다.

DAY 6
인터라켄 – 융프라우요흐

아침 식사 후 바로 융프라우요흐로 출발한다. 너무 붐비기 전에 돌아보려면 부지런히 하루를 시작해야 한다. 슬로프 중 하나를 골라 스키나 보드를 타고 오후를 즐겨도 좋다. 시내로 돌아와 라테르네에서 저녁 식사를 한다.

인터라켄 ➔ 제네바 열차 3시간

DAY 7
제네바

영국 공원과 젯 도를 보고, 루소섬을 지나 메종 타벨과 성 피에르 성당 등을 돌아본다. 제네바 구시가지의 아늑하고 고전적인 분위기를 느낄 수 있다.

쉐 마 퀴진에서 가정식 닭 요리로 점심 식사를 하고, 파텍 필립 박물관과 그 건너편에 위치한 제네바 근현대 미술관(MAMCO)의 전시를 구경한다.

도심과 조금 떨어져 있으나 아리아나 박물관과 국제 적십자 · 적신월 박물관, UN 제네바 사무소를 관람하고 시내로 돌아오는 것도 좋다.

바스티옹 공원과 종교 개혁 기념비도 놓칠 수 없다. 주변에서 저녁 식사를 하거나 파리가 본점인 오 피에 뒤 꼬숑이나 르 틀레 드 랑트레코트에서 훌륭한 프렌치 요리를 즐긴다.

DAY 8

제네바 OUT

COURSE 2.

역사와 문화를 느낄 수 있는 도시들로 이루어진 스위스 북부 횡단 여정이다. 시가지 골목골목을 누비고 다양한 전시를 즐긴다.

DAY 1 · 2
취히리

〈7일 코스 1〉과 동일

취히리 ➜ 바젤 열차 1시간

DAY 3
바젤

쿤스트뮤지엄 관람으로 바젤의 예술적인 감성을 느껴 본다. 바젤의 상징과도 같은 바젤 대학교와 스팔렌 문을 중심으로 하는 시내를 구경한다. 시청사와 대성당도 빼놓을 수 없다.

바젤의 명물 렉컬리도 먹어 보자.

발리저 칸네에서 스위스 퐁듀로 점심 식사를 하고, 바젤에만 있는 독특한 전시관인 종이 박물관을 구경한다. 보트를 타고 강을 건너면 장 팅겔리 박물관도 있다. 시가지의 작은 골목을 마음껏 누빈다.

아틀리에 레스토랑에서 저녁 식사를 한다.

연중 내내 훌륭한 공연이 열리는 바젤 극장에서 멋진 밤을 보낸다.

바젤 ➜ 베른 열차 1시간

DAY 4
베른

베른 관광의 하이라이트는 구시가지이다. 구시가지 안에 위치한 여러 명소들을 돌아본다.

잭스 브라서리에서 슈니첼로 점심 식사를 하고, 장미 정원과 곰 공원을 돌아보고 다시 구시가지로 향한다. 베른 역사 박물관이나 쿤스트뮤지엄의 미술품 감상도 좋다.

크람가세에서 쇼핑을 즐기거나 베른 시내 곳곳에 위치한 분수를 찾는 것도 재미있다.

미슐랭 빕 구르망 레스토랑 밀 성에서 저녁 식사를 한다.

베른 ➜ 몽트뢰 열차 1시간 40분

DAY 5
몽트뢰

프레디 머큐리 동상 앞에서 몽트뢰 도착 인증 사진을 찍고 레만 호수를 따라 걷는다. 시옹성도 놓치지 말 것!

몽트뢰 구시가지로 돌아와 라 브라서리 J5에서 점심 식사를 하고, 퀸의 팬이라면 퀸 스튜디오 익스피리언스는 꼭 가야 한다.

시내로 돌아와 저녁 식사를 한다.

몽트뢰는 여름~초가을에 음악 축제가 많다. 미리 관광청 홈페이지에서 정보를 얻는다.

DAY 6
몽트뢰 ⟷ 브베

몽트뢰에서 열차를 타고 10분이면 브베에 도착한다. 브베에 있는 네스트 박물관에서 달콤한 하루를 시작한다.

일요일이라면 네스트 박물관 1층의 앙리 카페에서 브런치를 하고, 아니라면 시내의 코멜론 부리또 바에서 점심 식사를 한다. 작고 아기자기한 브베 시내를 돌아보고 채플린스 월드에서 천재 희극인의 발자취를 좇는다.

몽트뢰 시내로 돌아와 관람차를 타고 해 저무는 몽트뢰와 레만 호수를 감상한다. 미슐랭 레스토랑 데니스 마틴에서 특별한 식사를 한다.

몽트뢰 ➔ 제네바 열차 1시간

DAY 7
제네바

〈7일 코스 1〉과 동일

DAY 8

제네바 OUT

BEST COURSE

스위스 소도시 여행 7일

많은 것을 뒤로하고 떠나고 싶은 마음이라면 세계에서 제일가는 자연 경관으로 유명한 스위스에서도 더욱 고요하고 평온한 소도시를 여행해 보자.

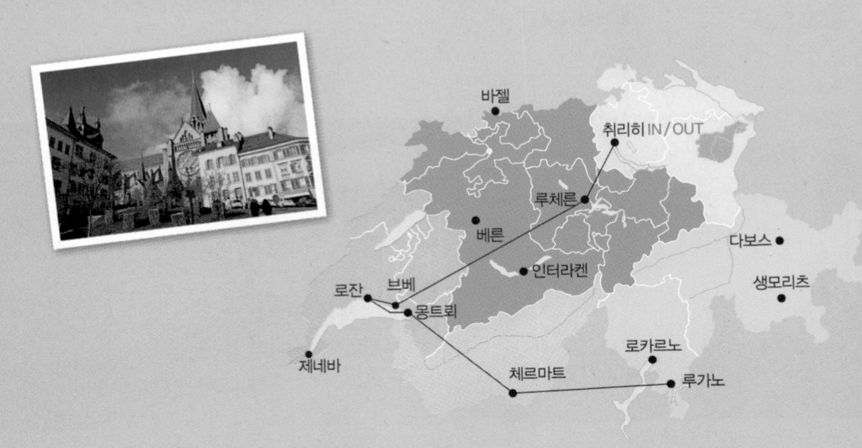

DAY 1
공항 ➡ 루체른

취리히는 과감하게 건너뛴다. 공항에서 바로 열차를 타고 루체른으로 이동한다. 열차로 한 시간이면 도착하고, 루체른은 취리히보다 열차역에서 시내 숙소까지의 접근성이 뛰어난 작은 도시라 이동 시간이 최소화되어 길에서 보내는 시간을 줄일 수 있다. 도착하여 루체른 시내를 둘러본다.

DAY 2
엥겔베르크 필라투스

루체른 근교의 산에 오른다. 하이킹을 즐기거나 스키를 탈 수 있다.

엥겔베르크는 루체른 중앙역에서 엥겔베르크행 열차를 탄다. 필라투스는 루체른 중앙역에서 열차를 타고 알프나흐슈타트로 가서 산악 열차로 환승한다.

루체른 ➡ 브베 열차 2시간 30분

DAY 3
브베

- 네스트 박물관을 구경하고, 1층 카페에서 브런치도 즐긴다.
- 채플린스 월드와 브베에서 조금 떨어진 작은 동네에 위치한 스위스 놀이 박물관을 방문한다. 퀸의 팬이라면 퀸 스튜디오 익스피리언스도 놓치지 말 것.
- 라 브라서리 J5에서 저녁을 먹고 브베의 숙소로 돌아간다.

DAY 4
브베 ⟷ 몽트뢰

빌라 르 락 르 코르뷔지에는 일부러 찾아가는 수고를 할 만한 건축미를 자랑하는 유네스코 문화유산이다.

코멜론 부리또 바에서 가성비 좋은 점심을 먹고, 열차를 타고 몽트뢰로 이동하여 시옹성을 돌아본다.

브베로 돌아오기 전에 페어몬트 르 몽트뢰 패리스 호텔의 정원도 거닐어 보자.

브베로 돌아와 역 옆의 마트에서 장을 보고 호텔에서 저녁을 먹는 것은 어떨까? 쿱COOP이나 미그로스MIGROS에 들러 반조리 식품이나 조리 식품을 구입하고 장을 보는 것도 여행의 재미이다.

브베 → 로잔 열차 15분

DAY 5
로잔

소바벨랑 공원과 탑을 찾아 아름다운 도시의 전망을 내려다본다.

아름다운 스테인드글라스가 인상적인 로잔 대성당을 구경하고 블랙버드 카페에서 맛있는 점심을 먹는다. 커피 맛도 일품이다.

로잔을 찾는 이유이기도 한 올림픽 박물관의 전시들을 살펴보고, 올림픽과 관련한 조각품과 미술품이 놓여 있는 호수 전망의 정원을 산책하는 것도 잊지 말자.

노을이 지는 우쉬 항구의 운치를 느끼고, 잉글우드에서 맛있는 햄버거로 저녁을 먹는다.

로잔 → 체르마트 열차 3시간

DAY 6
체르마트

스키를 즐기거나 에어 체르마트로 하늘을 날며 잊지 못할 경치를 구경하고 시내에서 하루를 보내는 것도 좋다.

조셉스 재즈 클럽에서 자주 공연이 있으니 와인 한잔을 마시며 하루를 마무리한다.

체르마트는 어디서든 마테호른의 봉우리가 보이고 일년 내내 스키를 탈 수 있는 알프스 자락의 마을이다. 작은 시내만 종일 걸어도 너무 좋은 곳이다.

> 수네가 슬로프를 타다가 만나는 쉐 브로니에서 알프스의 경치를 감상하며 맥주 한잔을 즐길 수 있다. 아름다운 전경의 산 중턱에서 마시는 맥주는 색다른 맛이다.

체르마트 → 루가노 열차 5시간 20분

DAY 7
루가노

리포르마 광장을 중심으로 뻗어 있는 루가노 시내의 작은 골목들을 걷는다. 걷다가 루가노 예술 문화의 전시도 관람하고, 전시관 앞에 조성된 미니 분수와 설치 미술 앞에서 사진도 찍는다.

호수를 면하고 있는 로컬 맛집 라 쿠치나 디 앨리스에서 점심 식사를 한다. 식사 후에는 치아니 공원을 거닐어도 좋고, 푸니쿨라를 타고 몬테 브레 언덕에 올라가도 좋다.

비스트로 피자 아르젠티노에서 화덕 피자와 파스타로 저녁 식사를 한다.

DAY 8

루가노 열차역에서 열차로 취리히 공항으로 이동하거나 밀라노로 이동하여 말펜자 공항에서 아웃한다.

스위스 매력 탐구 열차 여행 15일

스위스에는 다양한 테마를 지닌 열차 노선이 존재한다. 이동하는 시간도 여행의 일부분이다. 열차를 타고 차장 너머로 보이는 그림 같은 풍경에 열차가 조금 천천히 달려주었으면 싶기도 하다. 스위스의 많은 호수와 봉우리, 작은 마을을 가로지르며 아름다운 철도 길을 달리는 열차 여행 일정을 소개한다.

※각 도시의 일정은 앞서 소개한 일주일 여정들을 참고한다.

※특급 열차의 자세한 내용은 64쪽을 참고한다.

DAY 1~4

■ 고타드 파노라마 익스프레스 Gotthard Panorama Express

루가노(2) → 루체른(2)

밀라노 공항으로 인(IN)하여 공항 셔틀을 타거나 열차로 이동하면 금방 도착할 수 있는 루가노에서 일정을 시작한다. 루가노에서 이틀을 보낸 후 고타드 파노라마 열차를 타자. 몇 년 전까지 윌리엄 텔이라는 이름으로 불렸던 특급 열차로 스위스를 종단하여 루체른까지 올라간다.

DAY 4~9

■ 골든 패스 라인 Golden Pass Line

루체른 → 인터라켄(2) → 몽트뢰(3)

스위스의 매력적인 도시 세 곳을 지나는 골든 패스 라인을 두 번에 나누어 탄다. 루체른에서 이틀을 보낸 후 골든 패스를 타고 인터라켄으로 이동하여 이틀 후 다시 골든 패스를 타고 몽트뢰로 향한다.

몽트뢰-츠바이짐멘Zweisimmen 구간은 골든 패스 라인에서도 가장 아름다운 구간으로 알려져 있다. 이동 시간을 단축하고 싶다면 루체른-인터라켄 구간은 빠르게 달리는 일반 열차를 타고 이동해도 좋다. 인기가 많은 골든 패스 라인은 따로 자리를 예약하는 편을 추천하기 때문에 일반 열차를 탈 경우 예약의 수고를 덜 수 있다는 장점도 있다.

©스위스 관광청 ©레일 유럽

DAY 9~11

몽트뢰 ➔ 체르마트(2)

일반 열차를 타고 체르마트로 이동한다. 체르마트는 스위스 어느 도시에서 출발해도 비스프Visp에서 한 번은 환승해야 한다. 직행편이 없는데도 불구하고 인기가 많은 여행지이니 꼭 가봐야 한다. 최대한 이동이 편하고 가까운 도시를 찾자면 몽트뢰를 추천한다. 이동 시 1회 환승, 2시간 40분 정도가 걸린다.

DAY 11~13

■ 빙하 특급 Glacier Express

체르마트 ➔ 생모리츠(2)

장장 8시간에 걸쳐 달리는 지상 최고의 파노라마 열차이다. 긴 시간이 어떻게 지나가는지 모를 정도로 창밖 풍경이 환상적이다. 이동 시간이 길기 때문에 오후 늦게 도착해서 보내는 생모리츠의 첫 날은 시내 구경과 저녁 식사가 전부이다. 겨울 스포츠를 즐기는 장소로는 스위스 최고로 꼽히는 곳이니 스키나 보드를 즐기는 사람이라면 생모리츠 일정을 하루 늘리는 것도 좋다.

> 쿠어Chur에서 이탈리아의 티라노Tirano까지 이어지는 베르니나 익스프레스도 빼놓을 수 없는 멋진 열차 여정이지만 쉽게 일정에 넣을 수 없는 루트이기는 하다. 쿠어-생모리츠 구간은 빙하 특급과 중복되기 때문에 베르니나 익스프레스에 대한 아쉬움을 조금은 달랠 수 있다. 베르니나 익스프레스를 꼭 타고 싶다면 밀라노로 인(IN)하여 밀라노 중앙역에서 열차를 타고 티라노로 이동하여(2시간 30분) 베르니나를 타고 쿠어에서 루가노로 이동 후(열차 2회 환승, 4시간 20분) 일정을 시작하는 방법이 있다.

DAY 13~15

생모리츠 ➔ 취리히(2)

스위스 주요 도시와 유럽의 주요 도시로 쉽게 이동할 수 있는 취리히에서 일정을 마무리한다. 열차를 타고 취리히로 이동 시 1회 환승, 3시간 10분 정도 걸린다.

스위스 꼼꼼 일주 30일

앞서 소개한 보름간의 열차 여행에 주요 도시 주변의 근교 여행, 일반 열차로 갈 수 있는 가까운 도시들을 더해 스위스를 꼼꼼하게 여행하는 일정을 만들 수 있다. 도시에 머무르는 일정에 맞추어 지역 여행 각 도시 앞에서 소개하는 추천 일정을 참고하면 된다.

DAY 1~8

■ **고타드 파노라마 익스프레스** Gotthard Panorama Express

루가노(2) ➔ 루체른(2) ✚ 루체른 근교(3) – 티틀리스, 필라투스, 리기

DAY 8~15

■ **골든 패스 라인** Golden Pass Line

루체른 ➔ 인터라켄(3) ➔ 몽트뢰와 브베(4)

DAY 15~19

몽트뢰 ➔ 로잔(2) ➔ 제네바(2)

DAY 19~21

제네바 ➔ 체르마트(2)

DAY 21~24

■ **빙하 특급** Glacier Express

체르마트 ➔ 생모리츠(3)

빙하 특급으로 이동할 시 생모리츠에 늦은 오후에 도착한다.

DAY 24~29

생모리츠 ➔ 취리히(3) ➔ 바젤(1) ➔ 베른(1)

DAY 30

취리히 공항 OUT

스위스 열차 패스

RAIL EUROPE

스위스 전역에는 총 거리 약 29,000km에 달하는 20여 개의 지역 대중교통 네트워크가 운영 중이며, SBB(스위스 철도청)는 대부분의 네트워크와 연계가 되어 있어 SBB에서 발행하는 스위스 패스 또는 트래블 카드를 구입하면 스위스 전 지역 대부분의 대중교통을 개별 티켓에 비해 훨씬 저렴하게 이용할 수 있다. SBB가 운영하는 스위스 트래블 시스템(Swiss Travel System)이라는 명칭은 종종 SBB와 혼용하여 사용되니 다른 철도 시스템으로 오해하지 않도록 한다.

철도·패스 사진 ©스위스 관광청 ©레일 유럽

www.sbb.ch
www.myswitzerland.com/en/getting-around.html

❖ 스위스 트래블 패스 Swiss Travel Pass

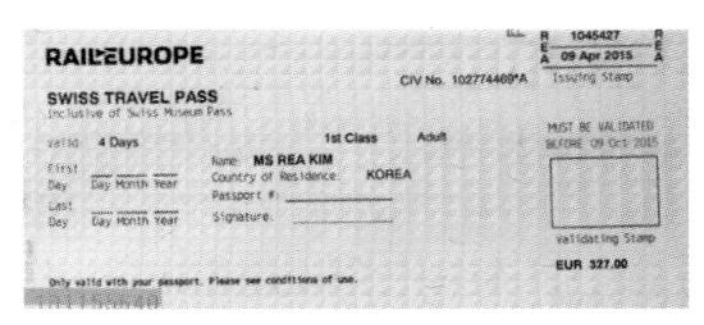

열차, 버스, 보트, 트램까지 스위스 내 모든 교통편을 자유롭게 이용할 수 있는 만능 패스이다. 스위스와 리히텐슈타인 비거주자인 해외 여행객들에게만 주어지는 혜택이다. 주요 도시들의 케이블카, 500여 곳의 박물관, 유람선 무료 또는 할인 혜택 등 단순 교통권이 아니라 혜택이 많아 대부분의 여행객들이 스위스 여행 시 필수로 구입한다. 세계에서 물가가 높기로 소문난 스위스 여행 시 특히 유용한 경제적인 패스이다. 지정한 기간 중 사용하는 일반 트래블 패스와 유효 기간 중 특정한 날을 골라 사용하는 플렉스 패스로 나뉘고, 각각 1등석/2등석, 일반/유스, 유효 기간(3, 4, 8, 15일)으로 다시 나뉜다. 그 외에도 구간권을 편도 또는 왕복으로 별도 구매할 수 있고, 슈퍼 세이버, 그룹 티켓, 스위스를 포함하는 유레일 티켓 등 다양한 종류의 티켓이 있으니 여행 일정과 루트, 여행자의 나이를 고려하여 가장 경제적인 것으로 선택하도록 한다.

교통 제외 주요 혜택

- 500여 곳 박물관 무료 입장
- 쉴트호른, 슈탄저호른, 리기산으로 향하는 교통편 무료
- 그 외 주요 산으로 향하는 교통편 50% 할인 (고르너그라트, 티틀리스 등)

스위스 트래블 패스 Swiss Travel Pass	스위스 트래블 패스 플렉스 Swiss Travel Pass Flex	스위스 하프 페어 카드 Swiss Half Fare Card
• 유효 기간 동안 연일 사용 (3, 4, 8, 15일) • 파노라마 특급 열차 무료 탑승(예약 필수, 예약비 별도) • 교통편 무료 이용, 박물관 무료 입장 • 산악 열차 등 산악 교통편 최대 50% 할인	• 유효 기간 동안 날짜를 자유롭게 선택하여 사용 (3, 4, 8, 15일) • 파노라마 특급 열차 무료 탑승(예약 필수, 예약비 별도) • 교통편 무료 이용, 박물관 무료 입장	• 교통 요금 50% 할인 • 1달 유효하며 원래의 교통 요금에서 50%를 할인 받는 것이기 때문에 2등석, 1등석 하프 페어 카드의 요금은 동일하다.
성인 2등석 3/4/8/15일 CHF232/281/418/513	**성인 2등석** 1달 안 3/4/8/15일 선택 CHF 267/323/467/563	**2등석/1등석** 1달 CHF120
성인 1등석 3/4/8/15일 CHF369/447/663/810	**성인 1등석** 1달 안 3/4/8/15일 선택 CHF424/514/742/890	-

※26세 미만 유스 요금은 15% 할인, 6세 미만은 교통 요금을 받지 않는다. 6~16세 아동 1인은 동반 성인 1인에 한하여 무료로 교통 시설을 이용할 수 있으며 혼자 이용할 시 성인 요금의 50%를 적용 받는다.

※구입은 레일 유럽 웹사이트(www.raileurope.co.kr) 또는 여행사에서 손쉽게 할 수 있다. 유럽 전역의 티켓을 한 곳에서 구매할 수 있어 스위스만 여행하는 것이 아니라면 더욱 효율적이다. 글로벌 판매처는 MySwitzerland.com/rail에서 확인할 수 있다.

※예매 시 집에서 출력해 가는 Print@home 티켓과 실물 티켓을 배송 받는 Paper Ticket 티켓 두 종류 중 하나를 선택할 수 있다.

※SBB 앱을 다운로드 받으면 열차 출발과 도착 시간을 실시간으로 확인할 수 있다. 탑승 플랫폼이 변경되는 경우가 꽤 많은데 앱으로는 바로바로 확인할 수 있어서 무거운 짐을 들고 헛걸음하지 않을 수 있어서 좋다. 역의 편의 시설이나 운영 시간 등 상세한 정보까지 알려주는 똑똑한 앱이다.

※특급 열차를 타는 경우 열차 탑승권은 패스에 포함되어 있으나 좌석 예약이 필수이고 예약비는 별도로 부과된다.

❖GA 트래블 카드 GA Travel Card

구분	2등석 요금 CHF	1등석 요금 CHF
성인 GA 트래블 카드	340	545
아동 GA 트래블 카드	160	250
유스/학생 GA 트래블 카드	245	405
시니어 GA 트래블 카드 (여성 64세, 남성 65세 이상)	260	430
장애인 GA 트래블 카드	225	355
듀오 파트너 GA 트래블 카드 (법적 동거인과 여행 시 한 사람이 일반 GA 카드를 소지하면 다른 한 명은 이 요금으로 구입 가능)	245	380
가족 GA 트래블 카드	75~	250~

장기 여행자를 위한 카드이다. 1달 또는 1년 단위로 구입 가능하며 자동 갱신되기 때문에 최소 1달 이상 스위스를 여행하려는 사람에게 추천한다. 잊고 카드 취소를 하지 않으면 다음 달 요금이 청구되니 주의할 것. 홈페이지(swisspass.ch)를 통해 취소하면 해당 월까지만 이용하고 갱신되지 않는다. 여권 등 신분증과 신용카드, 여권 사진으로 홈페이지에서 신청 가능하며 청구서는 우편, 이메일 등 다양한 방법으로 받을 수 있다. 트래블 카드 역시 신청 후 10일 안에 우편으로 수령 가능하고 그 전에 필요한 경우 임시 PDF 스위스 패스를 보내준다. 매표소에서 필요한 서류를 지참하고 바로 신청하여 받을 수도 있다.

❖세이버 데이 패스 Saver Day Pass

스위스 패스 1일권이라 생각하면 된다. 00시부터 익일 새벽 5시까지 유효하며 혜택은 스위스 트래블 패스처럼 스위스 철도와 대중교통 등을 무료로 이용할 수 있다. 스위스를 짧게 여행하되 구간 티켓을 좀 더 저렴하게 이용하고 싶을 때, 하루 중 이동이 잦은 경우, 세이버 패스와 할인 받은 구간권의 합이 그냥 구간권을 구입하는 것보다 저렴할 때 구입하는 할인권이다. 가격은 CHF52.

TIP. 스위스 열차 이용 시 유용한 서비스

❶ 짐 보관

서비스나 시설이 다양한 편인 취리히의 경우 코인 로커는 지하층에 있으며 대형 로커 CHF12, 소형 로커 CHF5을 지불하고 이용한다. 역마다 로커 이용 시간이 다르니 확인한다. 유인 보관소는 1층 왼쪽(호수 반대편) 뒤편에 위치하고, 가격은 로커보다 비싸다. 취리히 중앙역에는 유료 화장실과 샤워실도 지하층에 있다.

짐 보관 로커 서비스 확인하기

- www.myswitzerland.com/en/luggage-deposit.htm
- www.sbb.ch/en/station-services/services/lockers.html

역마다 제공하는 모든 서비스 확인하기

- www.sbb.ch/en/station-services/railway-stations.html

❷ 수하물 서비스

짐이 많거나 이동이 잦은 여행자를 위한 다양한 배송 서비스가 있다. 스위스 특급 도어투도어(door-to-door)는 스위스 내 목적지 간 이동해야 할 수하물을 최소 이틀 전에 미리 보내 놓을 수 있는 서비스이다. 가능한 역을 먼저 확인하도록 한다. 그 외에도 출국 공항에서 체크인할 때 몇몇 열차역으로 짐을 보낼 수 있는 특급 항공 수하물 서비스와 출국 공항에서 체크인할 때 스위스 호텔로 짐을 보내거나 스위스 공항에서 체크인 시 북미를 제외한 전 세계 어디든 짐을 보낼 수 있는 특급 항공 도어투도어 서비스도 있다.

스위스 특급 열차

스위스 어느 동네에서 어떤 열차에 올라타도 차창 밖은 동화처럼 아름답다. 그러나 특별히 더욱 황홀한 장관을 볼 수 있는 구간들이 있으니 바로 다양한 테마를 지닌 스위스의 특급 열차이다. 열차에 타고 있는 순간이 너무나 행복해서 내리고 싶지 않았던 여정들을 소개한다. 굽이굽이 철길을 지날 때마다 탄성이 터지는 새로운 모습이 계속 나타나기 때문에 모든 순간이 특별하다. 부디 열차에서 자는 일이 없도록 특급 열차를 탈 때는 푹 자고 탑승하길 바란다.

철도·패스 사진 ©스위스 관광청 ©레일 유럽

■ 빙하 특급 Glacier Express

시속 34km로 달리는 세계에서 가장 느린 특급 열차이다. 약 8시간 동안 철길을 달리며 7개의 계곡과 291개의 다리, 91개의 터널을 지난다. 여정 중 가장 높은 고도인 2,033m 위의 오베랄프 고개Oberalp Pass를 지날 때, 특히 스릴이 넘친다. 생모리츠St. Moritz에서 탑승해도 좋고, 쿠어Chur 또는 다보스Davos에서도 탑승 가능하다. 신설된 엑설런스 클래스Excellence Class를 이용하면 창측 좌석 보장, 전용 바, 객차 내 엔터테인먼트, 컨시어지 서비스, 개별 여행 가이드까지 다양한 서비스를 제공받을 수 있다. 샴페인과 애피타이저로 시작하여, 와인과 함께하는 5코스 식사도 나온다. 일반 좌석에서도 식사를 주문할 수 있으며 가격은 오늘의 요리 CHF30, 3코스 메뉴 CHF43 정도이다. 지나치는 구간과 바깥 풍경에 대한 유익한 설명을 오디오 가이드로 지원한다.

www.myswitzerland.com/ko/traveling-by-train-glacier-express.html
www.glacierexpress.ch

운행구간 생모리츠↔체르마트(역방향 가능) : 총 거리 291km

운행기간 10월 14일~12월 14일 제외 연중무휴

소요시간 약 8시간 3분

운행요금 긴 여정이고 생모리츠와 체르마트 사이에 여러 역이 있기 때문에 구간별로 요금이 모두 다르다. 또 1등석/2등석으로 나뉘니 홈페이지에서 구체적인 요금을 확인한다.
대표 구간인 생모리츠-체르마트는 2등석 CHF152, 1등석 CHF268, 생모리츠-안데르마트는 2등석 CHF84, 1등석 CHF147.80, 체르마트-안데르마트는 2등석 CHF72, 1등석 CHF129이다.
스위스 트래블 패스(플렉스 티켓)와 GA 트래블 카드 소지자는 빙하 특급 노선 전체를 이용할 수 있고, 스위스를 포함하는 유레일 패스 소지자는 전 구간 사용 가능하다. 유효 티켓/패스 소지자라도 좌석 및 식당칸 예약은 필수이며, 추가 비용이 부과된다(최대 90일 이전 가능).

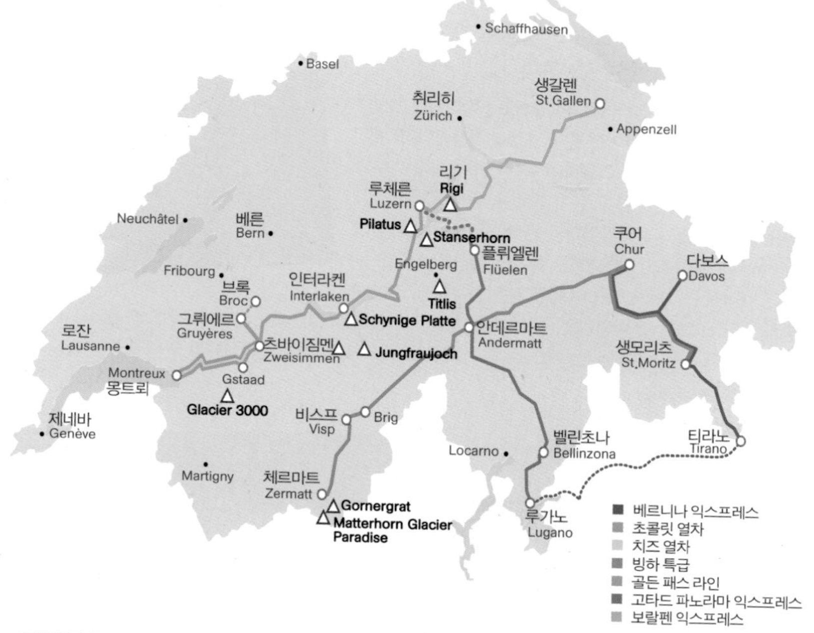

■ 고타드 파노라마 익스프레스 Gotthard Panorama Express

배와 열차를 모두 이용하는 특별한 일정이다. 외륜 증기선을 타고 루체른에서 플뤼엘렌Flüelen으로 세 시간 남짓한 유람선 여행을 한 후 열차로 루가노까지 이동한다. 1882년 지어진 고타드 터널을 지나 알프스를 넘어가기 때문에 터널명을 따서 이름이 붙여졌다. 반대 방향으로 여행하는 것도 물론 가능하다. 요금에 포함된 작은 선물로는 여행 안내서와 기념품, 선상 레스토랑 식사권이 있다.

www.myswitzerland.com/ko/gotthard-panorama-express.html

운행구간 루가노-벨린초나에서 플뤼엘렌까지 열차 이용, 플뤼엘렌에서 루체른까지 증기선 이용(역방향 가능) : 총 거리 182km

운행기간 4월 말~10월 중순 화~일 운행

소요시간 벨린초나에서 루체른까지 4시간 54분~5시간 10분 소요, 루가노에서 루체른까지 5시간 26분~5시간 36분 소요

운행요금 보트와 열차 1등석은 CHF150, 보트 2등석과 열차 1등석은 CHF127

※스위스 트래블 패스(플랙시) 및 GA 트래블 카드로 이용 가능하며 플뤼에렌과 루가노 구간은 1등석만 운행하여 2등석 패스 소지자는 1인 CHF16을 추가 지불해야 한다.

■ 골든 패스 라인 Golden Pass Line

세 개의 구간(루체른-인터라켄, 인터라켄-츠바이짐멘, 츠바이짐멘-몽트뢰)으로 이루어진 총 5시간의 여정이다. 티켓 한 장으로 전 구간 이용이 가능하여 자유롭게 승하차할 수 있다. 천장과 열차 양옆이 모두 유리로 된 파노라마 열차는 골든 패스 라인의 하이라이트인 인터라켄-츠바이짐멘 Zweisimmen 구간에만 해당한다. 최대한 시간을 아끼고 싶다면 나머지 구간은 속도가 더 빠른 일반 열차를 타고 이동해도 좋다. 몽트뢰-츠바이짐멘 구간의 운전석을 개조한 맨 앞칸의 파노라마석은 VIP 좌석이고 1930년대의 인테리어로 꾸며 놓은 골든 패스 클래식 열차도 있으니 시간표를 보고 선택할 수 있다.

www.goldenpassline.ch

운행구간 루체른-인터라켄-츠바이짐멘-몽트뢰(역방향 가능) : 총 거리 191km

운행기간 연중무휴이나 시간대별로 주말, 평일 운행이 다를 수 있고, 클래식 열차 운행도 별도이니 홈페이지에서 날짜를 지정해 확인하는 것이 가장 정확하다.

소요시간 약 5시간 8분

운행요금 츠바이짐멘-몽트뢰 성인 2등석 편도 CHF33, 1등석 편도 CHF58이다. 스위스 하프 페어 카드 50% 할인, 스위스 트래블 패스, GA 트래블 카드, 스위스를 포함하는 유레일 패스와 인터레일 패스는 예약료만 지불한다(CHF8). 좌석 예약은 단체 여행객의 경우 필수이며 개인 여행객에게는 권장한다(전 구간 별도 예약). 스위스 패스 소지자 역시 좌석 예약 추가 요금만 지불하면 되는데, 2등석 패스 소지자는 골든 패스 라인도 2등석으로만 예약할 수 있다.

TIP. 초콜릿 열차·치즈 열차

몽트뢰에 도착해서 일정의 여유가 있다면 이곳에서 출발하는 초콜릿 열차Chocolate Train를 타 봐도 좋다. 커피와 크루아상, 치즈 퐁듀를 제공하고 까이에-네슬레Cailler-Nestlé 초콜릿 공장에서의 시식 시간도 포함한다. 그뤼에르Gruyères 마을의 치즈 공장도 방문한다. 유레일 패스를 초콜릿 열차 노선에서도 사용할 수 있으나 좌석 예약은 필수이다. 몽트뢰를 출발 역으로, 브로-쇼콜라를 도착 역으로 선택한 후 옵션에서 '패스Pass'를 선택하여 예약한다.

www.myswitzerland.com/ko/experiences/chocolate-train

구간 몽트뢰(Montreux)-브록(Broc)-그뤼에르(Gruyères)에서 귀환 **운행 기간** 5~6월 월~목, 7~8월 매일, 9~10월 월 · 수 · 목 **소요 시간** 약 9시간 **요금** 성인 1등석 CHF99, 2등석 CHF90

■ 베르니나 익스프레스 Bernina Express

이탈리아까지 국경을 넘는 베르니나는 특급 열차들 중 가장 아름다운 경관을 자랑한다. 빙하부터 야자수까지 다채로운 풍경을 감상할 수 있으며 유네스코 세계문화유산으로 지정된 레티쉬Rhaetian 철도의 65m 높이 란트바서 구름다리Landwasser Viaduct도 지난다. 베르니나 대산괴가 내려다보이는 몬테벨로Montebello 커브 길이나 세 개의 호수, 나선형의 브루시오Brusio 철교 역시 차창 너머로 보게 된다. 여름에는 베르니나 익스프레스 버스에 탑승해 티라노Tirano에서 루가노Lugano까지 여정을 이어갈 수 있고, 2019년 봄부터는 란드콰트Landquart –발포스치아보Valposchiavo 구간을 신설해 발포스치아보에서 티라노로 이어지는 열차도 탑승이 가능하다.

www.myswitzerland.com/ko/summer-mountain-tips-bernina-express.html
www.rhb.ch/en/panoramic-trains/bernina-express

운행구간 스위스 쿠어↔이탈리아 티라노 : 총 거리 156km

운행기간 2월 21일~4월 21일 & 10월 31일~11월 24일 목~일, 4월 22일~10월 27일 매일

소요시간 약 4시간 13분

운행요금 쿠어-티라노 성인 2등석 CHF63, 1등석 CHF111
스위스 트래블 패스(플렉스 포함)와 GA 트래블 카드로 베르니나 노선 전체를 이용할 수 있다. 좌석 예약은 별도로, 탑승 90일 전부터 예약 가능하다. 예약금은 여름 CHF16, 겨울 CHF10이다. 베르니나 익스프레스 버스 추가 요금은 CHF14이다.

TIP. 보랄펜 익스프레스 Voralpen Express ■

상대적으로 덜 알려졌지만 취리히, 루체른 여행자들에게 추천하는 또 다른 특급 열차이다. 유네스코 세계문화유산 수도원 지구가 있는 생갈렌-루체른 구간의 열차로 아기자기한 스위스의 낭만을 충족시켜 주는 전경을 감상할 수 있다. 현지인들이 적극 추천하는 루트이다.
www.voralpen-express.ch/en.html
www.myswitzerland.com/en-us/voralpen-express.html

구간 생갈렌↔루체른 : 총 거리 125km **운행 기간** 2월 21일~4월 21일 & 10월 31일~11월 24일 목~일, 4월 22일~10월 27일 매일 **소요 시간** 약 2시간 15분 **요금** 스위스 트래블 패스, GA 트래블 카드 소지자는 무료이고, 스위스를 포함하는 유레일, 인터레일 패스 소지자도 무료로 이용 가능하다. 구간권으로 따로 끊어 이용하려면 성인 편도 CHF48이다.

Berner Oberland-Bahn
STADLER

SWITZERLAND
지역 여행
취리히 / 루체른(필라투스, 리기, 티틀리스)
바젤 / 베른 / 인터라켄 / 제네바
몽트뢰 / 로잔 / 체르마트
생모리츠 / 루가노
1 B
11 B
Zweilütschinen
Wilderswil
Interlaken Ost
Grund
Kleine Scheidegg
Jungfraujoch
125 JAHRE WENGERNALP BAHN

Zürich

취리히

수도 베른에게는 조금 미안한 이야기지만, 각 방면으로 직통열차가 발착하고 세계 각지와 연결된 스위스 최대의 공항을 갖춘 취리히는 단연 스위스를 대표하는 도시이다. 중세 시대부터 공업의 중심지로 활약해 온 호반 도시로, 호수를 이용하여 직물 공장을 보급하여 오늘날까지 성공적인 섬유 공업을 이어 오고 있으며, 19세기 후반부터는 세계 유수의 기계 공업 공장들도 취리히에 본거지를 두고 있다. 또 경제적, 정치적으로 안정되어 있는 취리히의 높은 신용도 덕분에 세계 각국의 금융 기관의 본사, 유럽의 지점들이 밀집해 있다.

최근 몇 년 동안은 유럽에서 가장 빠르게 발전하는 트렌디한 젊은 도시로 꼽히기도 했다. 호수와 강을 끼고 있어 자연의 아름다움도 넉넉히 갖춘 이 도시를 구석구석 살펴보자.

인포메이션 센터 스위스의 모든 도시 중 가장 세심하고 친절하며 직관적인 서비스를 갖추고 있다. 관광청에서 진행하는 다양한 투어 프로그램과 여행자를 위한 혜택, 빠르게 업데이트 되는 정보를 활용하자.

주소 Bahnhofplatz(중앙역) 시간 **하절기** 월~토 08:00~20:30, 일 08:00~18:30 / **동절기** 월~토 08:30~19:00, 일 09:00~18:00 전화 +41 44 215 40 00 홈페이지 www.zuerich.com

와이파이를 준비하지 못했다면!

인포메이션 센터에서 휴대용 와이파이 라우터를 빌려준다. 가격도 저렴한 편이다. 3일 CHF39.90, 7일 CHF64.90, 10일 CHF83.40, 15일 CHF129.90이다. 최대 10개 기기가 함께 쓸 수 있어 여러 명이 여행하는 경우 무척 경제적이다. 배터리는 5시간 작동하며 재충전은 1시간이 소요된다. 취리히 카드 소지자는 20% 할인가에 대여할 수 있다.

취리히로 이동하기

취리히 공항 Flughafen Zürich

스위스 최대 국제공항이자 연간 2천 5백만 명이 찾는 취리히 공항은 스위스 항공의 허브이다. 공항 코드는 ZRH이다. 인천 공항에서 취리히까지 직항으로 12시간 10분 정도 걸린다. 취리히 공항에서 시내까지는 불과 10km로 자동차나 대중교통으로 10분 남짓 걸려 유럽에서 공항과 시내 간 거리가 가장 짧다.

홈페이지 www.zurich-airport.com

공항에서 시내로 이동하기

기차

가장 보편적이고 쉬운 방법이다. 상당수의 기차는 공항에서 출발하여 바로 그 다음 역인 취리히 중앙역Zürich Hauptbanhof으로 향한다. 스위스 철도청 SBB 열차 외에도 S-Bahn S2와 S16, 여러 지역 열차와 인터시티InterCity 기차도 중앙역으로 향한다. 요금은 성인 1회권 기준 CHF6.80, 1일권 CHF13.60이고, 취리히 카드나 스위스 패스 소지자는 해당 티켓을 이용하면 된다.

트램

숙소가 도심에 위치하지 않고 취리히 외곽 쪽이라면 택시를 이용할 경우 꽤 비싼 요금이 나올 수도 있으니 트램을 추천한다. 주로 10번과 12번 트램을 이용하고, 10번을 타면 취리히 중앙역까지 35분 정도 소요된다.

10번 트램 공항에서 취리히 중앙역을 연결한다. 약 15분 간격으로 운행하고, 글라트브루크Glattbrugg와 올리콘Oerlikon, 이르헬Irchel 역을 경유한다.

12번 트램 슈테트바흐Stettbach 역으로 간다. 약 15분 간격으로 운행하고, 글라트브루크Glattbrugg와 발리셀렌Wallisellen 역을 경유한다.

셔틀버스

취리히 시내에 있는 모든 호텔이 제공하는 7×7이라는 이름의 미니 셔틀버스는 한 시간에 최소 한 번 이상 공항과 도심을 오간다. 호텔에 따라 무료로 이용이 가능하니, 호텔을 예약할 때 정류장과 탑승 방법을 물어보거나 홈페이지에서 직접 예약할 수도 있다. 공항에서 시내까지는 예약이 필수가 아니지만 공항으로 갈 때는 예약해야 한다.

시간 공항 → 호텔 06:30~23:00, 30분 간격 / 호텔 → 공항 04:45~22:00, 30~45분 간격 (최소 2시간 전 호텔 리셉션 또는 홈페이지로 예약), CHF25 홈페이지 www.7X7.ch/en/home

택시

더욱 확실하고 안전한 서비스를 원한다면 택시를 이용해도 된다. 공항에서 시내까지 15분 정도 걸리고, 교통 상황에 따라 다르나 보통 요금은 CHF60~70 정도이다.

공항에서 하면 좋아요

❶ 기차표 예매와 스위스 패스 구매 및 개시

체크인-3 구역 공항 센터(Airport Centre) 아래 위치한 SBB 기차역 센터(SBB Travel Centre)를 방문한다. 매표소는 매일 06:15~22:30 동안 운영된다. 탑승 구역의 티켓팅 기계를 이용해도 좋다.

❷ 심카드 구매

이용하는 통신사의 로밍 프로그램으로 본인의 번호 그대로 데이터와 전화, 문자를 이용할 수 있지만 장기 여행 또는 전화나 데이터를 대량으로 쓰고 싶다면 심카드 구입이 편리하다. 시내에도 여러 지점이 있으나 공항에 위치한 SALT 통신사 지점을 찾아 심카드를 바로 구입하여 사용할 수 있다.

다른 도시로 이동하기

취리히 공항은 매일 350대 이상의 기차, 700대 이상의 버스와 400대 이상의 트램이 출발하고 도착하는 스위스 교통의 요충지로, 어느 도시로 출발하건 도심을 거칠 필요 없이 공항에서 바로 출발할 수 있다. 스위스 다른 도시에서 여행을 시작하더라도 중앙역으로 따로 이동하지 않고 바로 공항 기차역에서 탑승할 수 있는 것이다. 유럽 다른 도시로 발착하는 기차편도 물론 많고, 저가 항공편 노선도 많다. 시원하게 뚫린 유리창으로 바라보는 경관이 무척 예쁘니 다른 교통편이 있다 하더라도 이동 시간이 비슷하다면 기차를 타는 것도 좋다. 성수기의 경우 홈페이지로 미리 표를 사는 것을 추천한다.

항공	기차
취리히 – 제네바 약 40분	취리히 – 루체른 약 45분
취리히 – 파리 약 1시간 20분	취리히 – 바젤 약 1시간
취리히 – 바르셀로나 약 1시간 40분	취리히 – 베른 약 1시간
취리히 – 런던 약 1시간 45분	취리히 – 인터라켄 약 2시간
–	취리히 – 제네바 약 2시간 40분

취리히의 시내 교통

취리히시에서 운영하는 모든 대중교통 수단은 취리히 교통 네트워크 ZVV에 속하며, 취리히 시내에서는 약 300m마다 버스나 트램 정류장을 발견할 수 있다. 관광청 홈페이지에 가면 렌터카, 주차를 포함한 모든 교통 수단의 상세한 정보가 있다. 교통권이 포함된 취리히 카드를 구입하는 것이 보통인데, 교통권만 따로 구입할 때는 이동하는 거리의 존(ZONE)을 확인하고 구입한다. 트램, 버스 등을 타면 비치된 스탬프 기계 안에 표를 넣어 개시한다. 취리히 카드는 첫 탑승 때만 해주면 된다. 휴대폰 앱(ZVV Ticket App)을 다운받아 여러 종류의 티켓을 보다 쉽게 구입하고, 사용할 수 있다.

홈페이지
www.zuerich.com/en/visit/getting-around-in-zurich/public-transport-in-zuerich
www.zvv.ch

교통 존 ZONE

대부분의 정류장에 교통 존(Zone)을 표시한 시내 지도와 티켓 판매기, 해당 정류장에 정차하는 버스와 트램 시간표가 안내되어 있다. 구글 맵을 포함한 다양한 지도 앱을 활용하고, 홈페이지상으로도 길 찾기를 검색하면 탑승할 교통수단과 시간표를 안내한다. 취리히 도심은 110존에 속하며 공항은 121존에 속한다. 불시에 티켓 검사를 하기 때문에 늘 표를 소지하는 것이 좋다고 하나 다른 유럽 도시에 비해 표 검사는 아주 드물다. 정확하고 정직한 스위스 국민성 덕분인지 교통 질서도 훌륭하게 잘 지켜지는 편이다.

기차

워낙 큰 도시라 취리히 시내 안에도 기차역들이 있다. 외곽으로 갈수록 숙소 가격이 급격히 낮아져 경제적인 여행자들은 기차를 타고 시내 중심부에 위치한 중앙역으로 매일 이동해야 할 수도 있다. 중앙역은 다양한 편의 시설을 누릴 수 있는 편리한 대형 역으로, 층마다 매점과 식당, 상점들이 위치한다.

트램

트램 정거장 옆에 티켓 판매기가 있으니 취리히 카드나 스위스 패스를 이용하지 않는 사람들은 탑승 전에 구입하여 탄다. 깔끔하고 현대적인 트램은 우리의 지하철의 모습과 비슷하다.

겨울 여행자를 위한 퐁듀 트램

취리히에서는 동절기 여행자들만 즐길 수 있는 특별한 트램을 운행한다. 이름 그대로 퐁듀를 먹으며 2시간 동안 스위스 샬레처럼 꾸며진 예쁜 트램을 타고 시내를 한 바퀴 돌아보는 것인데, 식사 값까지 포함되어 가격이 상당하지만 인기가 좋다. 무엇보다 편하게 시내 곳곳을 돌아보며 도시 여행을 할 수 있어 좋다. 홈페이지에서 예약하고 이용하도록 한다. 무제한 퐁듀와 웰컴 드링크, 알프스 산지 고기와 화이트 와인으로 구성된 식사도 맛있다.

교통 중앙역에서 도보 18분 / 트램 4번 8분 / 버스 S6, S16번 5분 주소 Bellevueplatz, 8001에서 출발 전화 +41 848 80 18 80 시간 11월~3월 초 (홈페이지에서 매년 상이한 스케줄 확인) / 월~토 17:30~19:35, 20:15~22:15 / 일 16:30~18:30, 19:15~21:15 / 토~일 주말 점심 트램 12:00~14:00 요금 3코스 식사 포함 트램 성인 CHF95, 아동(12세 미만) CHF48 홈페이지 www.fonduetram.ch

취리히의 시내 교통

택시

취리히 시내에는 여러 개의 택시 정류장이 있고 전화로도 부를 수 있으나 물가가 높은 도시인 만큼 가격도 만만치 않다. 우버(Uber) 서비스가 보편화되어 있으니 우버 앱 사용을 추천한다. 택시 기본 요금은CHF6, 1km마다CHF3.80이 추가된다.

홈페이지 www.zuerich.com/en/visit/by-taxi

자전거

취리히 시는 자전거 서비스를 세 개나 운영한다. 온라인으로 등록하여 취리히 시내 곳곳에 자리한 자전거 정류장에서 기간을 설정해 금액을 지불한 후 대여할 수 있다. 호숫가를 따라 뻗어 있는 길을 시원하게 달리며 도심에서 조금 떨어진 외곽의 명소를 여행하는 데는 자전거만 한 것이 없다. 다만, 반호프스트라세에서는 절대 자전거를 타서는 안 된다. 시내 어느 정류장이든 타다가 자유롭게 반납할 수 있으며, 각 서비스의 요금과 홈페이지는 다음과 같다.

★ 취리 롤트 Züri rollt

요금 보증금 CHF20, 사용은 무료 홈페이지 www.stadt-zuerich.ch/zuerirollt

★ 취리 벨로 Züri Velo

요금 자전거 처음 30분 무료, 31분부터 1분당 CHF0.05 / 전기 자전거 처음 30분 무료, 31분부터 1분당 CHF0.10

홈페이지 www.publibike.ch/en/publibike

도보

취리히에서 2일 이상의 일정을 두고 여유 있게 구역을 나누어 돌아본다면 얼마든지 걸어서 돌아볼 수 있다. 호숫가와 리마트강, 화려한 대로 사이로 뻗어나가는 작은 골목들을 걷다 보면 시간 가는 줄 모른다. 트램을 타는 것이 번거롭거나 어렵게 느껴진다면 이것저것 생각할 필요 없이 걸어도 좋다.

대중교통 요금

짧은 단거리권은 CHF2.70(5개 정류장에서 유효), 1-2존 1회권은 CHF4.40(1시간 유효), 24시간 유효한 1일권은 CHF8.80이다. 하루 2회 이상 대중교통을 이용한다면 1일권이 유리하다. 1일권을 평일에 구입할 경우 해당 일 09:00부터 다음 날 05:00까지 유효하다. 주말과 공휴일에는 하루 종일 무제한으로 사용 가능하다. 1회권, 1일권 외에도 장기 여행자를 위한 1달, 1년, Z-pass 등의 패스가 있으며, 홈페이지(www.zvv.ch)에서 상세 정보를 확인할 수 있다.

성인 동반 6세 이하는 무료(성인 1인당 최대 8명의 아동 동반 가능), 6~16세는 아동 요금, 25세까지는 주니어 네트워크 패스를 사용할 수 있으며, 해당 할인 요금 이용자는 반드시 ID를 소지해야 한다.

금요일과 토요일에는 야간 서비스(01:00~09:00)를 운행하며 야간 노선 앞에는 알파벳 N이 붙는다. 야간 노선 탑승 시 일반 티켓과 별도의 야간권이 필요하다. 야간권은 988번으로 NZ라고 문자를 보내(문자당 CHF5) 받거나 티켓 판매기(Nachtzuschlag)에서 구입할 수 있다.

취리히 카드 Zürich Card

최소한의 비용으로 취리히의 다양한 혜택을 누릴 수 있는 도시 패스이다. 24시간권, 72시간권으로 구분되며 이 카드 하나로 취리히와 근처 지역의 모든 대중교통을 자유롭게 이용할 수 있다. 취리히의 대부분의 박물관을 무료로 입장할 수 있고, 여러 상점과 레스토랑에서 10~20% 할인, 취리히시에서 주관하는 투어 프로그램 비용의 50% 또한 할인을 받을 수 있다. 취리히 공항과 중앙역 간 이동이 포함된 점도 좋다. 공항의 서비스 센터, 중앙역에 위치한 여행자 센터와 SBB나 ZVV 티켓 판매기에서 구입 가능하다.

구분	24시간	72시간
성인	CHF27	CHF53
아동(6~16세)	CHF19	CHF37

취리히

연중 행사와 축제

취리히 카니발

사진© Zürich Tourism

3월 취리히 카니발 ZüriCarneval

마칭 밴드와 퍼레이드가 함께하는 신나는 축제로, 주로 지중해와 라틴 아메리카 음악, 뉴올리언즈 재즈를 연주한다. 축제 기간 내내 도시 전체가 흥에 겨워 들떠 있다. 축제의 하이라이트인 퍼레이드는 일요일 오후에 있고, 다양한 행사가 니더도르프 Niederdorf 지역에서 열린다.

zurichcarneval.ch

4월 젝스로이텐 Sechseläuten

16세기부터 열렸던 긴 전통의 축제로, 동절기가 끝나는 시점을 알리기 위해 시작된 것이라 한다. 춘분 후 첫 월요일 오후 6시에 그로스뮌스터에서 종이 울려 봄의 시작을 알린다. 축제의 이름도 '여섯 시에 울리는 종'에서 유래한 것이다. 현재는 4월의 세 번째 월요일로 날짜를 옮겨 축제를 연다. 부활절 월요일과 겹치는 경우는 그 다음 주에 열린다. 부그Böögg라 불리는 대형 눈사람 모형을 불태우는 것이 축제의 하이라이트.

www.sechselaeuten.ch

4월 즈반즈겔 Zwänzgerle

'20센트 동전 던지기'라는 뜻의 이 전통은 부활절 월요일 아침 취리히 사람들이 행하는 귀여운 전통이다. 구시가지의 리마트 항구Limmatquai와 루덴 광장Rüdenplatz에 달걀과 작은 동전을 들고 나온 사람들이 모여든다. 아이가 삶은 달걀을 들고, 어른이 달걀에 동전을 던진다. 동전이 꽂히면 어른이 달걀을 먹고, 실패하면 아이가 동전을 갖는다.

www.zuerich.com/en/visit/zwaenzgerle

5월 푸드 취리히 Food Zürich

푸드 취리히는 5월 중순 열흘간 열리며 해마다 바뀌는 다양한 주제로 스위스와 세계 각국의 음식을 시내 여기저기서 맛볼 수 있다. 현지 유수의 레스토랑과 카페도 참여한다.

www.foodzurich.com/en

5월 크라이스라우프 345 Kreislauf 345

취리히 시내 안 트렌디한 동네 크라이스Kreis 3, 4, 5 지역에 위치한 80개 남짓한 상점, 부티크와 아틀리에에서 5월 중순 주말 동안 패션과 디자인 축제를 연다.

www.kreislauf345.ch

6월 블루스앤재즈 라퍼스윌
blues'n'jazz Rapperswil

취리히 호수에서 열리는 야외 음악 축제. 라퍼스윌 성이 보이는 멋진 경관을 뒤로하고 블루지한 선율에 몸을 맡기는 밤은 행복 그 자체이다.

www.bluesnjazz.ch

7월 취리히 축제 Zürich Fäscht

3년에 한 번씩, 7월 첫 번째 주말 3일 동안 열리는 취리히 최대 축제이다. 금요일과 토요일 밤의 화려한 불꽃놀이로 유명하다. 매년 볼 수 있는 것이 아니니 여행 일정과 맞는다면 꼭 가보도록 하자. 다음 취리히 페스티벌은 2019년 7월 5~7일. 축제 기간 동안 무려 2백만 명이 리마트 강가와 취리히 호숫가로 모여든다. 세계 각지의 음악과 음식이 함께하는 즐거운 여름 밤 축제이다.

www.zuerich.com/en/visit/zueri-faescht

8월 스트리트 퍼레이드 Street Parade

세계 최대 규모의 테크노 파티가 취리히의 뜨거운 여름을 뜨겁게 달군다. 딱 하루 열리지만 하루 종일 엄청난 볼륨의 테크노 음악이 온 도시를 뒤흔드니 신나게 즐길 준비를 할 것. 일곱 개의 무대에서 수백 명의 DJ들과 테크노 파티가 열린다.

www.streetparade.com/en

8-9월 취리히 연극 축제 Zürcher Theater Spektakel

13개의 무대, 40여 개의 극단이 참여하는 세계적인 축제로 호숫가에 위치한 여러 무대에서 다양한 공연을 선보인다.

www.theaterspektakel.ch/en

9-10월 취리히 필름 페스티벌
ZFF - Zurich Film Festival

취리히 시내의 여러 영화관에서 열리는 ZFF는 2005년 처음 시작되어 현재 세계 영화인들의 축제의 장이 되었다. 세계의 젊은 신인 감독들의 무대가 되어 준다. 아이들을 위한 ZFF Kids 영화제도 함께 열린다.

zff.com/en/home

12월 사미힐라우스슈미멘
Samichlausschwimmen

2000년부터 12월 초 해마다 열리는 차가운 축제. 산타 복장을 한 300명의 사람들이 리마트강에 뛰어들어 수영을 한다. 이들을 구경하러 나온 사람들에게 모금을 하여 불우 이웃을 돕는 것이 취지이다. 엄청난 추위가 두렵지만 신청이 시작되자마자 마감될 정도로 인기가 많다.

www.samichlausschwimmen.ch

12월 크리스마스 마켓 Weihnachtsmarkt

벨뷰 광장과 구시가지 곳곳 그리고 대형 스와로브스키 크리스탈 트리가 높이 세워진 중앙역 실내 마켓까지 취리히 시내는 12월 한 달 동안 크리스마스 분위기로 물든다. 향긋한 글루바인Gluhwein 한잔을 마시며, 트리 모양의 벤치에서 캐롤을 부르는 아이들의 공연을 매일 밤 볼 수 있다.

www.zuerich.com/en/visit/christmas-in-zurich

일주일을 꽉 채워 머물러도 지루하지 않은 도시이지만 취리히를 처음 찾는 사람이라면 3일 정도 알차게 둘러봐도 좋다. 조금 아쉬워도 괜찮다. 다시 올 이유가 되니까.

DAY 1

09:00 취리히 도착! 호텔에 짐을 맡기거나 역 로커에 보관하고 중앙역에서 투어를 신청한다.

10:00 관광청에서 진행하는 **구시가지 워킹 투어**에 참여한다. 영어로 진행하고, 도시의 특징과 건축물, 랜드마크에 관한 여러 것들을 안내해 준다.

12:00 **힐틀**에서 깔끔하고 건강한 점심 식사를 한다. 직장인 무리에 섞여 뷔페 접시에 가득 음식을 담으면 취리히 사람이 된 듯한 기분이 들기도 한다.

13:00 **반호프스트라세**의 다양한 상점에서 쇼핑을 한다. **스프룽글리**에 잠깐 들러 마카롱과 비슷한 모양의 룩셈버걸리 한두 개로 에너지를 충전하는 것도 좋다.

15:30 **자코메티 벽화, 스위스 국립 박물관**을 관람한다.

18:00 호수의 보트 또는 **리마트강의 유람선**을 타고 취리히의 색다른 모습을 감상한다.

19:00 저녁은 착한 가격의 **홀리 카우!**에서 맛있는 햄버거로 먹는다.

20:30 취리히에서의 첫날을 자축하며 **단테**에서 맛있는 칵테일 한잔.

취리히 카드 72시간권 Zürich Card

대중교통 이용은 물론 여러 할인 혜택이 있는 취리히 카드를 알차게 활용하자. 이동하는 시간도 여행의 소중한 일부가 되니 3일 일정의 동선을 꼭 고정할 필요 없이, 중간중간 마음 내키는 대로 찾아도 좋다. 유람선과 구시가지 투어를 첫날에 하는 이유는 도시가 어떻게 생겼는지, 어떤 지역에 마음이 가는지, 몇 번을 더 오고 싶은지를 도시를 처음 만난 날 파악하는 것이 유용하기 때문이다. 정거장 간의 간격이나 동네마다 풍기는 고유의 분위기를 익혀 나머지 일정을 수정해도 좋을 것이다.

DAY 2

09:00 호텔 조식

10:00 중앙역 뒤편의 **취리히 웨스트 지역** 탐방. 마음에 쏙 들어서 다음 날 또 오고 싶을지도 모른다.

13:00 **임 비아덕트**에 위치한 여러 맛집이나 시장에서 점심 식사를 한다.

14:00 **그로스뮌스터, 프라우뮌스터, 성 베드로 성당**을 삼각형을 그리며 한 곳씩 찾아가 보자. 자연스레 구시가지의 골목들을 구석구석 누비게 되니 시간을 충분히 가지고 열심히 걷는 것이 좋다.

16:30 **FIFA 축구 박물관**에서 축구의 역사를 살펴보고, 메시지도 남긴다.

18:00 도심으로 돌아와 **리마트강**을 따라 산책한다. 여름이라면 야외 수영장에서 잠깐의 수영으로 더위를 식히는 것도 좋다.

19:30 **주그하우스켈러**에서 취리히의 특식인 양고기 요리에 시원한 맥주 한잔을 곁들인다.

21:00 **코스모스**에서 심야 영화를 보거나 맥주나 와인을 마시며 야경을 감상한다.

DAY 3

08:00 조식

09:00 **뷔르클리광장 시장**을 돌아본다.

10:00 **취리히 디자인 박물관** 관람 후 기념품을 구입하거나 쇼핑을 한다.

12:00 **칸토레이**에서 점심 식사를 한다. 슬슬 스위스 요리에 적응이 될 것이다.

14:00 **쿤스트하우스**의 전시를 관람한다.

16:00 **린덴호프**에 올라 선선한 강가 바람을 맞으며 가족이나 친구에게 보낼 엽서를 쓰거나 열심히 걷느라 수고한 다리를 쉬게 해주자. **동물원**을 찾아도 좋다.

19:00 품질 좋은 스위스 초콜릿을 먹어 봐야 하니 **토이셔**에 들러 인기 품목 트러플을 고르고, 마르크트가세 호텔의 **발토 레스토랑**이나 **주그하우스켈러**를 한 번 더 찾아 저녁 식사를 한다.

21:00 **스터넨 그릴**에서 통통한 소시지 구이로 야식을 즐긴다. 일정을 모두 마치고 야식으로 먹는 소시지가 제일 맛있으니까.

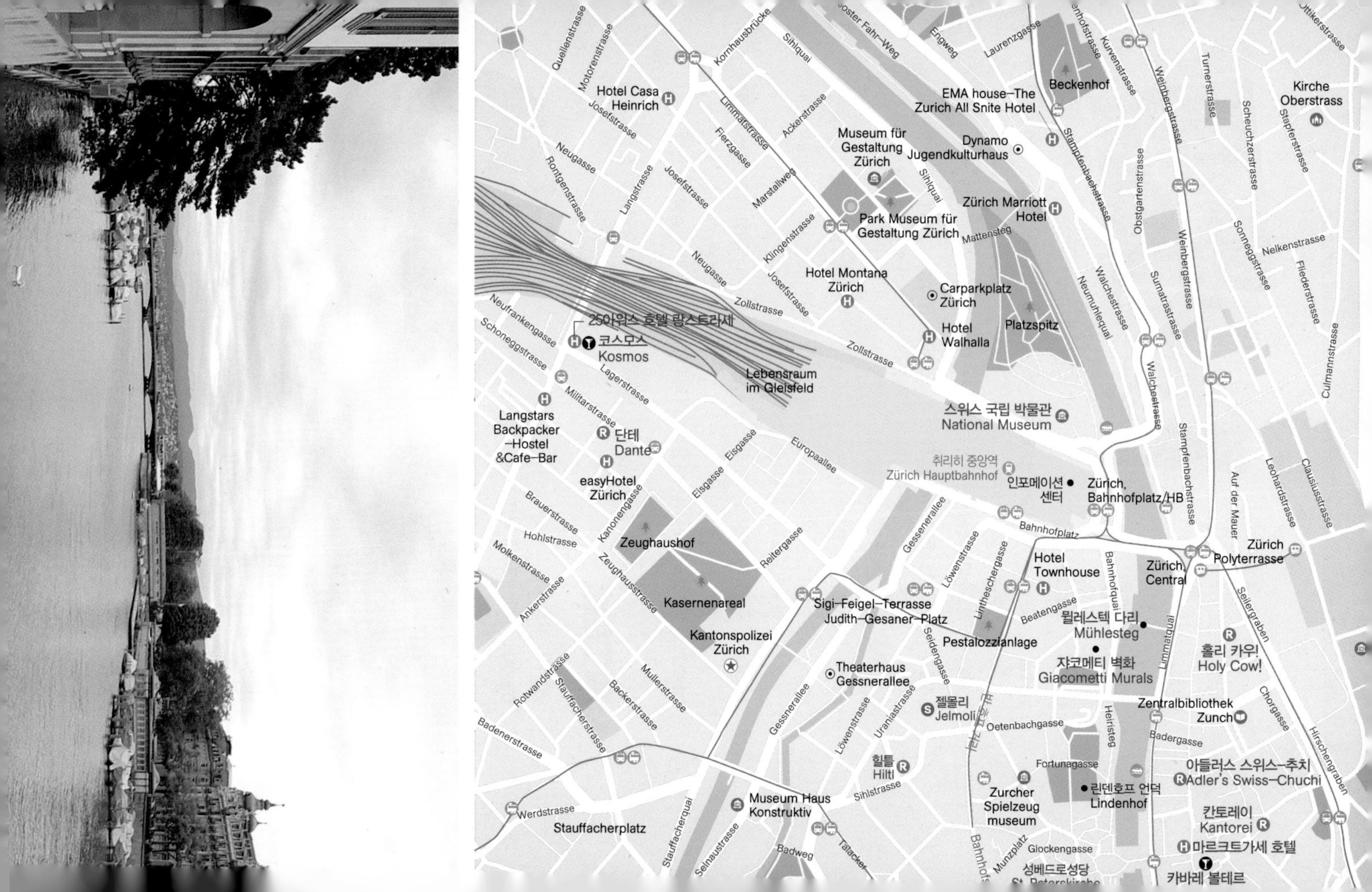

Hotel Casa Heinrich
EMA house–The Zurich All Snite Hotel
Beckenhof
Kirche Oberstrass
Museum für Gestaltung Zürich
Dynamo Jugendkulturhaus
Zürich Marriott Hotel
Park Museum für Gestaltung Zürich
Hotel Montana Zürich
Carparkplatz Zürich
Hotel Walhalla
Platzspitz
25아워스 호텔 랑스트라세
코스모스
Kosmos
Lebensraum im Gleisfeld
스위스 국립 박물관
National Museum
취리히 중앙역
Zürich Hauptbahnhof
인포메이션 센터
Zürich, Bahnhofplatz/HB
Langstars Backpacker –Hostel &Cafe–Bar
단테
Dante
easyHotel Zürich
Zeughaushof
Kasernenareal
Kantonspolizei Zürich
Sigi–Feigel–Terrasse
Judith–Gesaner–Platz
Pestalozzianlage
Theaterhaus Gessnerallee
Hotel Townhouse
Zürich Polyterrasse
Zürich, Central
뮐레스텍 다리
Mühlesteg
자코메티 벽화
Giacometti Murals
홀리 카우!
Holy Cow!
Zentralbibliothek Zunch
젤몰리
Jelmoli
힐틀
Hiltl
Museum Haus Konstruktiv
Stauffacherplatz
Zurcher Spielzeug museum
린덴호프 언덕
Lindenhof
아들러스 스위스–추치
Adler's Swiss–Chuchi
칸토레이
Kantorei
마르크트가세 호텔
카바레 볼테르
성베드로성당
Quellenstrasse
Motorenstrasse
Josefstrasse
Neugasse
Rontgenstrasse
Langstrasse
Limmatstrasse
Fierzgasse
Ackerstrasse
Marstallweg
Klingenstrasse
Kornhausbrücke
Sihlquai
Engweg
Laurenzgasse
Kurvenstrasse
Stampfenbachstrasse
Weinbergstrasse
Turnerstrasse
Scheuchzerstrasse
Stapferstrasse
Obstgartenstrasse
Sonneggstrasse
Nelkenstrasse
Fliederstrasse
Culmannstrasse
Mattensteg
Zollstrasse
Walchestrasse
Neumuhlequai
Sumatrastrasse
Neufrankengasse
Schoneggstrasse
Lagerstrasse
Militarstrasse
Europaallee
Eisgasse
Gessnerallee
Auf der Mauer
Leonhardstrasse
Clausiusstrasse
Bahnhofplatz
Bahnhofquai
Brauerstrasse
Hohlstrasse
Kanonengasse
Reitergasse
Löwenstrasse
Lintheschergasse
Beatengasse
Limmatquai
Seilergraben
Molkenstrasse
Ankerstrasse
Zeughausstrasse
Seidengasse
Chorgasse
Rotwandstrasse
Stauffacherstrasse
Backerstrasse
Mullerstrasse
Uraniastrasse
Oetenbachgasse
Heiristeg
Badergasse
Badenerstrasse
Hirschengraben
Fortunagasse
Sihlstrasse
Werdstrasse
Stauffacherquai
Selnaustrasse
Badweg
Talacker
Glockengasse
Munzplatz
Bahnhofs

취리히호
Lake Zürich
취리히 오페라 하우스
Zürich Opera House
Utoquai
Restaurant Frascati
퐁듀트램 출발
Bellevueplatz
스테번 그릴
Sterne G
콘스트하우스
Oberdorfstrasse
Schifflände
Limmatquai
Torgasse
Quaibrücke
Bauschänzli
뷔르클리 광장 시장
Bürkliplatz
Fraumünster
Kappelerhof
Baur au Lac
Börsenstrasse
Talstrasse
스프륑글리
Confiserie Sprüngli
Am Schanzengraben
Glärnischstrasse
Claridenstrasse
General-Guisan-Quai
Tonhalle
Dreikönigstrasse
Stockerstrasse
Tödistrasse
Bleicherweg
Club Aphrodisia
Hochhaus zur Palme
Genferstrasse
Jenatsch Apartments 호텔
FIFA 세계 축구 박물관
FIFA World Football Museum
Swiss Life
Arboretum
Enge Swimming Area
Mythenquai
Alfred Escher-Strasse
Breitingerstrasse
Freigutstrasse
Tessinerplatz
Seestrasse
국제 아이스 하키 연맹
International Ice Hockey Federation(IHF)
Tunnelstrasse
Liceo Artistico
Kantonsschule Freudenberg
Zürich, Enge, Bahnhof
Grutlistrasse
Burglistrasse
Kirche Enge
Oberes Burgli
리터 공원
Rieter Park
빌라 리터
Villa Rieter
Parkring
Tunnelwiese
Hurlimannplatz
Kantonsschule Enge
Bederstrasse
Sihlpromenade

중앙역과 반호프스트라세 Zürich Hauptbahnhof & Bahnhofstrasse

MAPECODE 41001

강렬한 도시의 첫 인상

스위스 최대 규모의 취리히 중앙역에서 연결되는 쇼핑 아케이드 숍빌ShopVille에는 무려 200여 개의 상점이 연중무휴로 운영된다. 레스토랑, 약국, 슈퍼마켓, 꽃집, 카페, 빵집, 패스트푸드, 뷔페, 신발과 옷, 액세서리를 파는 상점, 초콜릿 상점, 출력 센터 등 수많은 종류의 상점이 있다. 역에서 나오자마자 시원하게 직선으로 뻗어 있는 반호프스트라세는 취리히 관광의 중추이다. 한때 개구리로 뒤덮였던 이 거리는 1864년 도시 개발을 하며 반질반질한 대로로 닦였다. 도시가 작동하는 모든 중요한 시설과 기관들이 이 대로에 위치하고 있다. 호수로 가다 보면 대로 양옆으로 취리히의 명소들이 자연스레 눈에 들어오기 때문에 사실 지도도 필요치 않다. 조금 헤매더라도 결국 다시 중앙 도로로 돌아와 길을 찾으면 되니 시간적 여유가 있는 여행자들은 마음 편히 지도를 접고 걸어도 좋을 것이다. 시원하게 뻗은 대로를 따라 걷기만 해도 금세 취리히의 분위기에 흠뻑 젖는다. 따르릉 소리를 내고 지나가는 트램 소리에 카메라를 들고, 양옆으로 늘어선 화려하고 웅장한 건물을 구경한다. 반호프스트라세는 트램 외 승용차가 출입할 수 없도록 하여 사람들이 많더라도 여유롭게 거닐 수 있다. 중앙역과 호숫가에 맞닿은 뷔르클리플랏츠Bürkliplatz를 잇는

1.2km의 이 길은 몇 번을 오르락내리락하여도 질리지 않는다. 중앙역과 반호프스트라세는 취리히의 중요한 축제가 열릴 때 가장 먼저 화려하게 장식되는 곳이기도 하여 사진에 담을 만한 매력이 넘치는 곳이다.

교통 중앙역 주소 Bahnhofstrasse, 8001 시간 숍빌 내 대부분의 상점은 월~금 09:00~21:00, 토~일 09:00~20:00 동안 운영한다. 공휴일에는 운영 시간이 더 짧을 수 있다. 홈페이지 www.bahnhofstrasse-zuerich.ch

예술적인 역사 구경

니키 드 생 팔Niki de Saint Phalle과 마리오 메르츠Mario Merz의 현대 미술 작품들이 역내를 장식하고 있다. 가장 유명한 것은 천장에 매달려 있는 알록달록하고 통통한 나나Nana이다.

12월에는 원없이 쇼핑하자

12월 반호프스트라세 한 켠에서 파란 패클리 버스Päcklibus가 쇼핑객들을 위해 버스 안에 쇼핑백을 맡아 준다. 이곳에 안전하게 쇼핑백을 맡기고 못다한 쇼핑을 즐겨도 된다. 평일에는 12:00~20:00까지, 토~일에는 18:00까지 운행한다. 짐 맡기는 비용은 무료!

그로스뮌스터 Grossmünster

MAPECODE 41002

오랫동안 취리히 종교의 중심부로 활약한 대성당

취리히에서 순교한 수호성인 펠릭스Felix와 레굴라Regula의 무덤 터 자리에 세워졌다는 이야기가 전해진다. 스위스 최대 규모의 건축물 중 하나인 이 성당은 대성당이라는 의미의 이름으로 불릴 만하다. 정면 양쪽에 높게 솟아 있는 대형 고딕 양식의 쌍둥이 탑으로 멀리서도 알아볼 수 있다. 종교개혁가 울리히 츠빙글리Huldrych Zwingli가 종교 개혁을 계획하고 주도하였던 역사적인 장소이기도 하다. 성당 남쪽 외벽에 돌출되어 있는 석상은 츠빙글리의 뒤를 이어 취리히의 종교 개혁에 힘쓰며, 그로스뮌스터를 이끌었던 하인리히 불린저Heinrich Bullinger이다. 187개의 계단을 올라 높은 첨탑에 서면 시내를 내려다볼 수 있는데, 현재는 탑을 일시적으로 폐쇄해 놓았다. 다양한 콘서트 등 문화 행사도 주최하여 취리히 시민들이 자주 찾는다.

©Zürich Tourism

교통 중앙역에서 도보 14분 / 트램 11, 13번 타고 12분 / 트램 4번 타고 8분 / 버스 31, 33번 타고 13분 주소 Grossmünsterplatz, 8001 전화 +41 44 251 38 60 시간 **성당** 3~10월 10:00~17:30(일요일은 12:30~17:30), 11~2월 10:00~16:30 (일요일은 12:30~16:30) 홈페이지 www.grossmuenster.ch

프라우뮌스터 Fraumünster

푸르고 뾰족한 첨탑이 호위하는 성당

푸르른 첨탑의 우아한 자태를 뽐내는 프라우뮌스터는 강을 사이에 두고 그로스뮌스터 대성당 맞은편에 있다. 스위스의 많은 성당 중 프라우뮌스터를 꼭 가야 할 이유는 바로 마크 샤갈Marc Chagall의 작품인 스테인드글라스 때문이다. 전체적으로 규모나 장식이 소박한 편이지만 샤갈의 스테인드글라스 창은 남다른 아름다움을 뽐낸다. 5가지 성경의 이야기를 담고 있다. 실내 촬영이 불가하여 천천히 눈에 담아야 한다.

교통 중앙역에서 도보 11분 / 트램 4번 타고 7분 / 버스 31, 33번 타고 10분 주소 Münsterhof 2, 8001 전화 +41 44 211 41 00 시간 11~3월 10:00~17:00, 4~10월 10:00~18:00 / 일요일과 공휴일은 예배 후 12:00 개방 요금 CHF5 홈페이지 www.fraumuenster.ch

Tip 사랑을 맹세하는 뮐레스텍 다리 Mühlesteg

파리의 예술의 다리Pont des Art를 비롯하여 세계 곳곳에서 다리에 연인들의 사랑의 표식으로 자물쇠를 달던 것을 금지하고 있다. 하지만 취리히에는 아직까지 자물쇠가 여러 개 달린 다리 하나가 리마트를 가로지른다. 구시가지를 걷다가 그로스뮌스터에서 프라우뮌스터로 강을 건널 때 뮐레스텍 다리를 지난다.

성 베드로 성당 St. Peterskirche

취리히에서 가장 오래된 성당

1534년에 완성된 이곳은 취리히에서 가장 오래된 성당이다. 1970~1974년에 오래된 벽화 등을 복구하는 작업을 거쳐 단정한 모습으로 관광객들을 맞고 있다. 성 베드로에는 13세기에 세운 첨탑 위에 지름 8.64m의 유럽에서 가장 큰 시계가 달려 있다. 1538년 만들어진 네 개의 다이얼과 다섯 개의 종으로 구성되어 있다. 원래는 여섯 개의 종이 매달려 있었는데, 그 소리가 너무 어울리지 않아 원래의 종들은 박물관에 보관하고 1880년 새로 다섯 개의 종을 달았다고 한다. 이 중 가장 큰 종은 무려 6,000kg에 달한다. 내부에는 크리스털 샹들리에와 바로크 양식의 회의장이 있고, 성당 앞 광장은 취리히에서 가장 오래된 시장이 섰던 바인플라츠Weinplatz 광장이다. 특히 포도 거래가 많아 독일어로 와인을 뜻하는 Wein이라 부르게 된 것에서 이름이 유래했다고 한다.

교통 중앙역에서 도보 11분 / 트램 11, 13번 타고 9분 주소 Sankt Peterhofstatt, 8001 전화 +41 44 211 60 57 시간 월~금 08:00~18:00, 토 10:00~16:00, 일 11:00~17:00 홈페이지 www.st-peter-zh.ch

젤몰리 Jelmoli

MAPECODE 41005

취리히에서 가장 화려한 백화점

취리히 시내의 다른 쇼핑몰이나 백화점에 비해 업스케일, 하이엔드 브랜드들이 입점되어 있어 '하우스 오브 브랜드'라고 불린다. 반호프스트라세에 위치하여 접근성도 훌륭한 젤몰리는 1833년 파리와 런던의 백화점을 모델로 하여 문을 열어, 현재 취리히에서 가장 세련된 쇼핑 경험을 제공하는 곳으로 자리를 잡았다. 6층 건물에 천 개가 넘는 브랜드가 입점되어 있는데, 대표적인 스위스 브랜드인 라 프레리La Prairie, 발몽Valmont, 셀코스멧Cellcosmet과 잘 알려진 샤넬CHANEL, 디올DIOR, 버버리Burberry, 쇼파드Chopard, 피아제Piaget 등의 고급 브랜드, 스위스 최초이자 유일한 칼 라거펠트Karl Lagerfeld 상점, 스위스 최대 나이키 매장과 120개 브랜드가 입점되어 있는 신발 섹션 등을 포함한다. 특히 향수 섹션이 훌륭하다. 다양한 품목을 판매하며 지하층에는 250개 이상 종류의 치즈를 판매하는 푸드 마켓이 있다. 독일어, 영어, 프랑스어로 퍼스널 쇼핑 서비스를 지원한다.

교통 중앙역에서 트램 11, 13, 17번 타고 7분 / 도보 7분 주소 Seidengasse 1, 8001 Zürich 전화 +41 44 220 44 11 시간 월~금 09:30~20:00, 토 09:00~20:00 홈페이지 www.jelmoli.ch

©Zürich Tourism

©Zürich Tourism

쿤스트하우스 Kunsthaus Zürich

취리히의 대표적인 미술관

MAPECODE 41006

취리히의 대표적인 미술관으로, 중세 조각과 패널, 네덜란드와 바로크 이탈리아 시대의 작품들, 19~20세기의 스위스 회화 등으로 이루어진 영구 전시와 다양한 특별전을 연다. 입구에 전시된 오귀스트 로댕August Rodin의 청동 주조 작품 '지옥의 문'과 알베르토 자코메티Alberto Giacometti 컬렉션이 대표적이고, 자코메티 재단 소장품의 약 3분의 2가 이곳에 있다. 리스트Pipilotti Rist와 휘슬리Peter Fischli, 바이스David Weiss 등의 스위스 작가의 작품도 있다. 익숙한 뭉크, 피카소, 모네, 샤갈 등의 작품도 전시하며 고전 회화 외에도 팝 아트 전시 또한 마련해 두었다. 세계 각국의 유수 미술관에 쿤스트하우스의 작품을 대여하여 해외 전시를 열기도 한다.

교통 중앙역에서 도보 14분 / 버스 31, 33E번 타고 7분 주소 Heimplatz 1, 8001 전화 +41 44 253 84 84 시간 **박물관** 화, 금~일 10:00~18:00, 수~목 10:00~20:00 **도서관** 월~금 13:00~18:00 / 12월 25일 휴관 요금 영구 전시 CHF16, 학생증 소지자, 취리히 카드 소지자, 65세 이상 CHF11 / 특별전 전시마다 상이 / 특별전과 영구 전시 통합권 성인 CHF26, 취리히 카드 소지자, 학생증 소지자, 65세 이상 CHF19 / 16세 미만 무료, 목요일 18:00~20:00 학생증 소지자 특별 요금 CHF5 홈페이지 www.kunsthaus.ch

✚ 박물관에서의 짐 보관

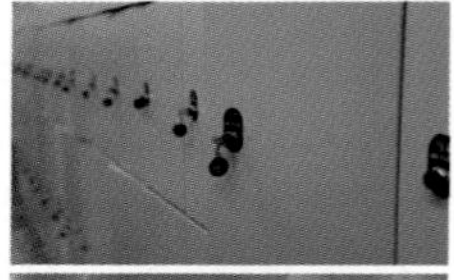

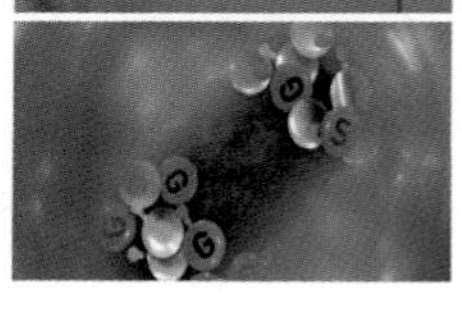

스위스의 여러 박물관에서는 큰 백 팩이나 겨울 코트를 보관하고 입장하도록 한다. 무료로 운영하는 곳도 있으나 열쇠 분실을 방지하기 위해 보증금 CHF1 또는 CHF2을 넣고 보관한 후 돌려받는 보관함이 대부분이니 잔돈을 챙기는 것이 좋다. 그리고 스위스에는 종이 입장권 대신 재활용이 가능하고 쉽게 구부러지는 금속으로 된 핀을 입장권으로 주는 박물관이 점점 늘고 있다.

Tip 스위스 뮤지엄 패스 Schweizer Museumspass

500여 개의 박물관과 미술관의 영구 전시, 특별 전시를 무료 또는 할인가에 볼 수 있어 스위스 전역을 여행하거나 한 도시에 오래 머물며 다양한 전시를 보고 싶은 여행자에게 무척 유용하다. 스위스 트래블 패스가 주요 전시관 할인을 제공하기 때문에 전시 관람에 큰 관심이 없고 대표적인 랜드마크 정도만 돌아보고 싶다면 필요하지 않다. 유효 기간도 길고 가격도 상당해 예술에 조예가 깊거나 관심이 큰 장기 여행자에게 추천한다. 스위스 기차역과 우체국, 대형 박물관과 대도시 관광청 사무소에서 구매가 가능하다. 홈페이지에서 혜택을 받을 수 있는 전시관 목록을 볼 수 있다.

요금 연간 회원권 성인 CHF166, 성인 플러스(성인 1인+아동 3인까지) CHF199 / 트래블 카드 소지자 할인, 개시일로부터 1년간 유효, 양도 불가 홈페이지 www.museumspass.ch 인스타그램 @museumspass

스위스 국립 박물관 Schweizerisches National Museum

스위스를 대표하는 국립 박물관

고전미가 돋보이는 중세 성채를 닮은 외관에 먼저 반하고, 선사 시대부터 지금에 이르는 방대한 컬렉션에 놀라는 스위스를 대표하는 국립 박물관이다. 차근차근 꼼꼼히 보려면 반나절은 머물러야 할 정도로 전시 규모가 상당하다. 시대별로 전시가 구분되어 있고, 대표적인 전시품은 유네스코 세계유산에 등록된 스위스 최동단에 위치한 그라우뷘덴주 뮈스테어의 성 요한 베네딕트 수도원의 프레스코화이다. 9세기 작품인데도 보존 상태가 훌륭하다. 옛 사람들의 생활상을 엿볼 수 있는 다양한 전시도 재미있고, 인쇄의 역사, 크리스마스와 요람, 스타일을 찾아서, 스위스는 무엇을 먹는가, 세계 프레스 사진전 등 매우 흥미로운 특별전을 연다.

교통 중앙역에서 도보 1분 주소 Museumstrasse 2, 8001 Zürich 전화 +41 44 218 65 11 시간 화, 수, 금~일 10:00~17:00, 목 10:00~19:00 / 공휴일이나 이벤트, 점검 등 불시에 조기 폐관하거나 휴관하기도 하니 홈페이지 확인 후 방문할 것 요금 성인 CHF10, 학생과 64/65세(여/남) 이상 CHF8 / 16세 미만 무료, 스위스 박물관 패스, 취리히 카드 소지자 무료 홈페이지 www.nationalmuseum.ch

취리히 디자인 박물관 Museum für Gestaltung Zürich

MAPECODE 41008

한눈에 보는 스위스 디자인의 역사

네모반듯한 깔끔한 외관에서 세련됨이 느껴진다. 짐을 보관하는 라커룸과 화장실도 인테리어가 남달라 곳곳에서 사진을 찍고 싶어진다. 가구, 의류, 잡화 등 다양한 테마의 전시관이 있고, 전시관마다 구체적인 설명과 다양한 전시품이 자리하고 있다. 포스터, 광고, 인테리어, 패키지, 3D 디자인 등 다양한 주제의 특별 전시가 주기적으로 진행된다.

교통 중앙역에서 버스 4번 타고 12분 주소 Ausstellungsstrasse 60, 8005 전화 +41 43 446 67 67 시간 화, 목~일 10:00~17:00, 수 10:00~20:00 요금 성인 CHF12, 6~16세 CHF8 / 취리히 카드 소지자 최대 33% 할인 홈페이지 www.museum-gestaltung.ch

©Zürich Tourism

유람선 타고 즐기는 취리히 전경

취리히 호수와 리마트강 유람선

교통 중앙역에서 도보 3분 주소 Zürich Bürkliplatz, 8001 Zürich 전화 +41 44 487 13 33 시간 3월 말~10월 말 요금 **취리히 호수 유람선** 짧은 왕복 크루즈 성인 CHF8.80, **여름 브런치 유람선** 성인 CHF45 등 / 크루즈 종류에 따라 요금 상이 홈페이지 www.zsg.ch

취리히 호수 유람선

©Zürich Tourism

취리히 호수는 스위스에서 세 번째로 큰 호수로, 반호프스트라세 끝까지 내려와 호수를 마주 보고 서면 바다처럼 느껴질 정도로 끝이 보이지 않는다. 기원전 8000년경 빙하가 녹아 만들어진 호수로 물이 매우 깨끗하고, 실제로 취리히 사람들은 한여름에 주저 없이 강과 호수에 뛰어들어 물장구를 친다. 산책로가 잘 되어 있어 천천히 걸어 돌아보기 좋고, 벤치와 피크닉하기 좋은 장소도 곳곳에 있어 느긋한 오후를 보내기 안성맞춤이다. 취리히 호숫가를 따라 산책하는 것도 좋지만 배를 타고 넓은 호수를 가로지르는 재미도 쏠쏠하다. 31개 정류장에서 자유롭게 내리고 탈 수 있는 정기적인 유람선과 이외에도 25가지의 독특한 코스가 있다. 가족 여행, 파티&디스코 유람선, 스위스 유람선, 미식 유람선 등 홈페이지에 개별 일정을 상세히 소개하고 있으니 확인해 보자. 반호프스트라세 끝까지 걸어 내려가면 선착장이 나온다. 선착장에서 표를 구입하고 탑승하며 여름 성수기에는 배가 더 자주 출발한다.

리마트강 유람선

리마트강은 취리히 호수가 시내를 만나는 지점에서 시작되어 35km를 거슬러 올라가 아레강과 이어지는 취리히의 젖줄이다. 수력 발전에 크게 기여하여, 리마트에는 총 10개의 수력 발전소가 세워져 있다. 취리히의 수호성인인 필릭스와 레굴라 그리고 로마 시대 취리히의 이름이었던 투리쿰이라 불리는 리마트강 유람선 세 편은 유리 천장으로 덮여 더위와 추위와 관계없이 강가 풍경을 감상할 수 있다. 국립 박물관-취리히혼 왕복 루트는 50분 정도 소요되며, 중앙역 바로 앞에 위치한 선착장에서 표를 구매하고 탑승할 수 있다. (예약 불가, 휠체어 탑승 불가)

©Zürich Tourism

자코메티 벽화 Giacometti Murals

MAPECODE 41009

세상에서 가장 예쁜 경찰서

©Zürich Tourism

취리히 사람들이 '작은 꽃들의 홀(Blüemlihalle)'이라고 부르는 취리히 경찰 본부 건물의 로비와 천장은 스위스를 대표하는 화가 어구스토 자코메티의 아름다운 그림으로 꾸며져 있다. 취리히시에 속한 건축가로 스위스 국립 박물관 건물을 설계한 구스타브 걸Gustav Gull이 고아원 건물을 경찰청사로 멋지게 탈바꿈시키고, 그로스뮌스터의 성가대 창문과 프라우뮌스터의 스테인드글라스를 만든 자코메티의 그림으로 완성한 것이다. 건물 채광이 좋지 않아 그림으로 로비를 밝게 꾸며 달라는 주문을 받고 2년에 걸쳐 꽃을 그려 넣었다고 한다. 방문 시 신분증을 지참해야 하고 실내 촬영은 금지되어 있으며 관람객은 최대 10분간 머무를 수 있다. 파란 하늘 아래 리마트 강가를 걷다가 화려한 색감의 자코메티 벽화 앞에 서면 내재된 예술성과 창의성이 마구 솟는 듯한 기분이다.

교통 중앙역에서 도보 4분 주소 Bahnhofquai 3, 8001 Zürich 시간 매일 09:00~11:00, 14:00~16:00 요금 무료

뷔르클리 광장 시장 Bürkliplatz

MAPECODE 41010

신선한 과채와 꽃이 한가득

©Zürich Tourism

한 도시의 이모저모를 구경하고 싶다면 시장이 역시 최고이다. 호숫가를 산책하다 들러 보면 좋을 과채와 꽃 시장은 매주 화요일, 금요일 오전 뷔르클리 광장에 열린다. 현지인들은 '뷔르클리마트'라는 귀여운 애칭으로 부른다. 주변 지역에 위치한 농장이나 목장에서 생산된 신선한 식재료와 꽃이 가득한 곳이다. 하절기 매주 토요일에는 벼룩시장이 열린다. 광장에서 희귀한 빈티지 가방이나 앤티크 티스푼 등 의외로 질 좋고 상태 좋은 상품을 만날 수 있다.

교통 S-bahn S5, S6, S9, S12, S16번 타고 10분 / 트램 4, 6, 7, 11, 13, 17번 타고 13분 주소 Bürkliplatz 8001 Zürich 전화 +41 79 436 29 74 시간 화, 금 06:00~11:00, 벼룩시장은 5~10월 토 07:00~17:00 (7~8월 중 한 달 정도는 장이 서지 않는다) 홈페이지 www.buerkli-flohmarkt.ch

Tip 취리히 쇼핑 시간

대부분의 상점들은 월~금 09:00~20:00까지 운영하고, 작은 상점들은 18:30쯤 문을 닫는다. 토요일에는 보통 09:00~17:00까지 영업하며 일요일에는 중앙역과 공항을 제외하고는 거의 문을 닫는다.

FIFA 세계 축구 박물관 FIFA World Football Museum

축구 팬들은 모여라

MAPECODE 41011

1000점 이상의 전시품과 카페, 도서관을 갖춘 박물관으로, 그림을 그리거나 퍼즐을 맞추고 공을 차는 등 아이들이 좋아할 만한 활동이 많다. 국제올림픽위원회(IOC), 국제육상연맹(IAAF)과 더불어 세계 3대 체육 기구라 하는 국제축구연맹(FIFA) 피파의 발자취와 월드컵의 역사를 아주 자세히 살펴볼 수 있다. 피파는 4년에 한 번씩 열리는 세계적인 축제인 월드컵을 주최하며 축구의 보급과 발전을 위해 일한다. 본래 프랑스에 본부가 있었으나 1932년부터 이곳 취리히로 본부를 옮겼다. 로비에 들어서면 가입국들의 국기가 맞아 주고, 주요 경기를 박물관 곳곳의 스크린으로 볼 수 있다. 축구 역사에 길이 남을 이름으로 꾸민 로커는 좋아하는 선수의 이름을 찾는 재미가 있다. 3층으로 이루어진 전시관에서 다양한 자료를 볼 수 있고, 오리지널 FIFA 월드컵 트로피도 전시되어 있다. FIFA 아카이브와 개인 컬렉션에서 가져온 4천여 권의 책과 1480개의 이미지, 500편 이상의 영상이 전시를 더욱 풍성하게 만들어 지루할 틈이 없다.

교통 중앙역에서 S-bahn S2, S8, S24번 타고 8분 / 트램 6, 7번 타고 11분 / 버스 13번 타고 13분 주소 Seestrasse 27, 8002 전화 +41 43 388 25 00 시간 화~일 10:00~18:00 / 일부 공휴일 개관(홈페이지 확인) 요금 성인 CHF24, 7~15세 및 장애인 CHF14, 64/65세(여/남) 이상 CHF19, 학생증 소지자 CHF18, 가족(성인 2명, 7~15세 아동 2명) CHF64 홈페이지 fifamuseum.com

취리히 웨스트 Zürich-West

MAPECODE 41012

새롭게 떠오르는 취리히의 힙한 동네

산업 지구Industriequartier, 5구역Kreis 5이라 불리는 취리히 서쪽 동네가 지금 스위스에서 가장 핫하다. 공장 지대였던 중앙역 뒤편은 10년 전만 해도 정말 아무것도 없는 동네 사람도 여행자도 눈길을 주지 않던 지역이었다. 취리히 산업 발전의 중심 역할을 하다 그 역할과 수명을 다하자 버려진 건물과 공장으로 가득했는데, 몇 년 전부터 이 동네를 재개발하는 프로젝트들이 바쁘게 진행 중이다. 사무실과 아파트, 갤러리와 쇼핑센터 등이 나날이 들어서고 있어 역사 깊은 동쪽 시가지와는 완전히 다른 분위기의 젊고 예술적인 에너지로 여행자를 매료시킨다. 옛 모습을 모두 없애고, 새로 무언가를 만드는 것이 아니라 공장 지대 특유의 느낌을 간직한 채 21세기의 기술과 창의성을 덧칠했다. 원래 무엇이었는지 가늠할 수 있도록 뼈대를 그대로 살린 창고 건물이 클럽과 라운지, 콘서트장과 스타트업 사무실로 새 이름표를 달고 문을 열었다.

임 비아덕트 Im Viadukt

멋진 다목적 공간으로 변신한 19세기 철로

이제는 사용하지 않는 철도와 고가 아래의 서른 여섯 개 아치는 약 서른 개의 상점과 갤러리, 카페와 맛집, 시장이 조성된 임 비아덕트Im Viadukt라는 장소로 새로 태어났다. 아치 아래에서부터 리마트강으로 이어지는, 이제는 더 이상 사용하지 않는 철길은 보행자와 자전거 도로로 개조하였다. 일반적인 쇼핑몰에서 찾아볼 수 있는 브랜드보다는 좀 더 개성 있는 디자인 제품들을 찾아볼 수 있다. 작고 트렌디한 브랜드를 발굴하여 키워주는 것이 이곳의 목적이기도 하다. 가장 인기가 많은 마르크트홀markthalle에는 20명의 농부들이 신선한 식재료를 판매하는 실내 식료품 시장과 레스토랑, 카페들이 있다.

교통 트램 4, 13, 17번 타고 5분 주소 Limmatstrasse, 8005 / Viaduktstrasse, 8005 시간 월~금 11:00~19:00, 토 10:00~18:00 / 평균 운영 시간으로, 상점마다 다르다. 공휴일은 대부분 쉰다. 홈페이지 www.im-viadukt.ch

프라이탁 플래그십 스토어 FREITAG Flagship Store

실용적이고 친환경적인 가방

자전거나 자동차의 폐타이어 등 거리에서 주운 재활용품을 이용하여 연간 약 12만 개의 가방과 액세서리를 만들어 판매하는 프라이탁의 취리히 플래그십 스토어. 트럭 덮개로 쓰는 타풀린Tarpaulin 천으로 제작하는 가방이 프라이탁의 주요 품목이다. 깔끔하고 경쾌한 디자인으로 인기를 끌고 있는 프라이탁 가방은 매우 튼튼해서 기념품이나 선물로도 훌륭하다. 노트북 케이스, 파우치, 지갑도 판매한다. 컨테이너 박스를 높이 쌓아 건물을 만들어 이용하고 있어 멀리서도 쉽게 눈에 띈다. 프라이탁이 크게 인기를 끌면서 이 주변으로 상권이 조성되는 중이다.

교통 중앙역에서 S-bahn S5, S7, S9, S12, S16번을 타고 Zürich Hardbrücke에서 하차, 4분 주소 Geroldstrasse 17, 8005 전화 +41 443 669 520 시간 월~금 10:30~19:00, 토 10:00~18:00 홈페이지 www.freitag.ch

프라우 게롤즈 가르텐 Frau Gerold's Garten

밤에 문을 여는 작은 정원

프라이탁 플래그십 스토어 바로 뒷골목에 자리하고 있다. '게롤즈 부인의 정원'이라는 귀여운 이름의 작은 텃밭에 상점과 카페, 레스토랑 등이 들어서 매일 밤 취리히 웨스트에서 가장 인기 있는 장소이다. 어떤 날은 자리가 없어 기다려 들어가야 하거나 헛걸음을 할 수도 있으니 가르텐 안에 있는 식당은 예약을 하고 가는 편을 추천한다. 취리히에서 가장 높은 건물인 프라임 타워Prime Tower 발치에 있는 게롤즈 부인의 정원은 2012년 여름 대중들에게 개방되었다. 독특한 콘셉트의 상점들과 신선한 재료를 사용하는 레스토랑 등 인기를 끌 여러 이유를 갖춘 곳으로, 꼬마전구가 켜진 여름밤도 모닥불을 피운 겨울밤도 모두 좋다. 다양한 행사도 주최하니 홈페이지를 먼저 찾아볼 것!

교통 중앙역에서 S-bahn S5, S7, S9, S12, S16번을 타고 Zürich Hardbrücke에서 하차, 4분 주소 Geroldstrasse 23/23a, 8005 시간 **여름** 월~토 11:00~24:00, 일 12:00~22:00 / **겨울** 월~토18:00~24:00 홈페이지 www.fraugerold.ch

취리히 동물원 Zoo Zürich

MAPECODE 41013

스위스 최대의 동물원

스위스 최대의 동물원이자 유럽에서도 가장 오래된 동물원 중 하나이다. 약 350종 2,500마리 동물이 9개 구역으로 구분된 동물원 내 다양한 환경에서 사육된다. 위기종을 보호하고 동물이 최대한 자연 속에서 살아갈 수 있도록 연구팀과 함께 철저히 관리하여 세계 각국 동물원의 모범으로 꼽히는 곳이다. 도시 중심부와 조금 떨어져 있어 찾아가는 수고가 필요하지만 취리히베르크 숲을 뒤로 두고 자리한 동물원은 꾸밈없는 자연 속에 있는 듯한 기분을 느끼게 해 준다. 맑은 공기를 마시며 천진한 동물을 볼 수 있어 가족 주말 여행으로 인기가 많다. 여기 사는 동물들은 철저한 관리를 받고 있어 방문자들은 함부로 먹이를 줄 수 없고, 지정된 먹이 주는 시간에 사육사가 먹이를 주는 모습을 구경할 수 있다. 맹인견을 제외하고는 다른 동물을 데리고 출입할 수 없으며 상업적인 목적이 아니라면 얼마든지 사진, 비디오 촬영이 가능하지만 동물의 눈 보호를 위해 플래시는 금지하고 있다. 동물원 곳곳에 식당과 카페가 많아 쉬어 가거나 식사하는 데도 문제가 없다.

©Zürich Tourism

교통 중앙역에서 트램 6번 타고 25분 주소 Zürichbergstrasse 221, 8044 전화 +41 44 254 25 00 시간 연중무휴 / 3~10월 09:00~18:00(마소알라 숲은 10:00~18:00), 11~2월 09:00~17:00(마소알라 숲은 10:00~17:00), 크리스마스 이브 09:00~16:00 요금 21세 이상 CHF26, 16~20세 CHF21, 6~15세와 장애인 CHF13, 가족(성인 2명, 6~15세 자녀) CHF71 홈페이지 www.zoo.ch

르 코르뷔지에 하우스 Le Corbusier House

MAPECODE 41014

르 코르뷔지에가 설계한 마지막 건축물

©Zürich Tourism

세계적인 건축가 르 코르뷔지에의 건축물로 대대적인 보수 공사를 거쳐 2019년 재개관했다. 예술의 총 집합(Gesamtkunstwerk)이라 불리는 작품으로 1967년 완공되었다. 르 코르뷔지에가 설계한 마지막 건축물이며 그의 모든 건축물 중 다른 재료는 사용하지 않고 유리와 철로만 만든 것은 이것이 유일하다. 르 코르뷔지에의 일대기를 전시해 놓아 마치 그의 집을 구경하듯 박물관을 돌아보면 된다. 자연과 건축, 삶과 예술을 조화롭게 연결시키고 싶어하던 건축가의 소망이 이 작품을 통해 아름답게 드러나 있다. 도심과 조금 떨어져 있고 정원이 넓어 마치 근교로 소풍을 나온 기분이다.

교통 트램 4번 타고 17분 주소 Höschgasse 8, 8008 전화 +41 43 446 44 68 시간 5월 초~11월 말 화, 수, 금, 일 12:00~18:00, 목 12:00~20:00 요금 성인 CHF12, 아동 CHF8 / 16세 이하, 취리히 카드, 스위스 트래블 패스, 스위스 뮤지엄 패스 소지자 무료 홈페이지 www.pavillon-le-corbusier.ch

취리히의 여름, 수영과 린덴호프

다이빙대와 비치 발리볼, 선 테라스 등이 있어 가장 인기가 많은 중앙역 근처의 오베러 레텐 수영장Flussbad Oberer Letten(Lettensteg 10, 8037), 여성 전용 스타드하우스케 수영장Frauenbad am Stadthausquai(Stadthausquai 12, 8001), 남성 전용 슈안젠그라벤 수영장Freibad am Schanzengraben(Badweg 10, 8001) 등을 포함하여 취리히에는 호수와 강가에 위치한 11곳의 야외 수영장이 있다. 탈의실, 화장실, 가판대 등 다양한 시설을 갖추고 있으며 평균 입장료는 성인 CHF85, 16~20세 CHF65, 15세 이하는 CHF45 정도이다. 무료로 운영되는 곳들도 있으며 비가 오더라도 여름 시즌에는 항상 운영하는 곳이 대부분이다. 여름밤 수영하는 운치도 있고, 저녁 시간이 지나면 대부분 아웃도어 바로 운영된다. 다만, 안전 요원이 항상 있는 것은 아니니 초보자라면 주위할 것. 선탠과 가벼운 물장구로 기분을 내는 것만으로도 충분히 즐겁다.

©Zürich Tourism

www.zuerich.com/en/visit/outdoor-pools-in-zurich
www.zuerich.com/en/visit/summer-in-zurich

린덴호프 Lindenhof

취리히의 역사가 서린 강기슭

린덴호프는 취리히 호수에서부터 독일까지 흘러가는 리마트강을 따라 길게 자리한 왼쪽 기슭을 일컫는 말로, 스위스가 생겨나기 전인 기원전부터 로마인들이 살았던 지역이다. 오르기 쉬운 언덕이지만 도착하면 그로스뮌스터, 성 페터 성당 시계탑 등 취리히의 대표적인 명소를 모두 볼 수 있다. 동네 주민들이 한가로운 오후에 대형 체스판에서 체스 놀이를 하는 것도 종종 구경할 수 있다. 역사가 긴 이 작은 동산은 4세기경 로마인들이 쌓았다는 성의 유적이 남아 있는 투리쿰Turicum 성채 유적지가 있던 곳이며, 9세기에는 샤를마뉴Charlemagne 대공의 손자가 궁을 지었다고 한다. 1798년 스위스 헌법의 서약 봉인도 이곳에서 이루어졌다. 린덴호프의 무성한 나무들은 모두 라임 나무로 봄여름에는 상큼한 라임향을 맡으며 산책할 수 있다.

교통 중앙역에서 도보 1분 주소 Lindenhof, 8001

힐틀 Hiltl

MAPECODE 41021

세계 최초의 베지테리안 레스토랑

창립자 힐틀의 성을 딴 이 식당은 1898년 처음 문을 연 세계 최초의 베지테리안 식당이다. 단일 메뉴를 선택할 수 있지만, 뷔페가 훌륭하다. 대형 주방에서 바로 만들어 내놓는 100가지 이상의 건강하고 맛있는 요리를 만날 수 있다. 현재는 힐틀 가문에서 4대째 가족 사업으로 운영 중이고, 채식 요리와 관련된 축제나 세미나도 종종 주최한다. 취리히에만 여러 지점이 있다. 포장도 가능하여 직장인들은 점심 때 애용한다. 포장해서 산책 후 즐기기 좋은 메뉴들도 많다. 다양한 디저트와 직접 착즙한 주스와 블렌드한 스무디 등 건강 음료도 판매한다.

교통 중앙역에서 트램 11, 13번 타고 6분 또는 도보 9분 주소 Sihlstrasse 28, 8001 전화 +41 44 227 70 00 시간 월~목 06:00~23:00, 금 06:00~04:00, 토 06:00~05:00(23시부터는 힐틀 클럽) / 일, 공휴일 08:00~04:00(22시부터는 힐틀 클럽) 가격 푸짐하게 담은 한 접시 CHF30 정도 홈페이지 www.hiltl.ch

주그하우스켈러 Zeughauskeller

MAPECODE 41022

11개 언어로 된 메뉴판

1487년 세워진 건물에서 성업 중인 이 식당은 로컬들이 사랑하는 곳이다. 큰 내부가 언제나 만석이다. 전통 스위스 요리가 적힌 메뉴판은 세계 각지에서 찾아오는 여행객을 위해 한국어를 포함해 11개 언어로 준비되어 있다. 처음 문을 열었을 때도 딱 이 모습이었을 것만 같은 투박하지만 전통미가 있는 실내를 구경하다 보면 능수능란하게 접시 여러 개를 들고 넓은 홀을 누비는 웨이터가 음식을 가져다 준다. 가장 유명한 메뉴는 취리히의 대표 요리 격인 양고기 요리Geschnetzeltes이다. 작게 자른 양고기를 그레이비 소스에 요리한 것으로, 진하게 소스를 졸여 감자 또는 밥과 함께 먹는데 아주 맛있고 든든하다. 맥주를 절로 부르는 맛이니 시원한 생맥주도 함께 주문해 보자.

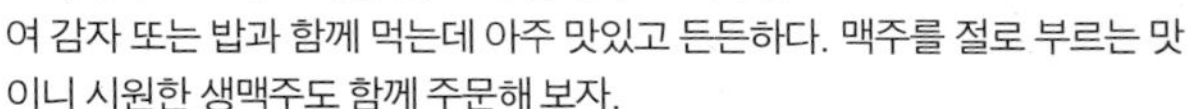

교통 트램 7, 11, 13번 타고 9분 또는 도보 13분 주소 Bahnhofstrasse 28A, 8001 전화 +41 44 220 15 15 시간 매일 11:30~23:00 가격 Kalbgeschnetzeltes nach Zürcher Art CHF36.50 홈페이지 www.zeughauskeller.ch/home

홀리 카우! Holy Cow!

MAPECODE 41023

가성비 좋은 햄버거 체인

상호에 경쾌하게 느낌표가 붙은 햄버거 체인점으로, 스위스 여러 도시에서 볼 수 있다. 맥도날드, 버거킹도 있지만 같은 값이면 수제 버거 느낌 물씬 나는 홀리 카우 햄버거가 훨씬 더 맛있고 좋다. 까망베르 크랜베리 치킨 버거, 블루치즈 비프 버거, 베지테리안 버거 등 23종의 다양한 메뉴는 창의적이면서도 누구나 좋아할 만한 보편적인 맛이다. 치킨과 베이컨을 넣어 만든 시그니처 샐러드 트로픽 선더, 학생 메뉴, 330g 패티로 만든 베리 헝그리 메뉴, 주니어 버거 등 독창적인 메뉴를 단품 또는 세트로 주문할 수 있다. 가장 기본적인 비프 버거들은 100% 스위스 소고기 165g 패티로 만든다.

교통 중앙역에서 도보 7분 주소 Zähringerstrasse 28, 8004 시간 일~화 11:00~22:00, 수~토 11:00~23:00 가격 빅 치즈 버거 CHF11.90, 세트 CHF17.90 홈페이지 www.holycow.ch

칸토레이 Kantorei

MAPECODE 41024

든든한 요리, 세련된 인테리어

전통 스위스 요리를 선보이는 모던한 느낌의 식당이다. 노이마르크트 광장Neumarktplatz 근처에 위치하여 접근성이 좋다. 언제, 누가 먹어도 좋은 심플한 가정식 스타일의 스위스 요리를 주로 한다. 피클 감자 샐러드와 크랜베리 소스를 곁들인 오리지널 빈 슈니첼을 비롯한 독일어권 이웃 나라들의 요리도 대표적이다. 토요일에는 작은 브런치를(12:00~15:00), 일요일에는 좀 더 다양하고 푸짐한 메뉴로 구성한 빅 브런치를(11:00~15:00) 서빙한다. 저녁 식사의 경우 예약을 추천한다.

교통 버스 31번 타고 8분 또는 도보 12분 주소 Neumarkt 2, 8001 전화 +41 44 252 27 27 시간 월~금 09:00~24:00(키친 오픈 11:30~14:00, 17:30~23:00), 토 11:00~24:00, 일 11:00~23:00 가격 리코타 라비올리 CHF19.50, 슈니첼 CHF43.50, 스위스 미트로프 CHF22.50 홈페이지 www.restaurantkantorei.ch

단테 Dante

MAPECODE 41025

분위기 좋은 취리히 웨스트 칵테일 바

그리 크진 않지만 아르 데코에서 영감을 받은 낮은 조도와 분위기가 좋은 멋진 바이다. 취리히 웨스트에서 바쁜 하루를 보내고 단테의 문을 밀고 들어서면 달콤쌉싸름한 칵테일의 향이 심신을 달래준다. 흑백 체크 타일 바닥과 오래된 영국식 서재를 연상케 하는 가구, 은은히 흐르는 재즈 음악을 감상하며 찬찬히 메뉴를 보자. 진 셀렉션이 특히 좋다. 단촐한 푸드 메뉴도 맛이 좋아 간단한 식사로 손색없다. 체크 박스가 그려진 재치 있는 냅킨과 메뉴에 없는 것도 척척 만들어 주는 센스 있는 바텐더 덕분에 단골로 삼고 싶은 곳이다.

교통 중앙역에서 버스 31번 타고 7분 또는 도보 9분 주소 Zwinglistrasse 22, 8004 전화 +41 76 601 33 83 시간 월 18:00~23:00, 화~수 18:00~24:00, 목 18:00~01:00, 금~ 토 18:00~02:00 가격 칵테일 CHF18~ 홈페이지 www.dante.bar

스터넨 그릴 Sternen Grill

MAPECODE 41026

쫄깃한 껍질과 뜨거운 육즙의 환상적인 조화

취리히에서 가장 유명한 소시지 가게이다. 사실 독일어권인 스위스 어느 도시를 가더라도 쉽게 소시지 구이를 먹을 수 있기 때문에 핫도그 하나를 먹으려고 줄을 서는 일은 흔치 않다. 취리히 사람들이 추워도 더워도 기꺼이 이 작은 가게 앞에 줄을 서서 기다리는 것은 이곳의 소시지가 정말 끝내주게 맛있기 때문이다. 실내 테이블이 몇 개 없어서 가게 밖 테이블 또는 서서 먹는 스탠드에 기대어 먹어도 절대 후회되지 않는 맛이다. 그릴에 구운 소시지를 깨물면 오도독 소리가 나면서 촉촉하고 뜨거운 육즙이 입안을 가득 채운다. 빵과 함께 먹어도 잘 어울린다.

교통 중앙역에서 트램 4, 11번 타고 10분 주소 Theaterstrasse 22, 8001 전화 +41 43 268 20 80 시간 매일 10:30~23:45 가격 생 갈렌 브랏부어스트 CHF13.50 홈페이지 www.sternengrill.ch

스프룽글리 Confiserie Sprüngli

MAPECODE 41027

쫀득한 미니 마카롱을 먹어 보세요

1836년 데이비드 스프룽글리David Sprüngli가 취리히의 시장 거리인 마르크트가세Marktgasse에 '스프룽글리와 아들들의 제과점Confiserie Sprüngli & Fils이라는 이름으로 낸 상점이 시초이다. 그는 스위스의 초콜릿 산업의 선구자 중 한 명이다. 스프룽글리의 대표적인 제품은 마카롱과 비슷하게 생겼지만 마카롱보다 조금 더 작고 쫄깃한 식감이 인상적인 룩셈버걸리Luxemburgerli이다. 역사가 50여 년이나 된 취리히의 대표 간식이다. 마카롱처럼 바삭하고 쫄깃한 쿠키 사이에 촉촉한 필링이 들어가는데, '샴페인 골드'와 '카라멜/플뢰르 드 셀'을 추천한다. 스프룽글리는 취리히 내에 여러 개의 지점이 있고, 상점 내부에 레스토랑과 카페를 갖추고 있는 지점들도 많아 달콤한 티 타임을 갖는 곳으로도 인기가 많다. 취리히 외에도 스위스 전역에 매장이 있다.

교통 중앙역에서 도보 10분 주소 Bahnhofstrasse 21, 8022 전화 +41 44 224 47 27 시간 월~금 07:30~18:30, 토 08:00~18:00 요금 룩셈버걸리 16개입 1박스 CHF18.50 홈페이지 www.spruengli.ch

토이셔 Teuscher

MAPECODE 41028

최고급 초콜릿의 향연

70년 이상의 역사를 자랑하는 스위스 알프스 마을에서 생겨난 프리미엄 초콜릿 브랜드이다. 토이셔는 코코아, 마지팬, 과일, 견과류 등의 재료를 모두 최고급 산지에서만 공수하고 있으며 어느 초콜릿과 견주어도 뒤지지 않는 작품을 만들어 낸다. 화학품, 조미료, 방부제도 넣지 않는 수백 종류의 오리지널 레시피를 보유한 토이셔의 상점에 들어서면 달콤한 초콜릿의 향과 색색의 포장지에 절로 즐거워진다. 가격이 꽤 하지만 쉽게 먹어 볼 수 없는 스위스의 고급 초콜릿을 꼭 먹어 보도록 하자. 가족, 친구에게 좋은 선물이 되기도 한다. 취리히에 매장 세 곳과 제네바에 매장을 가지고 있고, 서울에도 매장이 있다. 서울 을지로 매장에 입고되는 제품들도 스위스에서 제조하여 배달되는 것이다.

교통 중앙역에서 도보 7분 주소 Storchengasse 9, 8001 전화 +41 44 211 51 53 시간 월~금 09:00~19:00, 토 10:00~18:00, 일 16:00~18:00 요금 샴페인 트러플 초콜릿 2피스 CHF7 홈페이지 www.teuscher-zurich.ch

25아워스 호텔 랑스트라세 25hours Hotel Langstrasse

MAPECODE 41029

지금 취리히에서 가장 핫한 호텔

창의적인 디자인의 이 호텔은 다양한 종류의 객실이 있고, 모든 객실에는 대여 가능한 프라이탁 가방과 영문으로 된 취리히 관련 예술, 관광, 문학 잡지가 비치되어 있다. 그리고 호텔 내에 이국적인 이스라엘 레스토랑 네니NENI, 맛있는 뷔페 조식이 준비되는 1층 식당이 있고, 통유리로 된 창 옆에 앉아 책을 읽으며 커피를 마실 수 있도록 꾸며 놓은 기프트 상점 옆의 카페, 개성 있게 꾸민 칵테일 바까지 식음료도 훌륭하다. 프런트에 요청하면 목욕 가운과 슬리퍼 등 센스 넘치는 욕실용품 꾸러미를 올려 보내주기도 한다. 자전거와 MINI 자동차 대여 서비스도 이용 가능하며 헬스장 이용과 레지던스 아티스트의 예술품 전시도 볼 수 있다. 1년에 12~14주씩 1층의 스튜디오를 스위스와 세계 각지의 아티스트에게 무료로 작품 활동을 할 수 있도록 내어주기도 하는데, 이들이 남기고 간 작품은 호텔 인테리어의 일부가 되고 있다. 호텔에만 머물러도 하루가 지루하지 않을 정도로 볼 것이 많다. 같은 계열인 25아워스 호텔 웨스트25hours Hotel West도 중앙역에서 기차로 한 정거장 떨어져 있는 Zürich Hardbrücke 역에서 도보 3분 거리에 위치한다. 체크인 15:00, 체크아웃 12:00.

교통 중앙역에서 트램 4번 타고 12분 주소 Langstrasse 150, 8004 전화 +41 44 576 50 00 요금 M-Room CHF200~ 홈페이지 www.25hours-hotels.com/hotels/zuerich/langstrasse

호텔 바로 옆에 위치한 문화 예술 공간

★코스모스 Kosmos

무대와 영화관, 책 살롱, 상점, 비스트로와 바가 모두 같은 공간에 위치한다. 현재 상영 중인 최신 영화와 오래된 클래식, 인디 필름 등 여섯 개의 스크린에서 상영하는 시네마 셀렉션이 훌륭하고 식당과 바는 취리히 미식가들에게 큰 인기를 끌어 매일 밤 붐빈다.

교통 중앙역에서 트램 4번 타고 12분 주소 Lagerstrasse 104, 8004 전화 +41 44 299 30 50 홈페이지 kosmos.ch

마르크트가세 호텔 Marktgasse Hotel

MAPECODE 41030

구시가지 중심에 위치한 부티크 호텔

39개의 객실로 이루어진 부티크 호텔로 구시가지 중심부에 위치하여 모든 명소에 대한 접근성이 뛰어나다. 때문에 어느 방에서도 창을 열면 시내가 바로 보인다. 객실이 많지는 않지만 그래서 오히려 세심한 서비스를 받을 수 있다. 15세기에 지어진 건물을 사용하는데, 대대적인 리노베이션을 거쳐 화이트톤의 차분하고 세련된 모습으로 투숙객들을 맞는다. 1인 여행객을 위한 아늑한 싱글 룸과 최대 3인이 투숙할 수 있는 40m² 넓이의 넉넉한 스위트까지 여러 종류의 객실이 있다. 발토Baltho 레스토랑과 바, 딜리쉬 카페Delish Café도 유명해 음식을 즐기기 위해 이곳을 찾는 사람들도 많다. 옆 건물에 위치한 피트니스 센터도 무료로 이용 가능하다. 독서나 차를 즐길 수 있는 서재도 체크인 층에 마련되어 있고, 리셉션 데스크 맞은편의 커피 머신은 언제든 이용이 가능하다. 체크인 14:00, 체크아웃 11:00.

교통 중앙역에서 트램 4, 15번 타고 8분 또는 도보 11분 주소 Marktgasse 17, 8001 전화 +41 44 266 10 10 요금 싱글 룸 CHF240~, 트윈 룸 CHF300~ 홈페이지 www.marktgassehotel.ch

Tip 호텔 바로 맞은편 골목에 위치한 다목적 예술 공간

★카바레 볼테르 Cabaret Voltaire

세계 1차 대전 중 유럽의 많은 예술가와 사상가들은 중립국인 스위스, 특히 취리히로 몰려들었다. 카바레 볼테르는 그중 한 명이었던 위고 볼Hugo Ball이라는 사람이 1916년 오픈한 곳으로, 예술과 정치를 목적으로 하는 독특한 콘셉트의 카바레이다. 다다이즘이 바로 여기서 탄생했다. 칸딘스키, 파울 클레 등 실험적인 아티스트들의 장이 되었던 곳이지만, 짧은 활약 후 문을 닫았다. 같은 자리에 2001~2002년 네오 다다이즘주의자들이 예전 그 주소지에 같은 이름으로 다목적 예술 공간을 만들었다. 현재는 아방가르드 전시와 라이브 재즈 공연을 하는 힙한 카페와 바로 재탄생하였다.

교통 중앙역에서 트램 4, 15번 타고 8분 또는 도보 11분 주소 Spiegelgasse 1, 8001 Zürich, Switzerland 전화 +41 43 268 57 20 시간 월~목 17:30~24:00, 금~토 11:30~02:00, 일 11:30~23:00 홈페이지 cabaretvoltaire.ch

Luzern

루체른

루체른 호수의 서안에 면하며 로이스강이 시내를 흐르고 있어 물 없이는 설명할 수 없는 호반의 도시이다. 호수뿐 아니라 알프스 산맥과도 인접하고 중부 스위스로 가는 문이라 불리는 위치이기 때문에 일찍부터 관광지로 유명했다. 스위스 연방에 가장 먼저 가입하였고, 가톨릭의 중심지로 활발히 활동하여 1873년까지는 교황 대사가 루체른에 주재하기도 하였다. 시내에 여전히 남아 있는 여러 큰 성당들이 그 역사를 증명한다.

루체른에서는 일 년에 세 번이나 음악 축제를 열고, 호수의 물결은 좋은 음악의 선율처럼 춤추듯 살랑거린다. 이 고운 도시에 비밀스레 초대를 받은 듯 행복한 마음으로 도시 곳곳을 거닐어 보자.

인포메이션 센터 중앙역에 위치한 안내 센터에서 다양한 여행 정보와 지도를 얻을 수 있다. 여행자 패스, 교통권도 구입이 가능하다. 5~10월 매일, 11~4월은 수, 토, 일요일에 오전 9시 45분부터 11시 45분까지 영어, 독일어로 시내 투어를 진행한다. 요금은 성인 CHF18(루체른 카드 소지자 CHF16), 6~16세 CHF5이다.

주소 Zentralstrasse 5, 6002 (중앙역 플랫폼 3) 시간 **11~4월** 월~금 08:30~17:30, 토 09:00~17:00, 일 09:00~13:00 / **5~10월** 월~금 08:30~19:00, 토, 일 09:00~13:00 / 공휴일 운영 시간 상이하니, 홈페이지 확인 전화 +41 41 227 17 17 홈페이지 www.luzern.com

루체른의 교통

루체른에서 가장 가까운 공항은 취리히 공항이다. 취리히 공항 기차역에서 직행편으로 루체른 중앙역(Luzern Bahnhof)까지 1시간 11분 정도가 걸린다. 루체른 도착 후 루체른에서 이용하는 대중교통은 VBL에서 관리한다.

홈페이지 www.vbl.ch

기차

스위스 어떤 도시에서도 기차를 타고 쉽게 루체른으로 이동할 수 있다. 루체른 중앙역은 부근 지역의 버스와 기차가 발착하는 루체른 교통의 중심지이다. 역에서 나오자마자 아름다운 호수의 풍경이 눈앞에 펼쳐진다.

택시

루체른 시내에는 약 500대의 인증된 택시가 운행하며 깨끗하고 안전하고, 정확하다. 호텔 리셉션을 통하거나 길에서 바로 잡아 탈 수도 있다. 중앙역 등 시내 곳곳에 택시 정류장도 있다. 기본 요금 CHF6, km당 CHF3.80, 총 요금이 CHF20을 초과하면서부터는 km당 CHF3.50이다. 캐리어 추가 요금이 부과되며, 우버 서비스 역시 이용 가능하다.

버스

매일 오전 5시부터 밤 12시 30분까지 운행하며 금~토, 토~일 새벽(01:00~04:00)에는 중앙역에서 시외로 나가는 야간 버스를 운행한다(www.nachtstern.ch). 야간 버스 요금은 CHF7~10 정도이고, 기사에게 표를 구매하면 된다. 데이 패스나 다른 티켓과 별도로 구매해야 한다.

★요금

1회권 (ZONE 10) : 성인 2등석 CHF4.10, 6~16세 2등석 CHF3.10 / 1시간 유효

1일권 (ZONE 10) : 성인 2등석 CHF8.20, 6~16세 2등석 CHF6.20 / 1시간 유효. 구입 일부터 익일 05:00까지 무제한 사용 가능하다.

자전거

중앙역에 위치한 렌트어바이크에서 자전거를 빌려 호숫가를 달려 보자. 반나절 요금이 자전거는 CHF27, 전기 자전거는 CHF42이다. 3~11월 동안 운영하는 넥스트바이크Nextbike도 있다. 1시간에 CHF2, 24시간은 CHF20으로 루체른 시내 70여 곳에 위치한 정류장에서 자유롭게 빌리고 반납할 수 있다. 온라인으로 등록한 후 신용카드(비자/마스터카드)로 요금을 지불하고 앱을 이용해서 빌린다. 부여된 자전거 번호를 반납할 때 입력하면 자물쇠가 잠긴다.

★렌트어바이크 Rent-a-bike

전화 +41 512 273 261 홈페이지 www.rentabike.ch

★넥스트바이크 Nextbike

전화 +41 415 080 800 홈페이지 www.nextbike.ch

폭스트레일 Foxtrail

힌트를 찾아 다음 목적지를 찾아 떠나는 즐거운 프로그램

루체른에는 그룹으로 즐기면 좋은 프로그램이 있다. 도시 여러 곳에 여우가 지나간 길(Foxtrail)을 마크해 놓아 그 흔적을 쫓으며 이동하는 것인데, 여러 루트가 있고, 한 루트를 마치는 데는 루트에 따라 2.5시간에서 4시간 정도가 걸린다. 폭스트레일은 스위스 전역에서 운영되며, 루체른 외에도 취리히, 바젤, 베른, 로잔, 루가노 등 여러 도시에서 체험해 볼 수 있다. 홈페이지에서 트레일의 종류와 시작 시간을 선택해 예약하고 진행할 수 있으며, 최소 인원은 2명이다.

전화 +41 329 80 00 시간 고객 센터 월~금 09:00~18:00 요금 2인 CHF62~ 홈페이지 foxtrail.ch

도보

루체른은 취리히 면적의 약 1/4 밖에 되지 않아 도보로 돌아보는 데 별 문제가 없다. 아담하지만 곳곳의 골목과 구석구석이 아름다워 오래 머물러도 지루하지 않다.

루체른 여행자 카드

루체른에서 유용하게 사용할 수 있는 패스를 알아보고, 자신의 일정과 관심사에 최적화된 패스를 구입하여 경제적이고 효율적인 여행을 할 수 있다.

★루체른 뮤지엄 카드 Luzern Museum Card

취리히에 숙소를 정하고 루체른을 여행하는 경우라면 뮤지엄 패스를 이용할 수 있다. 이틀 동안(연일) 사용 가능하며 스위스 교통 박물관, 빙하 공원, 쿤스트 뮤지엄 등에 무료 입장이 가능하다. 입장은 한 곳에 한 번으로 제한한다.

요금 CHF36 홈페이지 www.luzern.com/en/things-to-do/art-culture/swiss-museum-passport

★루체른 비지터 카드 Luzern Visitor Card

루체른 지역의 숙소에 머물면 숙소로부터 받을 수 있다. 숙박 기간 동안 유효한 이 카드로 10존 내의 버스와 기차를 무제한으로 탈 수 있다. 보트 탑승, 케이블카, 산악 기차도 무료로 이용이 가능하며 〈Free WiFi-LUZERN.COM〉 핫스팟에서는 무선 인터넷도 사용할 수 있다. 스위스 교통 박물관, 빙하 공원, 쿤스트 뮤지엄 등도 무료 입장이 가능하다.

홈페이지 www.luzern.com/en/services/visitor-card-lucerne

★라이온 패스 Lion-Pass

이 패스로 빈사의 사자장 주변의 주요 볼거리인 빙하 공원과 부르바키 파노라마를 모두 볼 수 있다.

요금 성인 CHF22, 6~16세 CHF12

루체른

연중 행사와 축제

레트로 페스티벌

소개하는 행사 외에도 월드 밴드 페스티벌, 아이스 라이브 축제 등 루체른은 연중 즐거운 이벤트로 가득하니 루체른 시 홈페이지에서 연간 일정을 확인해 보자.

홈페이지 www.luzern.com

2-3월 루체른 카니발

구시가지 전체가 대형 카니발 광장으로 꾸며지고, 카니발 주간 목요일 아침 5시에 카펠플랏츠 광장Kapellplatz에서 폭죽을 크게 터뜨리는 것으로 시작하여 다양한 음악과 무용 공연이 펼쳐진다. 카펠교와 슈프로이어교의 곳곳에 카니발과 관련한 그림 패널을 설치하고, 가면과 의상을 차려 입은 사람들이 축제를 즐긴다.

www.lfk.ch

3월 레트로 페스티벌

2012년 호텔 슈바이처호프Hotel Schweizerhof에서 시작된 멋진 축제로 해마다 3일간 열린다. 스위스에서 유일한 레트로 축제로, 70~80년대 팝과 록 레전드의 모습을 무대 위에서 재연한다.

www.theretrofestival.ch

4월 루체른 페스티벌 - 부활절

80년이 넘는 역사를 자랑하는 루체른 페스티벌은 1년에 세 번 루체른 문화 컨벤션 센터(KKL)에서 열리고, 부활절 기간이 그 첫 번째이다. 레지던스 지휘자인 조르디 사발Jordi Saval을 비롯하여 세계의 내로라하는 거장들이 오페라와 심포니 등 다양한 공연을 펼친다. 축제 기간에는 숙박비가 꽤 오르기 때문에 취리히에 숙소를 잡는 것도 좋다.

7월 블루 볼스 Blue Balls

재즈와 블루스를 블루라는 색감으로 표현한 9일간의 느낌 있는 음악 축제이다. 루체른을 대표하는 큰 이벤트 중 하나로 세계 각지의 유명한 음악가를 초대해 공연을 열고, 주목 받는 신인을 조명하기도 한다. 음악뿐 아니라 사진, 영화 등 다양한 형태의 예술 이벤트가 열린다. 주로 KKL, 호텔 슈바이처호프 Hotel Schweizerhof에서 무대가 펼쳐진다.

www.blueballs.ch

8~9월 루체른 페스티벌 - 여름

여름의 루체른 페스티벌은 세 번의 루체른 페스티벌 중 가장 규모가 크다. 1달 동안 무려 100개 이상의 이벤트가 열리고, 그중 30개가 심포니 콘서트이다. 세계적으로 인정을 받은 솔로이스트, 말러 체임버 오케스트라Mahler Chamber Orchestra와 필라모니카 델라 스칼라Filarmonica della Scala 멤버들이 참여하는 수준 높은 공연이다. 루체른 페스티벌 산하 아카데미에서 마스터 클라스도 진행하며 매년 한두 명의 레지던스 작곡가의 작품을 조명하여 무대에 올린다. 특별히 '스타 아티스트Artistes étoiles'를 선정하여 이들의 대표 작품도 볼 수 있도록 한다.

11월 루체른 페스티벌 - 가을

가을의 루체른 페스티벌은 1998년 처음 시작되었다. 11월의 루체른 페스티벌에서는 훌륭한 피아노 공연을 많이 접할 수 있다. 역시 KKL에서 대부분의 공연이 열리지만 곁가지로 시내 여러 바나 레스토랑에서도 축제 기간 동안 재즈 공연을 주관한다. 세계 각지에서 모여든 40여 명의 재즈 뮤지션들이 식당이나 바에서 올리는 무대를 피아노 오프 스테이지Piano Off Stage라고 부른다.

www.lucernefestival.ch

11월 블루스 페스티벌

가을과 너무나 잘 어울리는 블루스 음악을 만끽할 수 있다. 그랜드 카지노 호텔, 호텔 슈바이처호프 등 루체른의 주요 호텔에서 주로 공연이 이루어진다. 세계 각국에서 블루스 아티스트를 초대해 다채로운 프로그램을 제공한다. 아티스트와의 만남 등 공연 외의 이벤트도 있으며 최대한 다양한 블루스 음악을 보여주는 것을 목적으로 하여 유럽에서 손꼽히는 블루스 축제로 알려져 있다.

www.bluesfestival.ch

12월 크리스마스 마켓

예수 성당 뒤편의 프란치스카너 광장Franziskanerplatz에서 열리는 소박한 성탄절 축제로, 보통 11월 마지막 날부터 크리스마스 전주까지 매일 열리며 그 외에도 시내 곳곳에서 공예품 시장, 트리 시장, 공연 등 다양한 크리스마스 행사가 펼쳐진다. 취리히에 비해 좀 더 소박하고 정겨운 느낌이 난다.

www.luzern.com/en/highlights/christmas-in-lucerne/christmas-markets

루체른
호스텔 라이언 롯지 루체른
Hostel Lion Lodge Lucerne
Gletscherg
Pro Natura
Luzern
호텔
Hotel de
Matthäuskirche
Hotel Schweiz
무제크 성벽
Museggmauer
매너 백화점
Manor
Tourist Hotel
Reuss
Zum Weissen
Kreuz
데 잘프스
Des Alpes
슈프로이어교
Spreuer Brücke
BEST WESTERN
Hotel Krone
루체른 자연 박물관
Natur-Museum Kanton Luzern
카펠교
Kapellbrücke
로이스강 Reuss
루체른 극장
Luzerner Theater
예수 성당
Jesuitenkirche
Bistro du Theatre
루체른 관광청
Tourist Information Luzern
로젠가르트 미술관
Sammlung Rosengart
Vogeligartli
Hotel Astoria
Spitalstrasse
Friedbergstrasse
Allenwindenring
Obere Bergstrasse
Fluhmattstrasse
Fluhmattweg
Geissmattstrasse
Hinter-Bramberg
Brambergstasse
Bramberggstasse
Sonnenhof
Allenwindenstrasse
Bergstrasse
Mühlemattstrasse
Mühlemattrain
Wettsteinweg
Diebold-Schilling-Strasse
Schirmerstrasse
Schirmertorweg
Museggstrasse
Luegislandegg
Museggrain
Hertensteinstrasse
Seehofstrasse
Schweizerhof
Mariahifgasse
Auf Musegg
Grabenstrasse
Weggisgasse
Rebhalde
St. Karliquai
Brugglіgasse
Gerbergasse
Eisengasse
Seebrücke
Kapellplatz
Kapellgasse
Cysatstrasse
Löwengraben
Süesswinkel
Weinmarkt
Kornmarkt
Schweizerhofquai
Muhlenplatz
Im Zopfli
Unter der Egg
Rathaussteg
Kapellbrücke
Kramgasse
Schutzenstrasse
Reusssteg
Hirschengraben
Krongasse
Bahnhofstrasse
Seidenhofstrasse
Floraweg
Bahnhofplatz
Bruchstrasse
Burgerstrasse
Buobenmatt
Klosterstrasse
Pilatusstrasse
Hirschmattstrasse
Winkelriedstrasse
Hallwilerweg
Obergrundstrasse
Frankenstrasse

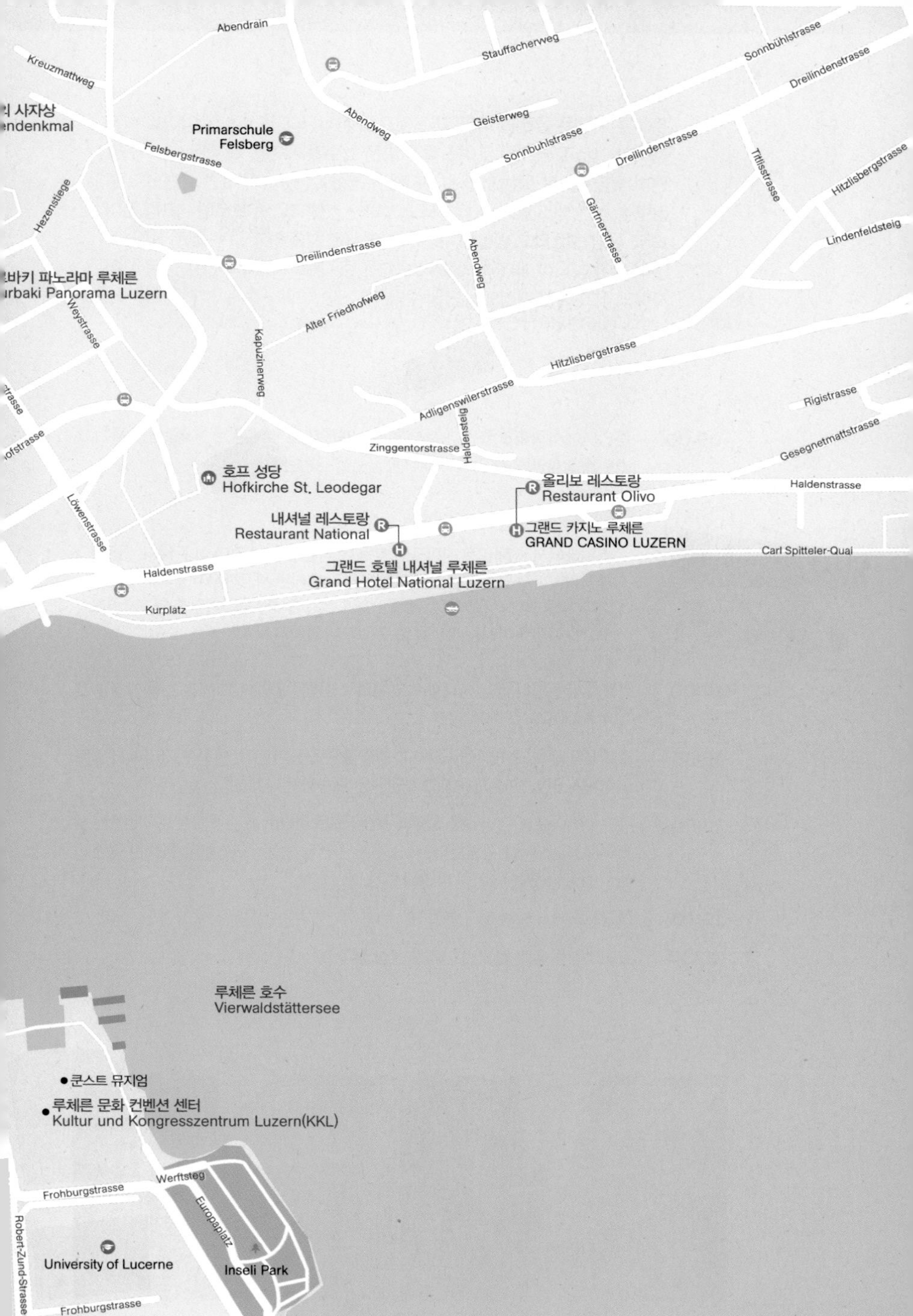

Abendrain
Kreuzmattweg
Stauffacherweg
Sonnbühlstrasse
Dreilindenstrasse
Abendweg
Geisterweg
Primarschule Felsberg
Felsbergstrasse
Sonnbuhlstrasse
Dreilindenstrasse
Titlisstrasse
Hitzlisbergstrasse
Hezenstiege
Gärtnerstrasse
Lindenfeldsteig
Dreilindenstrasse
Abendweg
Alter Friedhofweg
Weystrasse
Kapuzinerweg
Hitzlisbergstrasse
Adligenswilerstrasse
Rigistrasse
Haldensteig
Zinggentorstrasse
Gesegnetmattstrasse
호프 성당
Hofkirche St. Leodegar
올리보 레스토랑
Restaurant Olivo
Haldenstrasse
Löwenstrasse
내셔널 레스토랑
Restaurant National
그랜드 카지노 루체른
GRAND CASINO LUZERN
Carl Spitteler-Quai
그랜드 호텔 내셔널 루체른
Grand Hotel National Luzern
Haldenstrasse
Kurplatz
루체른 호수
Vierwaldstättersee
쿤스트 뮤지엄
루체른 문화 컨벤션 센터
Kultur und Kongresszentrum Luzern(KKL)
Werftsteg
Frohburgstrasse
Europaplatz
Robert-Zünd-Strasse
University of Lucerne
Inseli Park
Frohburgstrasse

루체른 여행은 물길을 따라 걷는 것으로 시작된다. 루체른 중앙역을 나서자마자 가로로 흐르는 로이스강과 넓은 호수가 시야를 꽉 채운다. 다리를 건너 뒷골목으로 들어서면 시가지를 구경할 수 있다. 우아한 모습으로 물장구를 치는 백조를 지나 책에서 소개하는 카펠교와 슈프로이어교를 건너 보자. 유람선을 타고 먼발치 다른 시각에서 도시를 먼저 보는 것도 좋다. 이것이 다가 아니다. 루체른의 진짜 모습은 큰 대로가 아니라 좁은 골목 사이사이의 작고 예쁜 거리에서 만날 수 있다.

09:00 중앙역에서 **카펠교**를 건너 선착장에서 배를 타고 루체른 호수 **유람선**을 즐기고, 스위스 교통 박물관 앞에서 내려 박물관을 관람한다.

+ 스위스 교통 박물관

스위스에서 가장 많은 사람들이 찾는 이 박물관은 볼 것이 아주 많다. 관람과 체험거리까지 즐기려면 개관 시간에 입장해 폐관 시간까지 머물러야 할 정도이다. 박물관에서 운영하는 초콜릿 어드벤처에서는 놀이기구를 타고 스위스 초콜릿이 만들어지는 과정을 볼 수 있으니 놓치지 말 것!

14:00 **라팡**에서 든든히 점심 식사를 하고 **무제크 성벽**을 돌아본 후 대표 쇼핑 거리를 거닐며 시내 구경을 한다.

15:30 **호프 성당**을 보고, **빈사의 사자상**과 **빙하 공원**을 돌아본다. 번화한 거리에서 얼마 떨어지지 않았는데, 한적하고 자연적인 모습을 만나게 된다.

17:00 슈프로이어교를 건너 **예수 성당**과 **로젠가르트 미술관** 또는 **루체른 문화 컨벤션 센터(KKL)**의 전시를 관람한다. KKL에서 공연을 보는 것도 좋다. 특별한 공연이나 이벤트가 있는지 미리 확인해 보자.

19:30 **데 잘프스**에서 저녁 식사를 한다.

20:30 로이스강을 따라 걸으며 야경을 감상한다.

카펠교 Kapellbrücke

유럽에서 가장 길고 오래된 목조 다리

MAPECODE 41041

라인강, 아레강, 론강 다음으로 스위스에서 네 번째로 긴 로이스강은 루체른을 길게 가로질러 루체른 호수로 이어진다. 중앙역 뒤로 주거 단지, 호텔, 예수 성당과 루체른 문화 컨벤션 센터, 크리스마스 마켓, 관광청 등이 있고 강을 건너면 좀 더 많은 볼거리와 카페, 식당, 상점가, 호텔 등이 있어 여러 차례 강을 건너게 된다. 자연스럽게 루체른을 상징하는 카펠교를 마주하게 된다는 뜻이다. 루체른의 상징인 카펠교는 1333년 세워졌다. 강의 동서를 연결하고, 남쪽으로부터의 침입을 막고자 하는 방어용으로 만들어졌다. 카펠교는 일직선이 아니라 곡선을 그리고 있어 다리를 건너는 재미가 있다. 1993년 다리 내부에 그려진 그림의 2/3가 파손되고 1명이 사망하는 큰 화재가 일어나 거의 소실될 뻔했으나 대대적인 보수를 거쳐 1994년 재개방되었다. 카펠교 지붕 들보에는 스위스 역사의 중요한 사건과 루체른 수호성인의 생애를 그린 112장의 삼각형 판화 그림이 걸려 있다. 다리 중간쯤에 있는 다리보다 30년 앞서 만들어진 팔각형 석조의 바서투름(Wasserturm, 물의 탑)은 수 세기 동안 감옥, 등대, 종각, 공문서 보관소, 방위 탑 등 다양한 기능을 해왔다. 현재는 기념품 상점으로 사용된다. 카펠교는 해가 지고 조명이 켜지면 더욱 아름답다. 루체른에서 1박을 추천하는 이유 중 하나는 바로 카펠교의 아름다운 야경 때문이다.

교통 중앙역에서 도보 5분 주소 Kapellbrücke, 6002

Tip 강변 주간 시장 Wochenmarkt

오른쪽 강둑(Rathausquai, Unter der Egg)과 왼쪽 강둑(Jesuitenplatz, Bahnhofstrasse)에서 매주 시장이 열린다. 동네 사람들이 꼭 들러 먹거리를 사는 작은 장으로 로컬들의 일상을 엿볼 수 있다. 보통 오전 10시 이후에는 물건이 거의 다 빠지니 일찍 가보는 것이 좋다. 과채 시장은 화요일과 토요일 06:00~13:00에 열린다. (동절기에는 시장이 돌아가면서 서기도 하니 홈페이지 확인, www.luzerner-wochenmarkt.ch)

슈프로이어교 Spreuerbrücke

또 하나의 아름다운 목조 다리

MAPECODE 41042

1408년 도시 요새의 일부로 지어진 길이 80m의 슈프로이어교는 카펠교와 더불어 대표적인 루체른의 목조 다리이다. 옛날에는 이 다리에서 밀겨Spreu를 강물에 버렸다고 해서 지금의 이름이 붙여졌다. 폭풍으로 파손된 1568년의 교각이 돌로 교체된 후 손상되지 않아 비교적 잘 보존된 모습을 볼 수 있다. 카펠교와 마찬가지로 지붕이 씌워져 있으며 지붕 안 삼각형 모양의 패널에 그림이 그려져 있다. 1626년 당시 유럽에 만연하던 전염병을 주제로 그린 목판화로 유명하다. 총 67개의 삼각형 목판화를 제작한 카스파르 메그링거Kaspar Meglinger는 자신의 작품을 〈죽음의 무도Totentanz〉라 불렀다. 현재는 67개 중 45개가 보존되어 있다. 루체른 호수의 수위를 조절하는 데 사용되었던 워터 스파이크Nadelwehr가 다리 옆에 위치한다.

교통 중앙역에서 도보 10분 주소 Spreuerbrücke, 6003

부르바키 파노라마 루체른 Bourbaki Panorama Luzern

19세기 독-프 전쟁의 단편을 담은 그림

MAPECODE 41043

3D, 4D까지 나온 오늘날에는 파노라마 기술이 그리 대단한 것이 아니지만, 19세기에는 무척 획기적인 볼거리였다. 부르바키 파노라마는 1870~1871년 일어났던 독일-프랑스 전쟁의 모습을 적십자 자원봉사자였던 화가 에두아드 카스트레Edouard Castres가 112m×10m 폭의 대형 그림으로 담아낸 것이다. 19세기에 제작된 그림 중 가장 큰 규모의 파노라마 그림으로 보존 상태가 훌륭하다. 1871년 겨울 스위스로 피신한 부르바키 장군의 동부 프랑스군 87,000명의 모습을 담은 실감나는 그림이 사진과 인쇄물, 마네킹 등 다양한 전시품과 함께 걸려 있다. 스위스 국경에서 무기를 반납하는 지친 기색이 역력한 군인과 전쟁에 지친 민간인들의 모습을 생생하게 담아냈다. 다목적 문화 센터, 영화관으로도 사용되는 건물에 있다.

교통 중앙역에서 버스 1, 19, 23번 타고 7분 또는 도보 12분 주소 Löwenplatz. 11, 6004 전화 +41 41 412 30 30 시간 4~10월 매일 09:00~18:00, 11~3월 매일 10:00~17:00 요금 성인 CHF12, 학생, 65세 이상, 장애인 CHF10, 6~16세 CHF7 / 루체른 뮤지엄 카드, 스위스 뮤지엄 패스, 스위스 트래블 패스 소지자 무료 홈페이지 www.bourbakipanorama.ch/en

루체른 호수 Vierwaldstättersee

스위스에서 네 번째로 큰 호수

MAPECODE 41044

'네 개의 숲이 있는 캔톤(스위스의 관할구)의 호수'라는 뜻을 가진 루체른 호수는 스위스 중심부에 위치한다. 호수의 서북쪽에 루체른이 있고, 남쪽에는 필라투스Pilatus 산이, 동쪽에는 리기 쿨름Rigi Kulm 산이 있어 호수 주변 어디에서 둘러봐도 엽서 같은 절경을 보여 준다. 구불구불한 호수는 우리Uri, 슈비츠Schwyz, 오브발덴Obwalden과 니드발덴Nidwalden이 네 곳의 캔톤과 경계를 맞대고 있다. 베토벤의 피아노 소나타 14번이 〈월광 소나타〉라는 이름을 갖게 된 것은 곡이 발표된 후 30여 년이 지난 1832년, 음악 평론가 루트비히 렐스타프Ludwig Rellstab가 그 1악장에 대해 '달빛이 비치는 루체른 호수 물결에 흔들리는 작은 배'라 평한 것에서 비롯되었다고 한다. 과연 피아노 소나타를 연상케 하는 아름다운 물결인지, 달빛 아래서 꼭 확인해 보자. 크고 작은 유람선이 호숫가를 돌아보는 코스를 운영하고, 루체른 중앙역에서 내려 다리를 건너면 선착장이 바로 보인다. 식사나 음료 포함 등 다양한 프로그램으로 유람선을 운영하고 있으니 홈페이지에서 일정에 맞는 코스를 찾아보도록 한다.

교통 중앙역에서 도보 2분 크루즈 요금 루체른-베기스 CHF14 / 구간별로 다르고, 얼리버드나 해피 아워 등 시간대별로 요금이 다르기도 하다. 홈페이지 www.lakelucerne.ch 또는 www.myswitzerland.com/ko/boats-on-lake-lucerne.html

루체른 문화 컨벤션 센터 Kultur und Kongresszentrum Luzern (KKL)

MAPECODE 41045

스위스 현대 예술의 보고

루체른 중앙역에서 나와 고개만 돌리면 유리로 된 깔끔하고 현대적인 KKL 건물이 바로 보인다. 빛의 장인이라 불리는 프랑스 현대 건축가 장 누벨Jean Nouvel이 설계하여 1998년 베를린 필하모닉 오케스트라의 공연과 함께 개관하였다. 콘서트홀, 다목적 루체른홀, 미술관, 회의실, 카페 등이 있는 컨벤션 센터의 세 동으로 구분된다. 공연장으로서는 더할 나위 없는 음향 시스템을 갖추었고, 다양한 장르의 공연이 열린다. 여행 일정 중 보고 싶은 공연이 있다면 꼭 가 보고, 그렇지 않더라도 잠깐 들러 4층에 위치한 루체른 미술관Kunstmuseum Luzern의 전시를 봐도 된다. '공간의 누드'를 강조한 건축가 장 누벨의 여백의 미를 확연히 느낄 수 있는 공간에 현대 미술 전시가 주를 이루고 있다.

교통 중앙역에서 도보 1분 주소 Europaplatz 1, 6005 전화 +41 41 226 70 70 홈페이지 www.kkl-luzern.ch

루체른 미술관

시간 화, 목~일 11:00~18:00, 수 11:00~20:00 / 12월 24, 25, 31일 휴관 요금 성인 CHF15, 6~16세와 학생증 소지자 CHF6 / 루체른 뮤지엄 카드, 스위스 패스 소지자 무료 홈페이지 www.kunstmuseumluzern.ch/en/visit

빈사의 사자상 Löwendenkmal

MAPECODE 41046

스위스 젊은이의 충성심과 용맹을 기리는 사자상

소설 〈나니아 연대기〉의 사자 '아슬란'을 떠올리게 하는 인자하고 위엄 있는 사자가 루체른에 잠들어 있다. 스위스는 예로부터 땅이 좁은데다 척박하여 수입원이 마땅치 않았다. 1792년 프랑스 시민 혁명 당시 루이 16세 왕가를 지키던 786명의 용병을 잃기 전까지 용병 수출이 주 수입원이었다. 왕가를 지키다 희생된 스위스 젊은이들을 기리고 추모하기 위해 세운 상이 바로 이 '빈사의 사자상'이다. '스위스의 충성심과 용맹함에 Helvetiorum Fidei ac Virtuti' 바치는 상이다. 사암 절벽을 파 동굴을 만들고 조각해 넣은 것으로, 창에 찔린 채 고통스럽게 죽어 가는 사자의 모습을 크고 슬픈 눈과 길고 마른 꼬리로 표현했다. 미국의 대문호 마크 트웨인Mark Twain은 그의 책 〈유럽 방랑기 A Tramp Abroad〉에서 이 사자상을 '지구에서 가장 슬프고 감동적인 조각상'이라 묘사하기도 하였다. 직접 보면 생각보다 훨씬 커서 슬픔과 함께 위엄도 느껴진다.

교통 중앙역에서 도보 15분 주소 Denkmalstrasse 4, 6002

빙하 공원 Gletschergarten

아직 남아 있는 빙하기의 흔적

MAPECODE 41047

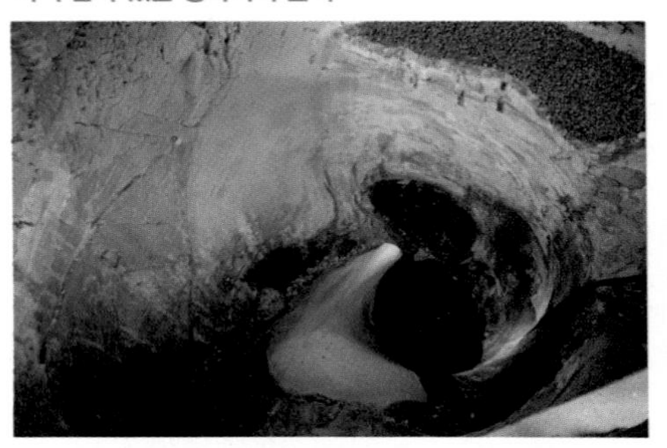

한때 빙하로 덮여 있던 루체른은 놀랍게도 아직 도시 내에 빙하기의 잔재가 남아 있다. 빙하 공원은 키가 큰 나무와 여러 개의 산책로, 빙하기 이후 시기의 식물을 볼 수 있는 식물원 등 다양한 공간으로 이루어진 독특한 매력이 살아 있는 박물관이다. 1896년 제네바에서 열린 박람회를 위해 만들어져 지금까지 운영 중이다. 수만 년 전에 빙하에 의해 형성된 소용돌이 모양의 큰 구멍과 스페인 그라나다풍으로 꾸며 놓은 거울 미로가 특히 인기가 많다. 다양한 종류의 거울로 구성된 미로는 즐거운 포토존 역할도 한다. 빈사의 사자상과 가까워 두 곳을 함께 구경하기 편하다. 거울 미로는 2020년 5월 16일 재개관을 목표로 보수 공사 중이며 스위스 하우스, 공사와 관람탑은 재개관 미정으로 닫혀 있다. 요금도 공사 기간 중에는 50% 가격으로 할인했다.

교통 중앙역에서 도보로 15분 또는 중앙역에서 버스 1, 19, 22, 23번 타고 Löwenplatz 역 하차 주소 Denkmalstrasse 4, 6006 전화 +41 41 410 43 40 시간 4~10월 매일 09:00~18:00, 11~3월 매일 10:00~17:00 / 1년 중 하루는 휴관이니 홈페이지에서 확인 요금 성인 CHF7.50, 학생, 장애인, 65세 이상 CHF6, 6~16세 CHF4 / 루체른 뮤지엄 카드, 스위스 패스 소지자 무료 홈페이지 www.gletschergarten.ch

예수 성당 Jesuitenkirche

강을 바라보고 선 아름다운 성당

MAPECODE 41048

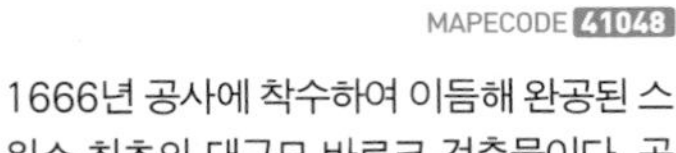

1666년 공사에 착수하여 이듬해 완공된 스위스 최초의 대규모 바로크 건축물이다. 공식 명칭은 성 프란시스 자비에르 예수 성당 Die Jesuitenkirche St. Franz Xaver이다. 성당 내부의 거대한 분홍색 스투코와 석회 제단, 소리 울림이 훌륭한 오르간으로 유명하다. 밖에서 바라보면 가장 눈에 띄는 두 개의 큰 탑은 1893년 추가로 올려진 것이다. 1950년대와 1970년 대대적인 보수를 거쳐 지금의 모습을 하고 있다. 외관보다 내부가 훨씬 아름답다. 현재 성당은 루체른 음악 학교의 오르간 연주자들의 연습장과 콘서트홀로도 이용되고 있다. 성당 앞 광장은 언제나 강가의 백조에게 과자를 던져 주고 사진을 찍는 관광객들로 붐빈다. 토요일 아침에는 성당 앞 광장에 작은 장도 선다.

교통 중앙역에서 도보 5분 주소 Bahnhofstrasse 11a, 6003 시간 화~수, 금~일 06:30~18:30, 월, 목 09:30~18:30 홈페이지 www.jesuitenkirche-luzern.ch

호프 성당 Hofkirche St. Leodegar

MAPECODE 41049

두 첨탑이 인상적인 성당

735년 베네딕트 수도회가 루체른의 수호성인인 레오데가르Leodeger와 마우리티우스Mauritius를 기리고자 세웠다. 스위스에서 가장 중요한 르네상스 건물 중 하나이다. 두 첨탑은 1504~1525년 세워진 것이나 나머지 부분은 모두 1633년의 화재로 전소하여 5년에 걸쳐 복원하였다. 1640년 4,950개의 파이프로 만든 성당 내부의 파이프 오르간은 스위스에서 가장 아름다운 소리를 내는 오르간으로 유명하다. 루체른 페스티벌 기간 동안과 미사 시간에만 그 소리를 들을 수 있다. 성당 안을 구경하지 않더라도 성당이 위치한 작은 언덕까지 계단을 올라 루체른 전경을 내려다봐도 좋다. 이곳에서 보는 강가와 시내의 전경이 훌륭하다. 성당 주변으로 묘지와 묘석이 조성되어 있는데 그 모습이 마치 정원 같다.

교통 중앙역에서 도보 7분 주소 Sankt Leodegarstrasse 6, 6006 전화 +41 41 229 95 00 홈페이지 www.kathluzern.ch/st-leodegar-im-hof

로젠가르트 미술관 Sammlung Rosengart

MAPECODE 41050

약 200점에 이르는 명작을 소장한 미술관

안젤라 로젠가르트Angela Rosengart가 피카소와 절친한 사이였던 그녀의 부친의 영향으로 사 모은 300여 점의 작품을 기증하여 세워졌다. 피카소를 포함한 19~20세기 작가 21명의 작품을 만나볼 수 있다. 개인이 수집한 작품으로 구성되어 있음에도 그 규모가 방대한 편이다. 예술에 대한 애정과 헌신으로 전시를 꾸리게 된 창립자이자 기증자 로젠가르트에 대한 영상도 볼 수 있다. 피카소 외에도 개성 넘치는 작품 세계를 가진 파울 클레Paul Klee, 고전적인 모네Monet, 마네Manet, 모딜리아니Modigliani, 세잔Cezanne, 피사로Pizarro 등의 작품도 볼 수 있다.

교통 중앙역에서 도보로 3분 주소 Pilatusstrasse 10, 6003 전화 +41 41 220 16 60 시간 4~10월 매일 10:00~18:00, 11~3월 매일 11:00~17:00 / 카니발 기간 휴관 요금 성인 CHF18, 65세 이상 CHF16, 학생과 7~16세 CHF10 홈페이지 www.rosengart.ch

무제크 성벽 Museggmauer

루체른을 지켜 주던 믿음직한 성벽의 자취

MAPECODE 41051

루체른 구시가지 북쪽 뒤로 병풍처럼 둘러싼 성벽의 유적이다. 약 870m에 달하는 벽과 9개의 탑이 옛 모습 그대로 남아 있다. 사람들에게 공개된 탑 중 가장 유명한 치트 탑(Zytturm, 시계탑)에는 루체른의 다른 시계보다 1분 전에 울리도록 설계한 시계가 있다. 현재 남아 있는 규모도 상당하지만 1386년 처음 건설되었을 때는 도시 전체를 둘러싼 거대한 장벽이었다고 한다. 4~10월에는 치트 탑을 포함한 4개의 탑을 개방한다. 성벽과 주택가가 어우러져 있어 동네를 산책하듯 자유롭게 거닐어도 좋다.

교통 중앙역에서 도보 10분 주소 Schirmertorweg, Luzern 홈페이지 www.museggmauer.ch

루체른 쇼핑 거리

루체른의 쇼핑은 이곳에서

MAPECODE 41052

루체른에만 있는 특별한 상점은 없지만 유러피안 브랜드 상점들이 밀집되어 있는 거리 몇 개를 추천한다. 중앙역에서 씨교Seebrücke 또는 카펠교를 건너면 바로 보이는 부커러Bucherer, 롤렉스Rolex, 오메가Omega 등 고급 시계 상점들이 모두 모여 있는 그렌델스트라세Grendelstrasse로 들어가면 스위스의 대형 체인 백화점인 매너Manor가 왼편에 보인다. 매너 백화점이 위치한 왼쪽의 베기스가세 Weggisgasse, 오른쪽의 헤르텐스타인스트라세 Hertensteinstrasse에 수많은 상점들이 모여 있다.

교통 중앙역에서 도보 5분 주소 Grendelstrasse, Weggisgasse , Hertensteinstrasse, 6002

중앙역도 쇼핑 스팟!

루체른 중앙역도 규모가 있는 편이라 카페와 식당을 비롯하여 약국, H&M, 슈퍼마켓 등 여러 상점과 편의시설이 입점되어 있다.

스위스 교통 박물관 Verkehrshaus der Schweiz

MAPECODE 41053

스위스 최고의 박물관

유럽에서 가장 방대한 교통 관련 자료를 갖춘 대형 박물관으로, 스위스에서 단 한 곳의 박물관에 가야 한다면 이곳을 추천하고 싶을 정도로 전시의 양과 질 모두 훌륭하다. 1959년 개관 이래 스위스에서 가장 인기 있는 박물관 중 하나로 자리 잡은 이유는 바로 관람객들이 직접 체험하고 경험할 수 있는 전시 때문이다. 넓은 부지에 약 3천여 개의 전시품이 마련되어 있고, 기관사 체험을 할 수 있는 시뮬레이터, 실제 라디오와 TV 스튜디오 등 직접 타고, 만지고, 만들어 볼 수 있는 활동이 가득하여 하루 종일 시간을 보내도 지루하지 않을 정도이다. 어린아이에게 교육적이면서도 즐거운 장소라 가족 방문객도 많다. 교통과 운반 수단의 역사와 종류를 깊이 있게 살펴볼 수 있으며, 특히 자동차와 항공에 관심이 있는 사람이라면 매우 흥미로울 전시품들이 많다. 1:20,000 비율로 스위스 국토 전체의 항공 사진을 전시해 놓은 넓이 200m²의 스위스 아레나Swiss Arena도 이곳의 자랑이다. 첨단 디지털 기

술을 차용한 천문대와 영화관도 갖추고 있다. 프로그램과 전시는 홈페이지에서 확인해 볼 수 있다. 체험 없이 전시만 다 돌아보는 데도 최소 3시간 정도 소요된다.

교통 중앙역에서 기차로(S3 또는 Voralpenexpress 탑승) 8분, 교통 박물관(Verkehrshaus) 정류장 하차 / 버스 6, 8, 24번 타고 10분 주소 Lidostrasse, 5, 6006 전화 +41 41 370 44 44 시간 하절기 10:00~18:00, 동절기 10:00~17:00 요금 **데이 패스**(박물관과 스위스 초콜릿 어드벤처, 영화관과 천문대, 미디어 월드 전시까지 모두 포함) 성인 CHF56, 26세 이하 학생 CHF39, 6~16세 CHF22 / **박물관과 미디어 월드** 성인 CHF32, 26세 이하 학생 CHF22, 6~16세 CHF12 / 스위스 패스 소지자 할인 홈페이지 www.verkehrshaus.ch

스위스 초콜릿 어드벤처 Swiss Chocolate Adventure

달콤하고 재미있는 초콜릿 모험

MAPECODE 41054

린트 재단Lindt Chocolate Competence Foundation과 협력하여 만든 초콜릿 어드벤처가 교통 박물관에 있는데, 꼭 시간을 내어 타볼 것을 추천한다. 놀이기구를 타고 스위스 초콜릿이 만들어지는 과정을 볼 수 있다. 오디오와 영상, 전시와 실물 초콜릿 등으로 다채롭게 구성된 전시를 놀이기구를 타듯 즐기는 것이다. 스위스 초콜릿의 역사와 산업화의 계기, 만들어지는 과정 등을 즐겁고도 유익하게 알려준다. 마지막에는 관람객들의 손에 린트 초콜릿도 한 움큼 쥐어주는 달콤한 경험이다. 오디오 가이드를 들으면서 투어를 진행하면 된다. 내부 조명이 어둡고 이동 속도가 빠른 구간도 있어 6세 이상 아동이 이용하는 것을 추천하고 있다. 휠체어 전용 칸이 따로 있으니 필요할 경우 미리 지원을 요청하여 사용 가능하다.

전화 +41 375 75 75 시간 10:20~11:00 사이(첫 운행 시간이 바뀌니 확인할 것) 요금 성인 CHF16, 26세 이하 학생 CHF12, 6~16세 CHF7 홈페이지 www.verkehrshaus.ch/en/visit/swiss-chocolate-adventure.html

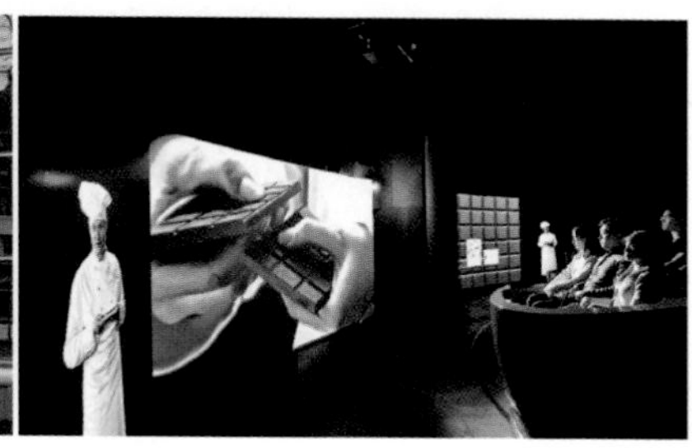

라팡 Lapin

MAPECODE 41061

든든한 식사, 합리적인 가격

호텔 드 라 페Hotel de la Paix에 위치한 식당으로 편안한 분위기와 빠르고 친절한 서비스가 특징이다. 꼬치 요리가 특히 유명한데, 테이블에 가져와서 불을 붙여 준다. 지역 특식 등 스위스 요리가 주를 이루고 제철 신선한 재료를 사용하는 메뉴들도 있다. 점심에는 8개의 오늘의 메뉴가 있어 다양하고 저렴한 식사를 즐길 수 있으며, 로컬들이 많이 찾는 곳이라 조금 늦게 가면 어떤 메뉴는 모두 팔려 먹지 못하기도 한다. 페이스트리 안에 송아지 고기 스튜와 건포도를 넣어 둥근 돔 형태로 구워 내는 루체른 지역 전통 음식인 프릿쉬파스테테Fritschipastete도 라팡의 대표 메뉴이다. 다양한 가격대의 와인도 여러 종류 마련되어 있어 음식과 함께 즐겨도 좋다.

교통 중앙역에서 버스 1, 7, 14, 19, 23번 타고 5분 또는 도보 9분 주소 Museggstrasse 2, 6004 전화 +41 41 418 80 00 시간 매일 10:00~24:00 요금 프릿쉬파스테테 CHF37 홈페이지 www.de-la-paix.ch/en/Restaurant

데 잘프스 Des Alpes

MAPECODE 41062

환상적인 강가 전망의 레스토랑

카펠교 바로 앞에 위치한 데 잘프스 호텔의 레스토랑으로, 전통 스위스 요리를 맛있게 하기로 유명하다. 전망이 워낙 좋아 밤에 저녁을 먹고 들러 칵테일을 한잔 하기에도 좋다. 홈메이드 스위스 스타일 타파스도 안주로 그만이다. 루체른 호수에서 잡은 생선과 스위스 리즐링 등 대부분의 메뉴와 와인이 루체른의 것이라 신선도가 우수하다. 강가에 위치한 레스토랑과 카페가 많지만 카펠교 바로 앞에 위치한 것은 데 잘프스가 유일해 루체른 최고의 테라스를 가졌다 해도 과언이 아니다. 카펠교 전망의 테이블은 인기가 많으니 예약하면서 부탁하는 것이 좋다. 날씨 좋은 여름에는 테라스 자리가 정말 좋다. 아침 식사도 만족스러워 호텔에서 숙박까지 하는 손님들이 많다.

교통 중앙역에서 도보 5분 주소 Rathausquai 5, 6002 전화 +41 41 417 20 60 시간 매일 07:00~23:00 요금 트러플 파스타 CHF35.10, 뢰스티 CHF29 홈페이지 www.desalpes-luzern.ch

올리보 레스토랑 Restaurant Olivo

MAPECODE 41063

지중해풍 음식을 전문으로 하는 곳

미슐랭 가이드에서 추천하는 맛집 올리보는 카지노로 유명한 그랜드 카지노 루체른 호텔 내에 있다. 고풍스러우면서도 깔끔한 화이트톤 인테리어와 흠잡을 곳 없는 요리로 여러 요리 평론지에서 상을 받았다. 스투코식 천장 장식과 샹들리에가 우아한 분위기를 한층 더한다. 생선, 해물 요리가 유명하고 와인 리스트도 괜찮다. 호숫가를 내려다볼 수 있는 발코니 좌석이 인기가 많고, 영문 메뉴가 준비되어 있어 주문에 큰 불편함은 없다. 스태프들이 무척 친절하여 편안하게 식사를 즐길 수 있다.

교통 중앙역에서 버스 6번 타고 뷔트넨할트(Büttenenhalde) 정류장에서 하차, 도보 1분 주소 Haldenstrasse 6, 6006 전화 +41 414 185 656 요금 랑구스틴과 관자 구이 CHF35, 이베리코 햄 요리 CHF32, 4코스 메뉴 CHF92 홈페이지 www.grandcasinoluzern.ch

내셔널 레스토랑 Restaurant National

MAPECODE 41064

내셔널 호텔 내 레스토랑

루체른 인근에서 공수해 오는 신선한 재료로 만드는 창의적인 메뉴를 자랑한다. 간단한 스낵류부터 정찬까지 다양한 입맛을 만족시킨다. 식사를 마치고 바로 옆의 내셔널 바에서 피아노 연주를 즐기며 위스키나 칵테일을 한잔 하기에도 좋다. 1870년대를 특정하여 꾸민 붉은 계통의 인테리어가 특징으로, 특별히 드레스 코드는 없지만 차려 입고 기분 내기 좋은 곳이다.

그랜드 내셔널 호텔에는 내셔널 레스토랑과 바 외에도 카페와 비스트로를 겸하는 카페 세자르Café César, 이탈리안과 지중해 음식을 선보이는 파드리노Padrino, 호숫가 산책로 바로 옆에 위치하여 뷰가 훌륭한 레이크 테라스Lake Terrace 그리고 루체른에서는 쉽게 볼 수 없는 고급 중식당 지알루 내셔널Jialu National, 심플한 계절성 메뉴로 유명한 레스토랑 1871도 있다.

교통 버스 1, 6, 19, 24, 73번 타고 7분 주소 Haldenstrasse 4, 6006 전화 +41 414 190 909 시간 매일 12:00~14:00, 18:30~22:00(라스트 오더 21:30), 일요일 브런치 11:00~15:00 가격 트러플 라비올리 CHF24, 관자 구이 CHF19 홈페이지 www.grandhotel-national.com/en/restaurants-bar

슈바이처호프 루체른 Hotel Schweizerhof Luzern

MAPECODE 41065

환상적인 호수 전망을 갖춘 5성 호텔

밤이 되면 호수를 면하는 모든 객실의 창문이 알록달록 예쁜 조명으로 밝혀져, 루체른에서 가장 눈에 띄는 건물이다. 같은 이름의 호텔을 스위스 곳곳에서 볼 수 있는데, 호텔 이름이 '스위스의 광장'이라는 뜻이기 때문이다. 101개의 객실과 스위트로 구성된 큰 규모의 5성 호텔로 수많은 명사들이 루체른을 여행할 때 이곳에서 머문 것으로 알려져 있다. 객실에는 명사와 관련한 읽을거리, 사진 등을 비치해 두었고, 음악가, 작가, 연기자에 따라 인테리어를 조금씩 다르게 해 놓았다. 5대째 가족이 운영하는 유서 깊은 이 호텔은 날씨가 맑은 날에는 리기산과 스탄저호른, 필라투스가 테라스에서 보이는 루체른 최고의 전망을 자랑한다. 헬스장과 핀란드식 사우나도 이용해 보자. 호텔 내 레스토랑 파빌리온Pavillon과 갤러리Galerie의 음식도 맛있다. 날씨가 좋을 때는 야자수와 올리브 나무가 무성한 테라스 자리가 인기이다. 체크인 14:00, 체크아웃 12:00.

교통 중앙역에서 버스 1, 7, 19, 23, 24번 타고 5분 또는 도보 8분 주소 Schweizerhofquai, CH-6002 전화 +41 41 410 0410 요금 스타일 더블룸 시티뷰 CHF330~, 라이프스타일 주니어 스위트 CHF580~ 홈페이지 www.schweizerhof-luzern.ch

그랜드 호텔 내셔널 루체른 Grand Hotel National Luzern

MAPECODE 41066

호수 전망의 테라스와 귀족적인 실내 장식

호텔에서만 하루 종일 머물고 싶을 정도로 내부가 아름답다. 19세기풍으로 꾸민 두툼한 여러 겹의 커튼과 스토크웰Stockwell 카펫이 깔린 인테리어, 크고 푹신한 침대와 자꾸 열어 보고 싶은 옷장, 이탈리아 대리석이 깔린 넓은 욕실, 아침저녁으로 나가 커피나 와인을 한잔 하고 싶어지는 전용 테라스. 무엇보다 내셔널 호텔의 매력은 몇몇 객실에는 망원경이 비치되어 있어, 맑은 날이면 호수 저 멀리까지 내다보며 특별한 자연과의 교감을 나눌 수 있다. 쾌적하고 조용한 수영장과 사우나, 마사지 숍과 헬스장도 있으며 식음료도 훌륭하다. 최소 1주일 이상 머문다면 호텔 서비스를 모두 이용할 수 있고, 주방이 딸린 레지던스 객실도 있다. 5성급 호텔답게 서비스도 세심하다. 체크아웃 시 생수와 따뜻한 인사를 건넨다. 체크인 15:00, 체크아웃 12:00.

교통 버스 1, 6, 19, 24, 73번 타고 7분 주소 Haldenstrasse 4, 6006 전화 +41 414 190 909 요금 클래식 더블룸 CHF261~, 디럭스룸 CHF355.5~ 홈페이지 www.grandhotel-national.com/en

AROUND LUZERN

루체른 주변

작지만 루체른에 오래 머물러야 하는 이유는 주변의 아름다운 알프스 산들 때문이다. 루체른에서 쉽게 갈 수 있는 아름다운 산에 올라 보자. 사계절 언제 찾아도 아름다운 모습을 보여 주고, 제각각 그 매력이 뛰어나 놓치기 아까운 루체른 근교의 산을 소개한다.

TIP. 장기 일정이 아닌 경우 루체른과 취리히 두 도시를 모두 방문할 계획이라면 두 도시 중 한 곳을 기점으로 삼고 나머지 한 도시를 당일로 돌아보는 것을 추천한다. 당일로 여러 날 왔다 갔다 하는 것도 수고스럽지 않을 정도로 두 도시의 거리가 가깝고, 짐을 싸서 체크인, 체크아웃을 반복하는 것보다 훨씬 효율적이다. 루체른 주변의 산을 오를 예정이라면 취리히보다는 루체른에 숙소를 정하는 것이 좋다.

Pilatus
필라투스

천국과 지상의 중간계
중세 시대부터 귀족들의 휴양지였다는 필라투스는 예수 그리스도를 십자가에 못 박도록 한 로마의 유대 총독 본디오 빌라도의 망령이 각지를 떠돌다 이곳에 이르렀다는 전설에 따라 필라투스라 불리게 된 신비로운 산이다. 악마의 영혼이 깃들어 있다는 최고봉 톰리스호른Tomlishorn에 오르면 여섯 개의 호수와 새하얀 만년설로 뒤덮인 알프스 봉우리들이 한눈에 들어온다. 세계에서 가장 경사가 가파른(최대 경사 48도, 평균 경사 38도) 기찻길을 오르내리는 톱니바퀴 산악 열차도 유명하다. 정상에는 산장 호텔과 파노라마 전망대, 식당 등 편의 시설이 있고 급경사를 활용하는 눈썰매, 산악 자전거, 패러글라이딩 등의 다양한 레포츠도 즐길 수 있다. 용이 산다는 전설을 바탕으로 구성해 놓은 드래곤 트레일 동굴 산책로는 가족 여행자들에게 특히 인기가 많다.
홈페이지 www.pilatus.ch

©Pilatus-Bahnen AG

★가는 방법
루체른에서 필라투스로 가는 방법은 여러 가지가 있는데, 먼저 알프나흐슈타트Alpnachstad를 거쳐 갈 것인지, 크리엔스Kriens를 거쳐 갈 것인지를 결정한다. 소요 시간과 이동하면서 감상할 수 있는 전망(산악/호수)을 고려하여 취향에 따라 선택하면 된다.
오르는 방법 중 첫 번째는 루체른 중앙역에서 기차를 타고 알프나흐슈타트로 가서(약 20분 소요) 산악 열차로 환승하여 쿨름Kulm까지 오른다. 두 번째는 루체른 중앙역에서 1번 버스를 타고 크리엔스로 이동하여(약 15분 소요, 젠트럼 필라투스Kriens Zentrum Pilatus 역 하차) 케이블카를 타고 오른다. 세 번째는 루체른의 2번 선착장에서 유람선을 타고 알프나흐슈타트로 이동하여(약 50분 소요), 산악 열차를 타고 오르는 것이다.
유람선은 하절기에만 운행하고, 산악 열차는 5월 중순~11월 중순까지 운행하기 때문에 여행 전 미리 확인해 보도록 한다. 날씨 상황에 따라 운영 시간이 달라질 수 있으니 이 역시 역이나 홈페이지에서 확인한다. 알프나흐슈타트/크리엔스 방향의 교통수단이 모두 운행하는 경우 보통 올라가는 방향과 반대 방향으로 하강하여 다양한 교통수단을 이용하며 경치를 감상한다.

케이블카 요금
크리엔스-필라투스 쿨름 간 왕복
성인 CHF57.60, 6~16세/하프 페어 카드/GA 트래블 카드 CHF32.40

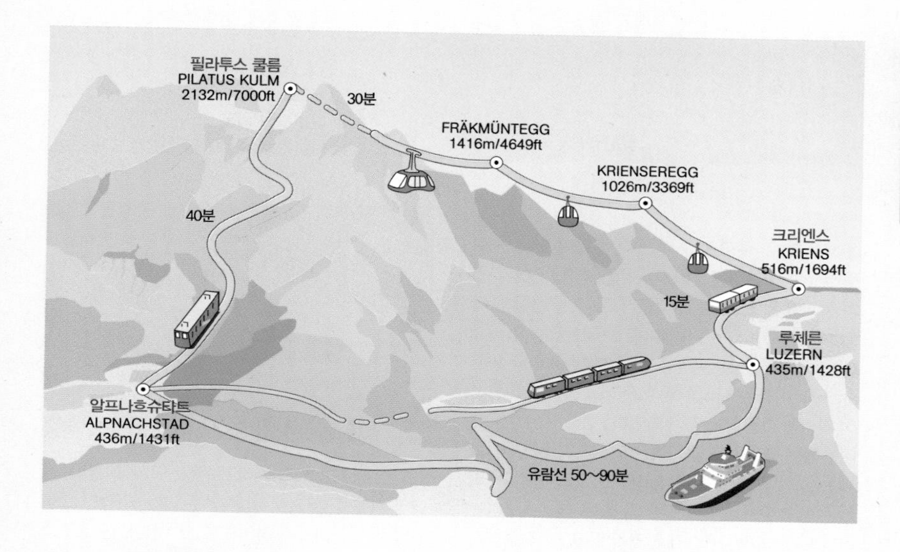

골든 왕복권 Golden Roundtrip

5~10월에 운행하며 유람선, 산악 열차, 케이블카(드래곤 라이드), 파노라마 곤돌라, 버스 요금을 포함한다.

> 루체른 – (유람선) – 알프나흐슈타트 – (산악 열차) – 필라투스 쿨름 – (케이블카, 파노라마 곤돌라) – 크리엔스 – (버스) – 루체른

- 유람선을 2등석으로 탑승할 시 성인 CHF103.60, 6~16세와 스위스 트래블 패스 50% 할인
- 유람선을 1등석으로 탑승할 시 성인 CHF117.60, 6~16세와 스위스 트래블 패스 50% 할인

실버 왕복권 Silver Roundtrip

5~10월에 운행하며 기차, 산악 열차, 케이블카(드래곤 라이드), 파노라마 곤돌라, 버스 요금을 포함한다.

> 루체른 – (기차) – 알프나흐슈타트 – (산악 열차) – 필라투스 쿨름 – (케이블카, 파노라마 곤돌라) – 크리엔스 – (버스) – 루체른

- 기차를 2등석으로 탑승할 시 성인 CHF85.20, 6~16세와 스위스 트래블 패스 50% 할인
- 기차를 1등석으로 탑승할 시 성인 CHF90.80, 6~16세와 스위스 트래블 패스 50% 할인

※ 일정과 구간별로 가격이 매우 다양하니 홈페이지에서 본인과 가장 잘 맞는 일정으로 선택하도록 한다.

필라투스 산 위에 있는 호텔에서 묵을 경우 흔한 경우는 아니지만 악천후에는 호텔까지 올라가는 케이블카가 작동하지 않아 숙박이 불가할 수 있다. 예약 확정을 했더라도 전날 호텔 측에서 케이블카 작동이 불가함을 알려 올 수 있기 때문에 늘 연락 가능한 전화번호를 예약 시 전달해야 하고, 일정 변경을 염두에 두고 일정을 여유 있게 잡는 것을 추천한다.

Rigi
리기

산들의 여왕

루체른 호수, 주크 호수, 라우어츠 호수 세 호수로 둘러싸인 아름다운 산이다. 유럽 최초의 산악 열차가 개통된 산으로 그 미모가 뛰어나 '산들의 여왕'이라 불린다. 런던 테이트 브리튼Tate Britain에 전시되어 있는 '블루 리기, 일출The Blue Rigi, Sunrise'이라는 터너JMW Turner의 작품을 비롯하여 다양한 그림의 배경이 되었다.

여름에는 하이킹을 즐기려는 여행자가 많고, 겨울에는 스키, 보드, 눈썰매 등의 레포츠를 즐긴다. 리기는 필라투스나 티틀리스에 비해 레포츠보다는 산책로와 하이킹 코스가 인기가 많고, 산 정상에서 바라보는 풍경도 웅장하기보다는 목가적이며 유려한 여행지이다.

스위스 패스 소지자는 리기 유람선과 케이블카, 산악 열차 모두 무료로 이용할 수 있다. 다양한 교통수단을 적절히 이용하여 오르고 내려오는 코스를 달리하면 주변의 다양한 풍경을 눈에 담을 수 있다.

홈페이지 www.rigi.ch

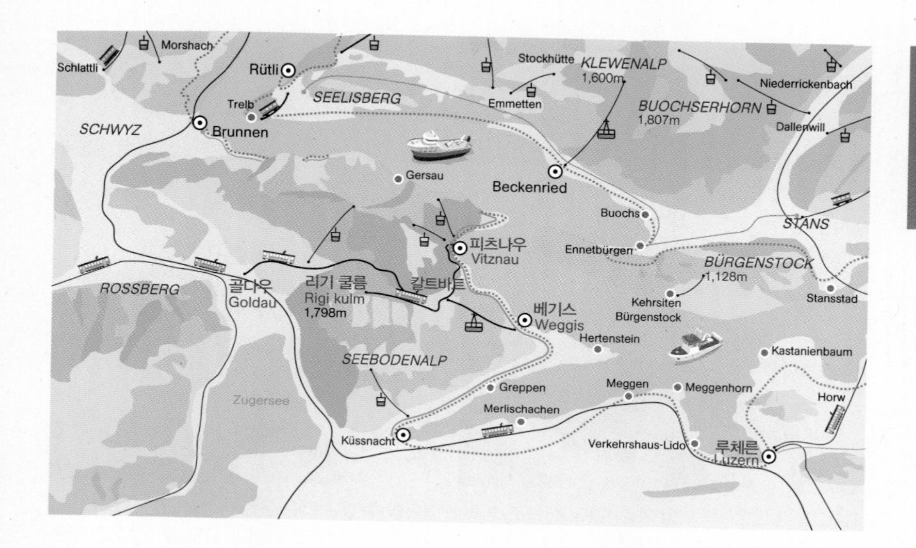

★가는 방법

리기산을 오르는 방법은 세 가지가 있다. 첫 번째는 루체른 중앙역 앞 선착장에서 유람선을 타고 피츠나우Vitznau(약 50분 소요)에서 내린 후에 피츠나우 선착장 바로 뒤 산악 열차 역에서 산악 열차를 타고 정상인 리기 쿨름에 오른다(약 30분). 두 번째는 루체른 중앙역 앞 선착장에서 유람선을 타고 베기스Weggis(약 40분)에서 내린 후 도보로 15분 거리에 있는 케이블카 정류장까지 이동하여 케이블카로 리기 칼트바트Kaltbad까지 간다(약 15분). 여기서 산악 열차를 갈아타고 리기 쿨름에 도착한다(약 15분). 리기 칼트바트에서 정상까지 하이킹으로 이동해도 된다. 세 번째 방법은 루체른 중앙역에서 기차로 골다우Goldau(약 30분)로 가서 골다우에서 산악 열차를 타고 정상에 도착한다(약 40분).

유람선을 탈 수 있는 첫 번째, 두 번째 루트가 인기가 많아 둘 중 하나를 선택해 리기산에 오르고 나머지 한 루트로 내려오는 편이다. 산악 열차는 4월 중순에서 10월 중순까지 운행하며, 날씨 상황에 따라 산악 열차, 케이블카 운행 시간이 바뀔 수 있으니 홈페이지에서 확인한다.

데이 티켓 요금

산악 열차, 케이블카, 골다우 쪽에서 리기산의 다른 봉우리 크라벨Kräbel과 샤이데크Scheidegg를 오르는 케이블카를 포함한다. 요금은 CHF50, 하프 페어 트래블 카드 소지자는 CHF36이다.

※다양한 루트의 하이킹 콤보 티켓이 있고, 시즌별 할인권이 나오거나 기차표 할인이 되기도 하니 홈페이지를 미리 살펴보거나 매표소에 문의한다.

Titlis
티틀리스

대자연이 주는 감동과 사계절 내내 즐기는 레포츠의 짜릿함

해발고도 3,238m의 위엄 있는 알프스산으로, 빙하에 접근할 수 있는 것은 물론 사계절 만년설로 뒤덮힌 풍경을 간직하고 있다. 1년 내내 즐길 수 있는 다양한 레포츠와 환상적인 호수 전망, 규모 있는 스키장 덕분에 스키 시즌이(10월~이듬해 5월) 특히 붐빈다. 정상에서 즐길 수 있는 레포츠가 다양한 장점을 지닌 티틀리스에서는 빙하 동굴, 세계 최초 360도 회전 케이블카인 티틀리스 로테어Titlis Rotair, 유럽에서 가장 높은 현수교 클리프 워크, 아이스 플라이어, 체어 리프트, 글레시어 파크, 하이킹 등을 늘 즐길 수 있고, 여름과 겨울 시즌에 특화된 다양한 레포츠도 즐길 수 있다. 특히나 여름에 아름다워 꼭 추천하는 곳은 엥겔베르크에서 티틀리스 익스프레스를 타고 오르다 보면 만나게 되는 아름다운 트륍제 호수Trübsee이다. 호수 주변을 한 바퀴 돌거나 더 멀리까지 하이킹하는 루트들이 조성되어 있다.

홈페이지 www.titlis.ch/en

★가는 방법

루체른 중앙역에서 엥겔베르크 직행편 기차를 이용한다. 약 45분이 소요된다. 엥겔베르크 기차역에서 티틀리스 리프트 승강장까지 도보로 10분 정도 걸리고, 역에서 출발하는 무료 셔틀 버스도 운행하니 역 앞에서 바로 타고 리프트 승강장/매표소까지 이동하면 된다. 매표소에서 표를 끊은 후 8인용 티틀리스 익스프레스TITLIS Xpress를 타고 트륍제 정거장을 지나 슈탄트Stand 정거장에서 하차한다. 슈탄트에서 360도 회전 케이블카인 티틀리스 로테어Titlis Rotair 탑승 후 고도 3,020m 정상 부근의 클라인 티틀리스Klein Titlis 역까지 오른다. 약 30분 정도 걸린다.

시간

티틀리스 익스프레스 상행 리프트 첫차 08:30, 막차 16:00

요금

엥겔베르크-티틀리스

편도 성인 CHF66, 왕복 성인 CHF92, 6~15세는 성인 요금의 50%, 스위스 패스 소지자 50%

※스키, 선택형 카드 등 다양한 요금제 홈페이지 확인

Tip 티틀리스 모바일앱

앱을 다운받으면 슬로프 오픈 현황과 교통, 식도락 등 다양한 정보를 쉽게 실시간으로 볼 수 있다. 공식 홈페이지는 한국어를 지원해 잘 정리된 수많은 정보를 쉽게 접할 수 있다.

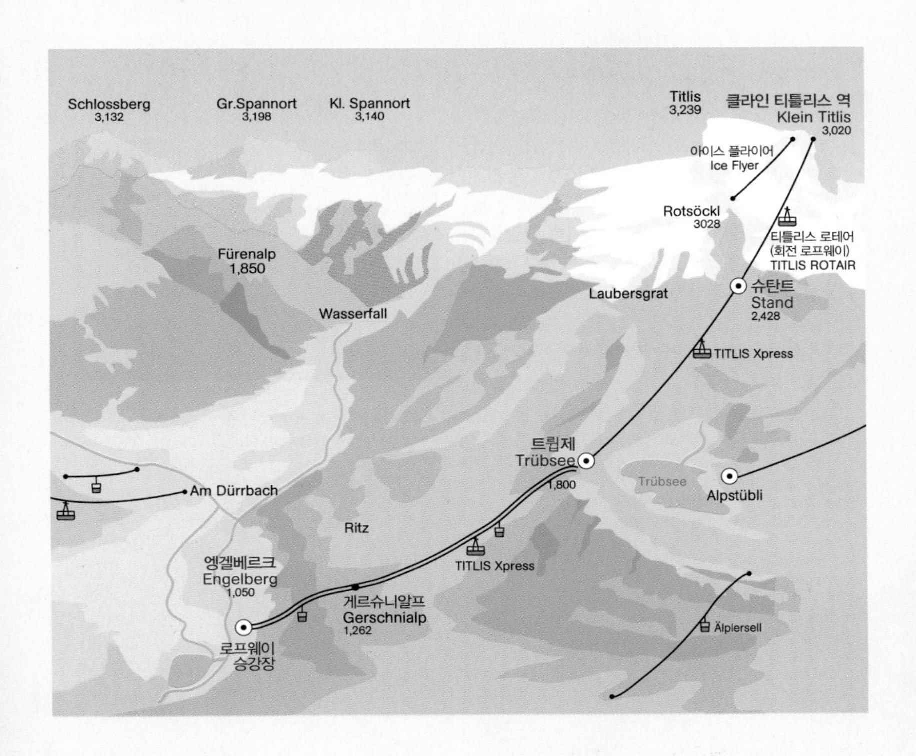

엥겔베르크 Engelberg

티틀리스 등반의 거점이 되는 천사의 마을

엥겔베르크는 티틀리스에 오르려면 반드시 거쳐야 하는 도시이다. 티틀리스에서 레포츠를 즐기고 하이킹도 하면서 여유롭게 시간을 보내고 싶다면 티틀리스 산발치에 위치한 '천사의 마을'이라는 이름의 엥겔베르크에 숙소를 정하고 잠시 머무르는 것도 좋다. 두어 시간이면 마을 전체를 돌아볼 수 있을 정도로 소담한 엥겔베르크는 비현실적으로 아름답다. 마을을 대표하는 볼거리는 엥겔베르크 박물관과 수도원이며 마트와 식당, 호텔도 쉽게 찾을 수 있다. 맑디 맑은 공기의 푸르스름한 새벽과 별이 쏟아지는 까만 하늘의 밤이 기다리고 있는 이 사랑스러운 마을에서 꼭 밤을 보내 보자.

홈페이지 www.engelberg.ch/en

호텔 벨뷰-터미누스 Hotel Bellevue-Terminus

엥겔베르크 역 바로 앞에 위치한 아름다운 호텔

73개의 객실과 주니어 스위트로 이루어진 4성급 호텔이다. 창밖을 내다보면 바로 코앞에 놓인 것처럼 티틀리스산이 보이고, 아기자기한 엥겔베르크 시내가 양옆으로 펼쳐지는 완벽한 전망을 자랑한다. 오리엔탈한 메뉴와 맛있는 맥주가 유명한 유카탄Yucatan 식당이 지하에 있으며 아침 식사를 서비스하는 1층 레스토랑에는 겨울에 타닥타닥 장작이 타들어 가는 벽난로와 독서하기 좋은 안락한 서재가 있다.

교통 엥겔베르크 역에서 도보 1분 주소 Bahnhofstrasse 10, 6390 Engelberg 전화 +41 41 639 68 68 요금 스탠다드룸 CHF120~, 주니어 스위트룸 CHF340~ 홈페이지 www.bellevue-terminus.ch

Basel

바젤

프랑스와 독일 국경에 맞닿아 있는 바젤은 프랑스 어권 스위스에 속하여 프랑스어 표기인 베일(Bâle)로 많이 불린다. 바젤은 라인강을 끼고 있고, 스위스에서 세 번째로 인구가 많은 바쁜 도시이다. 로마 시대부터 번영을 누렸고, 그리스도교 시대부터는 종교, 예술, 문화적 거점이 되었다. 2차 대전 후로는 유럽 굴지의 미술 시장으로 유명하여 다양한 박람회와 행사가 열린다. 라인강을 사이에 두고 바젤의 시가지는 오른쪽의 공업 지역과 왼쪽의 상업과 문화 중심지로 나뉜다. 프랑스 알자스 지방의 분위기가 섞여 한층 동화 같은 아기자기한 분위기를 풍기는 바젤의 대표적인 자랑거리는 스위스에서 가장 오래된 대학교와 세계 최대 규모의 시계 보석 박람회, 아트 바젤 그리고 종이 박물관, 장난감 박물관과 같은 재미있는 전시관들이다. 학구적인 모습과 눈부신 화려함을 모두 갖춘 곳이다.

인포메이션 센터 바젤에는 두 곳의 주요 인포메이션 센터가 있다. 로컬 가이드, 셀프 투어, 브런치 투어 등 도시를 다양한 테마로 돌아볼 수 있는 프로그램을 운영한다.

■ 바르퓨저플랏츠 **Stadtcasino am Barfüsserplatz**

교통 중앙역에서 도보 7분 주소 Stadt-Casino, Barfüsserplatz 전화 +41 61 268 68 68 시간 월~금 09:00~18:30, 토 09:00~17:00, 일/공휴일 10:00~15:00 홈페이지 www.basel.com/en

■ 중앙역 **Bahnhof SBB**

교통 역내 주소 Centralbahnstrasse 22, 4051 전화 +41 61 268 68 68 시간 월~금 08:00~18:00, 토 09:00~17:00, 일/공휴일 09:00~15:00 홈페이지 www.basel.com/en

바젤로 이동하기

유로 에어포트 EuroAirport (바젤-뮐루즈-프라이부르크 공항)

지리적으로 프랑스에 속해 있지만 스위스, 프랑스, 독일 3국이 함께 이용한다. 바젤에서는 3.5km, 프랑스 뮐루즈에서 20km, 독일 프라이부르크에서 46km 떨어진 곳에 위치하며 현재 이지젯 스위스 항공사가 허브 공항으로 사용 중이다. 유럽 각국이나 스위스 주요 도시와 바젤을 오가는 항공편들이 취항한다.

주소 68304 Saint-Louis, France **전화** +41 61 325 31 11 **홈페이지** www.euroairport.com

공항에서 시내로 이동하기

공항에서 버스 50번을 타고 약 20분 정도 가면 바젤 중앙역에 도착한다.

BVB(바젤 대중교통) www.bvb.ch

다른 도시로 이동하기

스위스 내 주요 도시와는 물론 인근 다른 나라와도 열차 연결이 잘 되어 있다.

- 바젤-취리히 기차 약 1시간
- 바젤-파리 TGV 약 3시간
- 바젤-베른 기차 약 1시간
- 바젤-인터라켄 기차 약 2시간
- 바젤-제네바 기차 약 2시간 40분

바젤의 시내 교통

바젤의 대중교통 수단인 버스와 트램은 BVB(Basler Verkersbetriebe)가 운영한다. 거리에 따라 존(ZONE)으로 구분하는데, 바젤 도심의 주요 명소는 보통 1, 2존 범위 내에서 다닐 수 있다. 평일에는 보통 7~8분, 주말과 공휴일에는 보통 10~15분 간격으로 운행하고 정류장의 티켓 판매기, 중앙역 등에서 승차권 구입이 가능하다. 6세 미만, GA(일반 트래블 카드) 소지자는 BVB가 운영하는 스위스 노선을 모두 무료로 이용할 수 있다. 1일권, 다회권은 사용 전에 티켓 판매기에 넣어 시작 시간을 표시해야 한다.

기차

바젤 중앙역Bahnhof Basel SBB는 스위스 각 도시와 주변 국가로 가는 기차들이 다니고, 50여 개의 상점과 다양한 서비스 센터가 있다. 코인 라커는 연중무휴로 24시간 운영한다.

교통 중앙역 주소 Centralbahnstrasse 22, 4051 홈페이지 www.sbb.ch/en/station-services/railway-stations/basel-sbb-station.html

택시

평균 택시 요금은 도심-공항 CHF40, 중앙역-시내는 CHF20, 도심-바이엘러 재단 CHF40이다. 우버 서비스를 이용해도 된다.

홈페이지 www.basel.com/en/Getting-there-exploring-the-City/Exploring-the-City/Taxis-in-Basel

트램과 버스

가장 많이 이용하게 되는 교통수단이다. 장 팅겔리 박물관, 바이엘러 재단, 비트라 디자인 박물관 등 바젤을 대표하는 전시관들은 도시 외곽에 위치하고 있어 트램이나 버스 이용이 필수이다.

요금

버스와 트램 모두 같은 요금 체계로 적용되고, 티켓 판매기에서 살 수 있다. 짧은 구간을 이용할 경우 30분간 유효한(네 정류장 이동 가능) 단거리 티켓을 구입하면 된다. 야간 버스는 금, 토요일 밤 01:00~04:00 동안 운행한다. 교통권과 별도로 티켓을 구입해야 한다.

ZONE	성인	아동	유효 시간
단거리 구간	CHF2.30	CHF1.80	30분
1	CHF3.80	CHF2.60	1시간
2	CHF4.70	CHF3.10	2시간
1일권	CHF9.90	CHF6.90	24시간

바젤 카드 Basel Card

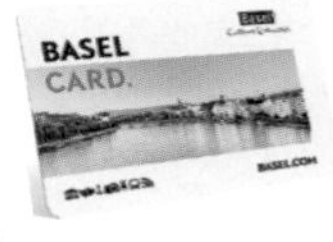

대중교통 무제한 이용이 가능하고, 와이파이 핫 스팟 26곳 무료 사용, 바젤 투어 버스 2시간 탑승권, 무료 시내 투어, 바젤 시내 여러 박물관 입장료 50% 할인, 보트 크루즈 투어 할인, 바젤 시내 여러 레스토랑 할인, 다양한 쇼핑과 스파 패키지 할인 등 유용한 혜택을 제공한다. 바젤에서 반나절 이상의 일정을 계획한다면 무조건 구입해야 하는 유용한 카드이다. 바젤에 숙소를 잡을 경우 호텔에서 제공한다.

홈페이지 www.basel.com/en/baselcard

바젤 크리스마스

바젤

연중 행사와 축제

1월 론진 마장대회 실내 그랑프리 대회
Longines-CSI-Basel

실내 그랑프리 대회 중 가장 상금이 커서 세계 각지의 실력자들이 모이는 권위 있는 대회이다. 스트리밍으로 생중계도 하고 티켓도 빠른 속도로 팔리는 인기 이벤트이다.

www.basel.com/en/Longines-CSI-Basel

2-3월 카니발 Fasnacht

©Basel Tourism

도시의 정체성을 규정하는 축제 중 하나로, 유네스코 무형 문화재로 등재되었다. 바젤 사람들은 이 축제를 데임 파스나흐(마담 축제)라는 애칭으로 부른다. 3일 동안 독특한 악기를 연주하고 훌륭한 예술 공연을 펼치며 사회적, 정치적인 주제에 대한 토론 또한 함께 열린다. 재의 수요일이 지난 월요일 새벽 4시, 하루 중 가장 어두운 시간에 축제가 시작된다. 직접 만든 등불을 들고 의상을 입은 수천 명의 사람들이 북을 치고 파이프 악기를 불며 퍼레이드를 펼친다.

www.basel.com/en/carnival-in-basel

6월 아트 바젤 Art Basel

1970년 처음 열린 바젤 최대의 예술 축제로, 바젤뿐 아니라 세계에서 가장 성대하게 열리는 예술 행사로 자리 잡았다. 세계 각지에서 선정된 300여 개의 갤러리가 참여한다.

www.artbasel.com

7월 바젤 타투 Basel Tattoo

백파이브, 브라스 밴드와 포크, 무용 공연으로 이루어지는 음악 행사이다. 세계 여러 나라의 훌륭한 뮤지션과 무용수들이 참여한다. 절도 있는 퍼레이드와 화려한 단복으로 눈도 귀도 즐겁다.

www.baseltattoo.ch

7-8월 임 플루스 페스티벌 IM FLUSS Festival

야외에서 펼쳐지는 무료 음악 공연으로, 공연 수준

이 대단하다. 약 3주간 라인 강변에서 열리는 다양한 공연들은 매년 5만여 명의 관객들을 사로잡는다. 강변에 앉아 듣는 브라스 밴드의 연주는 여행에 낭만을 더한다.

www.imfluss.ch

10월 스위스 인도어스 바젤

Swiss Indoors Basel

매년 가을 성 야곱홀St. Jakobshalle에서 일주일간 열리는 실내 테니스 챔피언쉽. 스위스 실내 스포츠 행사 중 가장 규모가 큰 것으로, 4월부터 티켓 판매를 시작한다. 대형 스타디움에서 화려한 조명과 함께 진행되는 역동적인 테니스 토너먼트를 즐길 수 있다.

www.swissindoorsbasel.ch

12월 크리스마스 마켓

꼬마전구가 도시를 반딧불처럼 수놓고, 계피와 과일을 넣고 뭉근하게 끓인 따뜻한 와인향이 피어오르는 12월의 바젤. 대성당을 중심으로 도시 곳곳에서 크리스마스 마켓과 다양한 행사가 열린다.

www.basel.com/en/Christmas-in-Basel

임 플루스 ©Basel Tourism

숨어 있던 예술혼을 깨우는 바젤에서의 하루! 역사적인 유적과 독특한 상점, 다른 곳에서는 볼 수 없는 특별한 전시가 열리는 박물관과 미술관까지 하루 종일 예술이 함께하는 시간을 보낼 수 있다.

08:00 바젤은 스위스 최고의 스포츠 스타 로저 페더러Roger Federer의 고향이다. 활기 넘치는 하루를 시작해 보자. 강을 따라 걷고, 아침 식사를 한다. 1박을 한다면 아침 조깅으로 하루를 시작하는 것도 좋다. 달콤한 디저트로는 바젤의 명물 **렉컬리**를 추천한다.

10:00 **쿤스트뮤지엄**을 방문한다.

11:00 바젤의 상징과도 같은 **바젤 대학교와 스팔렌 문**을 구경하고 쇼핑 거리로 간다.

12:00 **발리저 칸네**에서 맛있는 스위스 퐁듀로 점심 식사를 한다.

13:00 **시청사와 대성당**을 걸어 돌아보고 따사로운 오후 햇살을 만끽한다.

13:30 강변을 따라 걸어 **종이 박물관**을 둘러본다. 일상에서 접하는 평범한 물건인 듯하지만, 엄청난 역사와 방대한 관련 자료가 무척 인상 깊을 것이다.

14:30 **보트**를 타고 강을 건너 **장 팅겔리 박물관**으로 간다. 넓은 정원도 무척 아름다우니 천천히 걸어 구경한다.

15:30 버스나 트램을 타고 조금만 이동하는 수고를 하면 **비트라 디자인 박물관**이나 **바이엘러 재단 미술관**과 같은 특별한 전시장을 찾을 수 있다. 도심에 머무르고 싶다면 장난감 박물관, 미니어처 박물관, 만화 박물관 중 선택을 해도 된다.

18:00 어떤 계절이건 상관없이 성탄절 분위기로 가득한 **요한 바너**에 있으면 왠지 설렌다.

19:00 **아뜰리에 레스토랑**에서 저녁 식사를 한다.

20:30 일년 내내 훌륭한 공연이 열리는 **바젤 극장**에서 멋진 밤을 보낸다.

바젤 대성당

시내 워킹 투어

대부분의 시내 랜드마크는 걸어서 갈 수 있다. 바젤시는 다섯 가지의 테마 도보 여행 루트를 만들어 시내 곳곳에 표지판을 세워 안내하고 있는데, 특별한 의미를 갖는 위인들의 이름을 따서 코스의 이름을 정하고, 이들의 초상화로 코스를 안내한다. 홈페이지에 가면 관련 지도를 볼 수 있으니 참고하자.

홈페이지 www.basel.com/en/oldtownwalks

'역사의 심장' 에라스무스 Erasmus

▶ 에라스무스(1469~1536). 바젤에서 살며 학생들을 가르쳤던 인문학자

▶ 오렌지색 코스, 30분 소요

뮌스터 대성당이 위치한 Rheinsprung에 올라 라인강 주변을 살펴볼 수 있는 길. 바젤의 쇼핑 골목 프레이에스트라세Freiestrasse로 돌아온다.

'좁은 길과 많은 계단' 파라셀수스 Paracelsus

▶ 파라셀수스(1493~1541). 바젤시 소속 외과 의사로 자연 의학과 약물 분야 대표 학자

▶ 회색 코스, 1시간 소요

비르지강Birsig의 양쪽 둑을 걷는 코스. '11,000명의 처녀 길'이라는 뜻의 Elftausendjungfern-Gässlein 길을 걸어 올라가 시 축제의 장이 되곤 하는 마르틴 성당Martinskirch을 구경하자. 계곡으로 돌아와 강을 건너 음악 박물관, 파라셀수스의 시대에 사용하던 기구들을 볼 수 있는 의학 역사 박물관 등이 있는 론호프Lohnhof를 보고 마르크트 광장Marktplatz로 돌아온다.

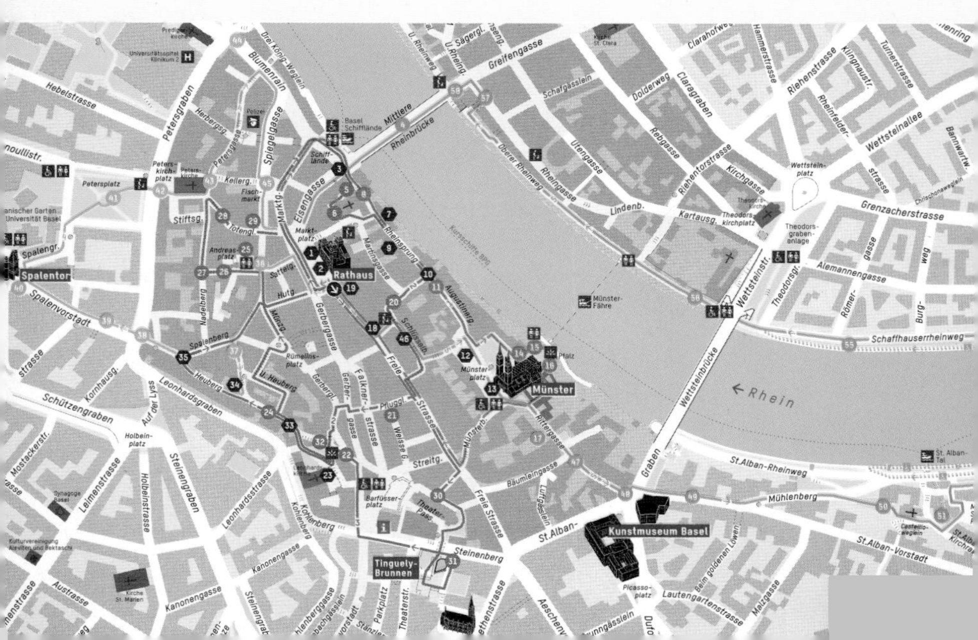

'과거와 현재의 화합' 야콥 부르크하트 Jacob Burckhardt

▶ 야콥 부르크하트(1818~1897). 문화 역사가, 예술 학자, 교수
▶ 푸른색 코스, 45분 소요

마르크트 광장Marktplatz에서 시작하여 바젤의 쇼핑 골목 프레이에스트라세Freiestrasse를 지나 시어터 광장Theaterplatz으로 향한다. 팅겔리 분수와 생기 넘치는 바르퓨제 광장Barfüsserplatz, 크고 작은 상점들이 즐비한 위베르그Heuberg와 스팔렌베르그Spalenberg도 돌아본다.

'공예가와 학자들' 토마스 플라터 Thomas Platter

▶ 토마스 플라터(1499~1582). 성당 학교 교장을 맡았던 바젤 출신의 학자
▶ 노란색 코스, 45분 소요

예전 공예가들이 많이 살던 지역을 안내하는 길이다. 길 이름도 재단사들의 길이라는 의미의 슈나이더가세 Schneidergasse 등 이들이 종사했던 분야를 따라 지은 것이다. 스팔렌베르그Spalenberg 언덕에 올라 구시가지를 내려다보고, 스팔렌 문과 플라터가 수학하고 가르쳤던 바젤 대학교도 구경한다.

'라인강의 왼쪽과 오른쪽' 한스 홀바인 Hans Holbein

▶ 한스 홀바인(1497~1543). 초상화의 대가
▶ 초록색 코스, 1시간 30분 소요

구시가지와 대성당, 홀바인의 작품들이 걸려 있는 쿤스트뮤지엄 Kunstmuseum, 현대 미술관Museum für Gegenwartskunst, 종이 박물관Basler Papiermühle 등 문화와 예술로 가득한 코스이다.

바젤 시내 구역

구역1

그로스바젤 도심, 생 알반
Grossbasel city centre & St. Alban

바젤을 대표하는 명소들이 밀집되어 있다. 스위스에서 내로라하는 박물관과 쇼핑 거리, 수많은 상점과 맛집이 있다. 작은 시내가 흘러 바젤의 '리틀 베니스'라 불리는 로맨틱한 생 알반-탈St. Alban-Tal 지역에는 종이 박물관과 현대 미술관이 있다.

구역2

군델딩겐, 브루더홀츠, 드레이스피츠
Gundeldingen, Bruderholz, Dreispitz

바젤에서 가장 빠르게 개발 중인 남부 지역은 멋진 빌라 건물과 여러 종류의 문화 관련 랜드마크들이 있다.

구역3

이슬린, 곳헬프, 바흐레튼
Iselin, Gotthelf, Bachletten

바젤 서쪽은 주민들에게 인기가 높은 주거 단지이다. 여행자들은 이 동네에 바젤 동물원이 있어서 찾는다.

구역4

생 요한
St. Johann

다문화 지역으로 세계적인 건축가들이 예술성을 뽐낸 여러 건물이 모여 있는 노바티스 캠퍼스Novartis Campus가 대표 랜드마크이다. 바젤 관광청에서 노바티스 캠퍼스 투어(독일어)도 진행하고 있으니 건축에 관심이 있다면 추천한다.

구역5

맛하우스, 클리벡, 블라인휘닌겐
Matthäus, Klybeck, Kleinhüningen

바젤 항구가 있는 지역으로 독일, 프랑스, 스위스가 만나는 이국적인 분위기가 물씬 난다. 공업 지대 느낌과 여행 감성을 자극하는 신선한 바람이 불어오는 동네로 뮤지컬 극장, 콘서트 홀이 있다.

구역6

클라인바젤
Kleinbasel

바젤에서 가장 인기가 없고, 별것 없었던 지역이 요즘 뜨고 있다. 새로운 맛집과 볼거리가 속속들이 들어서고 있는 힙한 동네이다.

구역7

바젤 노드 & 리엔
Basel Nord & Riehen

스위스에서 가장 삶의 질이 높은 동네로 꼽힌 지역이다. 녹지가 많고 활기가 넘치는 시가지가 있으며 바이엘러 재단이 위치한다.

바젤
Rhine Riber
Hebelstrasse
Blumenrain
Mittlere Brucke
Rebgasse
Rheingasse
Utengasse
바젤 대학교
Universitat Basel
Bernoullistrasse
Petersgraben
Spiegelgasse
Eisengasse
Fischerstube
Kirchgasse
Petersplatz
Lindenberg
Riehentorstrasse
tanischer Garten
Universitat Basel
클라인바젤 바이 탄야 클라인
kleinbasel by Tanja Klein
Staatsarchiv Basel-Stadt
시청사
Rathaus
스팔렌 문
Spalentor
후즈사그 박물관
Hoosesagg Museum
길겐 과자점
Gilgen
바젤 자연사 박물관
Museum of Natural History Basel
Oberer Rheinweg
Theodorsgraben
요한 바너
Johann Wanner
라인강 유람선
선착장
Museum der Kulturen
Theater
Wettsteinbrücke
Schutzengraben
아뜰리에 레스토랑
Restaurant Atelier
데어 테우페호프 바젤
Der Teufelhof Basel
바젤 대성당
Münster
Rittergasse
렉컬리 후스
Läckerli Huus
발리저 칸네
Walliser Kanne
St. Alban-Rheinweg
Leimenstrasse
Holbeinstrasse
Music Museum
Bäumleingasse
Vorstadtheater Basel
Muhlenberg
Restaurant ZumBraunen Mutz
인포메이션 센터
Tourist Information
쿤스트뮤지엄
Kunstmuseum
바젤 세계 장난감 박물관
Spielzeug Welten Museum Basel
Tinguely Brunnen
바젤 순수 미술관
Kunsthalle
바젤 극장
Theater Basel
ElisabethenKirche
Brunngasslein
Leimenstrasse
Steinengraben
Kohlenberggasse
tibits
Byfangweg
Feierabendstrasse
Auberg
Birsig-Parkplatz
바젤 역사 박물관
Historisches Museum Basel
Malzgasse
Bank Coop
Holbeinstrasse
Rumelinbachweg
Hasenburg
Birsighof
Birsig
De Wette-Schulhaus
Aeschengraben
St. Jakob-Strasse
Viaduktstrasse
동물원
Zoologischer Garten
Naunentunnel
Gartenstrasse
Lange Gasse
Basler Versicherungen
슈바이처호프 바젤 호텔
Schweizerhof Basel
Parkweg
Peter Merian-Strasse
Binningerstrasse
바젤 중앙역
Bahnhof Basel SBB
인포메이션 센터
Tourist Information
Sommercasino Basel
Höhenweg
Lindenhofstrasse
Lindenhofstrasse
Bowling Center
Meret Oppenheim-Strasse
Institut Straumann
Guterstrasse
Reichensteinerstrasse
Frobenstrasse
3 Camere
Hochstrasse
ermatte
Sempacherstrasse
Pfeffingerstrasse
Schillerstrasse
vn Tennis Club
YMCA 호스텔 바젤
YMCA Hostel Basel
Gempenstrasse
Guterstrasse
Tellstrasse
Solothurnerstrasse
Jurastrasse
Dornacherstrasse
Liesbergermatte
바젤 백팩
Basel Back Pack
Heiliggeistkirche
Sternwarte St.
Margarethen

스팔렌 문 Spalentor

위엄 있는 바젤의 상징

MAPECODE 41071

스팔렌 문을 둘러싸고 있는 바젤시 초기의 성벽의 일부분이다. 1356년 10월 엄청난 지진이 바젤시의 많은 건물을 무너뜨렸는데, 새로 건물을 올리면서 더욱 튼튼하고 방어 기능도 갖추어 14세기에 세운 성벽의 부분이 바로 이 스팔렌 문이다. 1866년 성벽이 무너질 때 유일하게 살아남은 세 개의 문 중 하나이다(나머지 둘은 성 요한의 문 St. Johanns-Tor과 성 알반의 문St. Alban-Tor이다). 프랑스의 알자스 Alsace 지방에서 오는 물자들이 이 문을 통해 바젤에 도착했다고 한다. 알록달록한 타일로 멀리서도 눈에 잘 띄며 두 명의 예언자와 성모 마리아가 장식되어 있다. 1933년 보수를 거쳐 국보로 지정되었다.

교통 중앙역에서 도보 7분 주소 Spalenvorstadt, 4056

시청사 Rathaus

스위스에서 가장 눈에 띄는 시청사 건물

MAPECODE 41072

시청사는 바젤 관광의 중심이라 할 수 있는 마르크트 광장에 위치하고 있다. 스위스뿐 아니라 유럽 어느 나라를 가도 시청사 건물은 찾아볼 수 있지만 바젤의 시청사는 그중에서도 특히나 눈에 띄게 아름답다. 강렬한 붉은 벽과 예쁜 타일 지붕, 거대한 탑 그리고 낭만적인 아케이드가 인상적이다. 1501년 바젤의 열 다섯 개의 길드(관할 구역)가 스위스 연방에 가입하기로 결정하였을 당시 '바젤은 스위스 연방에서 매우 중요한 역할을 하는 도시이다'라는 것을 보여 주기 위해 화려하고 장엄한 시청사를 짓게 되었다고 한다. 17세기에 확장되었으며 1900년 추가 공사를 거쳐 지금의 모습을 갖게 되었다. 주말을 제외하고 매일 신선한 채소, 과일, 꽃을 파는 시장이 시청사가 위치한 마르크트 광장에서 열린다(월~금 07:00~12:00, 13:30~17:00).

교통 중앙역에서 도보 10분 주소 Marktplatz 9, 4001
홈페이지 www.bs.ch

바젤 대성당 Basel Münster

MAPECODE 41073

멀리서도 보이는 우아한 실루엣

시청사 건물과 불과 400m 떨어진 바젤의 대성당은 스위스 종교 개혁의 상징물로 1019년에서 1500년 사이에 건축하였다. 본래 성공회 성당으로 지어졌으나 현재는 개신교 성당이다. 다이아몬드 문양의 지붕, 쌍둥이 첨탑 그리고 라인강 너머 독일이 보이는 훌륭한 경관까지 갖추었다. 언덕 위에 위치하고 성당 뒤로는 라인강이 있어 최고의 경치를 자랑한다. 지붕은 색 타일을 얹었고 성당 의자 뒤에는 각기 다른 조각이 새겨져 있으며 스테인드글라스도 아름다워 건축에 관심이 많은 사람이라면 눈여겨볼 만한 장식이 가득하다. 주변에 식당과 카페가 많아 언제나 사람들로 붐빈다.

교통 중앙역에서 도보 10분 주소 Münsterplatz, 4051 전화 +41 61 272 91 57 시간 **하절기** 월~금 10:00~17:00, 토 10:00~16:00, 일 · 공휴일 11:30~17:00 / **동절기** 월~토 11:00~16:00, 일 · 공휴일 11:30~16:00 / 1월 1일, 12월 24일 휴관 홈페이지 www.baslermuenster.ch

바젤 대학교 Universität Basel

MAPECODE 41074

1459년 설립된 스위스에서 가장 오래된 대학교로, 데시데리우스 에라스무스Desiderius Erasmus, 프리드리히 니체Friedrich Wilhelm Nietzsche, 칼 융Carl Gustav Jung 등 유럽 지성사에서 굵직한 흔적을 남긴 이들이 바젤 대학교 출신이다. 바젤 시민이 주도하고 교황 비오 2세 Pope Pius II의 허가를 받아 1459년 11월 12일 바젤 공의회를 통해 설립하고 이듬해 문을 열었다. 신학부, 법학부, 의학부, 예술학부로 구성된 종합 대학으로 출범하였고, 여러 학자들이 바젤 대학을 찾아 바젤로 오게 되어 바젤은 일찍부터 도서 인쇄와 학문의 중심지로 자리 잡았다. 몇 차례 존폐 위기를 맞았지만 수 세기 동안 도서관을 건립하고 여러 학부를 신설하였으며 평생 교육 기관으로 개설, 자치 운영권을 인정받는 등 끊임없는 발전을 거듭해 왔다. 여러 전공 중 특히 문화 및 생명 공학 분야의 명성이 높다. 70개 이상의 연구소가 있으며 바젤 주민에게도 개방되는 자료를 소장하는 도서관이 특히 자랑거리이다. 스위스에서 가장 큰 도서관 중 하나로, 1,750건의 중세 문서를 포함하여 약 300만 건의 서류가 보관되어 있다.

교통 중앙역에서 도보 13분 주소 Petersplatz 1, 4003 전화 +41 61 267 31 11 홈페이지 www.unibas.ch

클라인바젤 바이 탄야 클라인 kleinbasel by Tanja Klein

바젤 출신 디자이너의 플래그십 스토어

MAPECODE 41075

스위스에서만 살 수 있는 특별한 디자인을 원하는 사람이라면 바로 이곳이다. LA와 뉴욕에서 디자인 공부를 마치고 스위스로 돌아온 바젤 출신의 탄야 클라인Tanja Klein이 본인의 이름을 걸고 만든 브랜드의 플래그십 스토어이다. 품질이 좋고 우아하고 여성스러운 실루엣의 의류와 잡화 컬렉션을 선보인다. 색과 옷감, 프린트를 잘 사용한 디자인으로 유명하다. 스위스를 중심으로 유럽 각지에서 공수한 질 좋은 재료로만 생산한다. 베른과 취리히에도 매장이 있고, 유럽 곳곳의 편집 숍에도 입점되어 있을 정도로 나날이 인기가 높아지고 있다. 바젤의 동네 이름과 같으니 방문 예정이라면 주소를 확인하도록 한다.

교통 중앙역에서 트램 8, 11번 타고 8분 주소 Schneidergasse 24, 4051 전화 +41 61 322 44 82 시간 화~토 10:00~18:30 홈페이지 kleinbasel.net/en

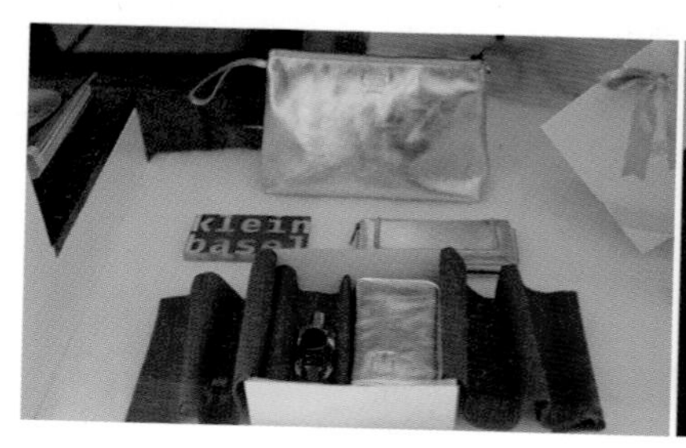

요한 바너 Johann Wanner

MAPECODE 41076

일 년 내내 크리스마스

'고급 크리스마스 트리 디자이너' 요한 바너의 크리스마스 상점이다. 앤티크 장사를 하던 바너는 1969년 처음 5만 개의 크리스마스 장식을 사서 이 거리에서 장사를 시작했다. 40년이 넘는 시간 동안 1년 365일 크리스마스와 관련한 장식품을 판매해 왔다. 현재는 세계 전역의 왕궁과 호텔 등의 크리스마스 장식을 담당하는 성탄절 인테리어의 대가가 되었다. 이곳에서는 리본, 볼, 크래커, 카드 등 크리스마스와 관련된 물품이라면 무엇이든 살 수 있다. 유럽 전역을 누비며 바너가 배워 온 노하우와 기술과 전통 기법으로 장식품을 만들어 낸다. 해마다 변하는 데코 트렌드에 맞추어 새로운 품목을 제작한다. 입으로 불어 만드는 유리 공예품과 수공예 장식을 전문으로 하며, 이제는 더 이상 만들어 내지 않는 정교한 수공예 크리스마스 장식들은 이곳에서만 구매할 수 있어 크리스마스를 좋아하는 사람들에게는 하루 종일 머물고 싶은 환상적인 곳이다. 크리스마스 장식 컨설팅 서비스도 제공한다.

교통 중앙역에서 도보 10분 주소 Spalenberg 14, 4051 전화 +41 61 261 48 26 시간 월~금 09:30~18:30, 토 10:00~17:00, 일 10:00~15:00 홈페이지 www.johannwanner.ch

쿤스트뮤지엄 Kunstmuseum

19~20세기 미술품을 전시하는 곳

MAPECODE 41077

스위스에서 가장 오래된 박물관 중 하나로 한때 대학에 이관되었다가 1823년 공립 미술관으로 대중에게 공개되었다. 19~20세기 예술가들의 작품을 소장, 전시하며 인상파, 표현주의파, 초현실파, 추상파까지 다양한 미술 사조를 다룬다. 특히 독일 및 핀란드의 회화·판화의 수집으로 유명하다. 쿤스트뮤지엄에서 전시하는 작가로는 오귀스트 로댕Auguste Rodin, 마크 샤갈Marc Chagall, 파울 클레Paul Klee, 반 고흐Vincent Van Gogh, 피카소Pablo Picasso 등이 있다. 14~17세기 바젤 지역의 미술 발전에 대한 컬렉션도 전시하며 이러한 전시로는 〈두 어린이를 안은 부인〉, 〈금발의 소년〉과 같은 홀바인의 작품들이 대표적이다.

교통 중앙역에서 도보 7분 또는 트램 2번 타고 4분 주소 Sankt Alban-Graben 16, 4051 전화 +41 61 206 62 62 시간 화, 목~일 10:00~18:00, 수 10:00~20:00 요금 20세 이상 CHF26 / 13~19세, 20~30세 학생, 장애인, 바젤 카드 소지자 CHF13 / 13세 미만, 스위스 뮤지엄 패스 소지자 무료 홈페이지 www.kunstmuseumbasel.ch

후즈사그 박물관 Hoosesagg Museum

MAPECODE 41078

지나가면서 보는 것으로 충분하다

귀여운 이름을 가진 바젤에서 가장 작은 규모의 이 박물관은 입장이 불가하다. 관광객들에게 인기 있는 좁고 예쁜 골목 임베르가슬레인Imbergässlein에 위치하고 있는데, 이 골목을 지나가며 박물관 구경을 하는 것이다. 여느 가정집처럼 되어 있고 박물관 표시도 잘 되어 있지 않아 아는 사람만 유심히 보는 전시는 유리로 된 문이다. 박물관 주인이 주기적으로 다양한 테마의 전시를 75x75cm 크기의 유리창 안에 만들어 놓아 지나가면서 감상하는 식이다. 1995년 우연히 실내의 전시물들이 지나가는 사람들에게 좋은 반응을 얻자 정기적으로 전시를 바꾸게 되었다고 한다. 작은 공간에 전시해야 하기 때문에 보통 서른 개 남짓의 미니어처로 이루어진 전시를 볼 수 있다. 전시에 참여하고 싶다면 미리 연락을 취하면 문을 열어 주고, 여러 동네 사람들이 후즈사그 전시에 늘 관심을 갖는다고 한다.

교통 중앙역에서 트램 8, 11번 타고 10분 주소 Imbergässlein 31, 4051 전화 +41 61 261 00 11 시간 24시간 요금 무료 홈페이지 www.hoosesaggmuseum.ch

바젤 극장 Theater Basel

MAPECODE 41079

스위스에서 가장 중요한 극장

1834년 설립된 극장으로 스위스 최대 예술 축제들이 이곳에서 열린다. 9월~6월 동안 40개 극단, 악단이 참여하여 600여 회의 공연을 무대에 올린다. 스위스 최대 규모로 가장 다양한 장르의 무대가 오르는 바젤 극장은 여러 번의 공사를 거쳤다. 현재 건물은 1975년 개관한 네 번째 버전이다. 극장 내 세 개의 무대에 오페라와 발레단 공연이 정기적으로 열리고, 매년 6월에는 4일간 개최하는 아트 바젤Art Basel 행사에도 쓰인다. 바젤 카드 소지자는 모든 공연을 50% 할인받을 수 있다. 움직이는 설치 미술이 있는 극장 앞 호수는 항상 사람들로 북적인다.

교통 중앙역에서 도보 6분 주소 Elisabethenstrasse 16, 4051 전화 +41 61 295 11 33 홈페이지 www.theater-basel.ch

장 팅겔리 박물관 Museum Jean Tinguely

독특한 예술가에게 헌정된 박물관

MAPECODE 41080

건축가 마리오 보타Mario Botta가 세운 건물 안에 자리한 엉뚱하고 장난스러운 한 스위스 현대 예술가를 위한 박물관이다. 바젤 미술 학교에서 수학한 팅겔리는 움직이는 조각의 1인자라 불린다. 아마 스위스에 있는 모든 박물관 중 가장 독특한 개성을 뽐내는 작품을 이곳에서 볼 수 있을 것이다. 만지면 움직이고 진동하고 흔들리는 팅겔리의 키네틱 조각도 있다. 아쉽게도 직접 만져 볼 수는 없지만 눈으로만 감상해도 충분히 멋지다. 영구 전시관에서는 약 40년에 걸쳐 팅겔리가 제작한 70여 점의 작품을 비롯해 그의 스케치와 작품에 대한 팅겔리의 기록을 전시한다. 임시 전시관에서는 팅겔리의 동료와 동시대 작가들, 현대 작가들의 작품을 전시하고 있다.

교통 중앙역에서 트램 2번을 타고 Wettsteinplatz에 하차하여 31번 또는 38번 버스를 타고 박물관 앞 하차, 약 20분 주소 Paul Sacher-Anlage 2, 4058 전화 +41 61 681 93 20 시간 화~일 11:00~18:00 요금 성인 CHF16, 13~19세, 20~30세 학생증 소지자, 장애인 CHF8 홈페이지 www.tinguely.ch

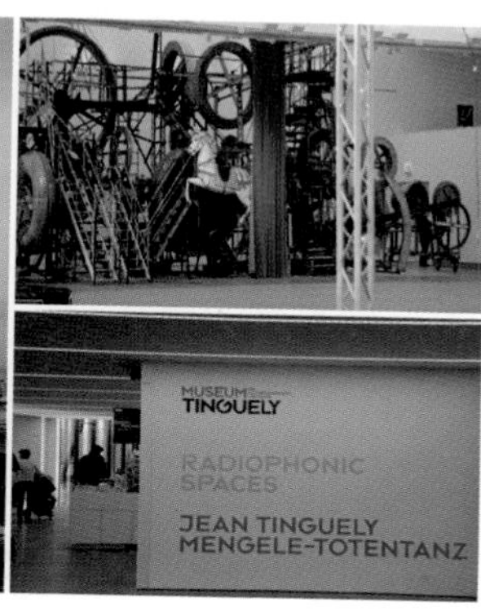

라인강 보트 Faehri

MAPECODE 41081

통통배로 강을 건너는 재미

강 건너로 건물이 보이지만 걸어서 가려면 한참을 돌아가야 하는 종이 박물관과 장 팅겔리 박물관. 다행히도 빠르게 이 두 명소를 만날 수 있도록 도와주는 작은 배 와일드 마 페리(www.wild-maa-faehri.ch)가 있다. 강을 따라 여러 선착장이 있고 선착장마다 다른 보트가 개별적으로 운행된다. 통합 홈페이지에서 선착장과 각 보트의 정보 페이지, 운행 시간과 요금을 확인할 수 있다.

교통 중앙역에서 트램 1, 2번 타고 12분, 8, 10, 11번 타고 13분 주소 4051 Basel 전화 +41 79 659 63 66 시간 **4~10월** 월~금 07:30~19:00, 토, 일, 공휴일 09:00~19:00 / **11~3월** 월~금(맑은 날) 11:30~17:00, 토, 일, 공휴일(모든 날씨) 11:00~17:00 요금 성인 CHF1.60, 아동 CHF0.80, 개와 자전거 CHF0.80 홈페이지 www.faehri.ch

바젤 세계 장난감 박물관 Spielzeug Welten Museum Basel

MAPECODE 41082

6천여 개의 다양한 장난감이 모여 있다

인형, 소꿉놀이, 목마, 퍼즐 등 없는 것 없는 장난감 천국이다. 어른도 아이도 맘껏 들떠 구경하게 되는 방대한 컬렉션은 총 면적 1000m²의 건물 전체를 가득 채운다. 집에서, 학교에서, 공원에서 가지고 놀던 다양한 장난감이 종류별, 시대별로 잘 분류되어 있다. 특히 인기를 끄는 것은 곰 인형. 곰 인형만 2천 5백 개 이상으로 세계 최대 컬렉션이다. 관람객보다 나이가 훨씬 더 많은 곰 인형들이 유리 너머로 그윽한 시선을 보내는 듯하다. 미니 회전목마, 정교한 인형의 집, 신선한 계절 요리를 하는 레스토랑과 기념품 상점도 있다. 스마트폰이나 태블릿을 이용한 인터랙티브 가이드를 입장 시 안내하고, 휠체어를 타고도 자유롭게 관람이 가능하도록 설계되었다.

교통 트램 8, 11번 타고 6분 주소 Steinenvorstadt 1, 4051 Basel 전화 +41 61 225 95 95 시간 화~일 10:00~18:00 (12월은 매일), 공휴일은 홈페이지에서 개관 시간 확인 요금 성인 CHF7 / 65세 이상, 장애인 CHF5 / 성인 동반 16세 미만은 무료 홈페이지 www.spielzeug-welten-museum-basel.ch/en

종이 박물관 Basler Papiermühle

종이의 역사와 출판의 모든 것

방앗간으로 쓰이다가 중세 시대에 제지 공장으로 쓰이던 건물을 개조하여 현재 종이의 모든 것을 보여 주는 박물관으로 이용하고 있다. 수백 년 전 사용하던 물레방아가 아직도 남아 있어 지금도 종이를 만드는 데 사용된다. 물레방아가 돌아가는 고즈넉한 분위기가 평온하다. 주요 전시는 스위스 종이의 역사이며 이외에도 방문객들이 직접 종이에 인쇄를 해 볼 수 있도록 하는 체험 활동이 인기이다. 1층에서 종이 원료인 펄프로 종이를 만드는 과정을 상세히 알아본 후 2, 3층에 마련된 인쇄 기계와 인쇄, 출판 과정을 배우고 직접 해 볼 수 있다. 작은 납 활자도 기념품으로 구매할 수 있어 예로부터 학문 활동이 활발했던 바젤의 흔적을 소장할 수도 있다. 장애인을 적극 고용하여 1993년에는 유럽 올해의 박물관 상을 수상하기도 했다. 레스토랑 평가 별점으로 유명한 미슐랭 가이드 북에서 진행하는 박물관 평가에서도 높은 점수를 받아 2006년 별 한 개를 수상한 바 있다. 오픈 시간에 방문하여 점심까지 먹고 가는 사람들도 꽤 많다.

교통 바젤 중앙역에서 도보로 15~20분 또는 트램 2번 타고 7분 주소 Sankt Alban-Tal 37, 4052 Basel 전화 +41 61 225 90 90 시간 화~금, 일 11:00~17:00, 토 13:00~17:00 / 월요일, 공휴일 휴관 요금 성인 CHF15, 학생과 65세 이상 CHF13, 6~16세 CHF9 홈페이지 www.papiermuseum.ch

비트라 디자인 박물관 Vitra Design Museum

MAPECODE 41084

환상적인 건축미를 뽐내는 디자인 박물관

디자인 박물관다운 외관이 인상적인데, 세계적인 건축가 프랭크 게리Frank Gehry가 설계하였다. 게리가 유럽에서 설계한 최초의 건축물로, 방마다 바닥과 천장의 높이가 다르게 구성되어 있는 독특한 건물이다. 1940년대에 바젤에서 설립된 비트라 국제상사Vitra International의 '비트라 프로젝트'의 일환으로 만들어졌는데, 비트라에서 생산, 판매하는 8,000여 점의 가구들을 주로 전시한다. 어마어마한 전시물 수에서 알 수 있듯 이곳은 근현대 가구 디자인에 있어 세계에서 가장 방대한 컬렉션을 자랑한다. 비트라는 유명 디자이너들과 협업하여 편안하고 생산적인 가구를 만들어내는 브랜드로, 가구의 전시뿐만 아니라 가구에 대한 연구, 출판, 교육 등을 후원하고 가구를 둘러싼 주거 환경, 주거 문화에도 관여한다. 해마다 두 개의 특별전을 열고 이와 함께 소규모 전시, 실험적인 프로젝트 등이 함께 진행된다.

©Vitra Design Museum, photo_Bettina_Matthiessen

교통 중앙역에서 버스 RE 5334 Offenburg 방향 타고 Haltingen에서 하차하여 도보 19분 또는 차로 14분 주소 Charles-Eames-Straße 2, 79576 Weil am Rhein, 독일 전화 +49 7621 702 32 00 시간 매일 10:00~18:00 (크리스마스 이브는 14시까지) 요금 영구전 + 특별전 성인 17유로, 학생, 65세 이상, 장애인 15유로 홈페이지 www.design-museum.de

바이엘러 재단 미술관 Fondation Beyeler

미술 애호가가 설립한 재단의 엄청난 전시품

MAPECODE 41085

세계적인 국제 미술 박람회인 아트 바젤Art Basel의 창시자가 바로 바이엘러 재단의 설립자, 에른스트 바이엘러와 힐디 바이엘러 부부이다. 미술관은 부부가 평생 수집한 현대 미술품과 비유럽권 민속 예술품을 전시하고자 지어졌다. 비트라 디자인 박물관처럼 바이엘러 재단 미술관도 바젤 시내에서는 조금 거리가 있어 찾아가는 수고를 해야 하지만 예술과 떼어 놓을 수 없는 바젤을 여행할 때 꼭 한 번 들러 보아야 할 아름다운 미술관이다. 1997년 개관한 이래로 바이엘러 재단 미술관은 자연 채광이 훌륭해 많은 관람객의 호응을 얻었고, 전시품들이 널찍하게 배치되어 쾌적하기로 유명하다. 중앙 전시실을 위시한 열 여섯 개의 전시실에는 몬드리안, 고흐, 베이컨, 피카소와 같은 대가들의 작품이 무려 250여 점 전시되어 있다.

교통 중앙역에서 Riehen Grenze 방향 트램 6번 타고 Fondation Beyeler 역에서 하차, 약 25분 소요 / 기차를 이용하려면 중앙역에서 독일 Zell im Wiesental 방향으로 가는 기차를 타고 Riehen 역에서 하차하여 도보 약 5분 주소 Baselstrasse 101, 4125 전화 +41 616 459 700 시간 목~화 10:00~18:00, 수 10:00~20:00 요금 전시별로 상이, 보통 성인 CHF30, 30세 이하 학생 CHF15, 65세 이상 CHF25, 바젤 카드 50% 할인 홈페이지 www.fondationbeyeler.ch

Tip 아트 바젤 Art Basel

스위스 바젤에서 활동하던 화상들이 1970년 처음 시작한 '예술계의 올림픽'과 같은 축제로, 프랑스의 피악FIAC, 미국의 아트 시카고Art Chicago와 함께 세계 3대 아트 페어로 손꼽힌다. 바젤과 홍콩, 미국 마이애미에서 열리는 세계적인 행사이다. 새로운 유행과 미술계의 동향, 젊은 예술가들을 소개하는 등 다채로운 행사들이 열리고 세계 각국의 화랑들과 세계 미술계를 주도하는 갤러리, 컬렉터, 미술 애호가 등 내로라하는 인사들이 참여한다. 다양한 전시뿐 아니라 클래식 음악회, 현대 무용 등 다양한 볼거리가 있으니 6월에 바젤을 여행한다면 홈페이지에서 프로그램을 확인해 보자.

홈페이지 www.artbasel.com

발리저 칸네 Walliser Kanne

MAPECODE 41091

SINCE 1947, 바젤에서 손꼽히는 스위스 식당

스위스의 발레Valais 지역 전통 음식을 주로 하는 규모 있는 식당이다. 슈니첼과 퐁듀가 특히 맛있어 대부분의 테이블에 퐁듀 그릇을 덥히는 불빛이 일렁인다. 화이트 와인의 향이 은은하게 풍기는 퐁듀는 질 좋은 치즈만 사용해 빵만 찍어 먹어도 든든하고 질리지 않는 맛이다. 1층은 70명, 2층은 50명까지 수용 가능하며 여름에는 바깥의 테이블 자리도 운영한다. 바젤 사람 중 이곳의 단골이 꽤 많아 오래 일한 직원들과 자연스레 안부를 묻는 모습을 볼 수 있다. 늘 유쾌한 웨이터들 덕분에 즐겁게 식사할 수 있다. 브레이크 타임 없이 운영하나 음료와 샐러드나 콜드 디쉬를 제외한 뜨거운 요리는 11:30~14:00, 18:00~22:45 동안 주문 가능하다.

교통 중앙역에서 트램 8, 11번 타고 9분 주소 Gerbergasse 50, 4001 전화 +41 61 261 70 17 가격 치즈 퐁듀 1인 CHF36, 토마토 소스 마카로니 CHF27 시간 월~토 11:30~24:00 홈페이지 www.walliserkanne-basel.ch/en/welcome.shtml

길겐 과자점 Konditorei-Confiserie Gilgen

MAPECODE 41092

70년 전통의 과자점

빵을 좋아하는 사람들을 위한 작은 천국이다. 1937년 처음 문을 연 바젤의 명물로 여전히 당시 사용했던 레시피를 이용해서 빵과 과자를 굽는다. 매일 판매하는 빵과 과자는 당일 아침 일찍 반죽을 해서 구워내고, 모든 부재료도 직접 만들어 사용한다. 페이스트리, 트러플, 초콜릿도 과자나 빵 못지않게 인기가 좋다. 렉컬리 역시 길겐만의 손맛으로 맛깔나게 만들어 낸다. 가게 안은 항상 사람들로 붐벼 문을 열고 들어가기 어려울 정도지만 빵이나 과자 같은 디저트 덕후라면 일부러 찾아갈 만한 곳이다. 로컬들이 추천하는 것은 자두 타르트! 달콤하고 부드러운 필링과 바삭하고 고소한 크러스트의 합이 일품이다.

교통 중앙역에서 트램 8, 11번 타고 8분 주소 Spalenberg 6, 4051 Basel, Switzerland 전화 +41 61 261 62 29 시간 월~금 07:00~18:30, 토 06:30~17:00 홈페이지 www.gilgenag.ch

렉컬리 후스 Läckerli-Huus

MAPECODE 41093

중독성 강한 새콤달콤 생강 과자

바젤에는 약 700여 년간 사랑받고 있는 엄청난 과자가 있다. 바로 렉컬리! '작고 맛있는'이라는 뜻이라고 한다. 본래 새해를 맞이하여 먹는 생강 과자의 일종으로, 이제는 연중 언제든 즐기는 바젤 사람들의 필수 간식이 되었다. 바젤의 여러 호텔 프런트에는 이 과자가 가득 담긴 쟁반이 놓여 있기도 하다. 벌꿀의 달콤하고 부드러운 맛과 입안에 퍼지는 은은한 생강의 향이 자꾸 손이 가게 만드는 중독적인 과자이다. 계피, 꿀, 견과류, 과일 등 다양한 재료를 첨가한 종류가 있으니 기본 맛을 먹어 보고 입맛에 맞다면 여러 종류를 시도해 보자. 여러 베이커리에서 만들어 팔지만 대중적인 브랜드로 가장 유명한 것은 렉컬리 후스이다. 바젤에 가장 많고, 스위스 곳곳에 매장이 있다. 렉컬리 외에도 비스킷, 초콜릿 등 다양한 베이커리와 달콤한 캔디류를 판매한다.

교통 중앙역에서 트램 8, 11번 타고 7분 또는 도보 13분 주소 Gerbergasse 57, 4001 전화 +41 61 264 22 05 시간 월~수, 금 09:00~20:30, 목 09:00~20:00, 토 09:00~18:00 가격 렉컬리 오리지널 300g CHF12.50 홈페이지 www.laeckerli-huus.ch

아뜰리에 레스토랑 Restaurant Atelier

MAPECODE 41094

손맛으로 유명한 호텔 레스토랑

데어 테우페호프 호텔Der Teufelhof Hotel의 레스토랑으로 캐주얼하고 편안한 식사를 위한 곳이다. 모든 것을 직접 만드는 점을 강조하며 그래서 따뜻하고 건강한 가정식 메뉴가 많다. 같은 호텔 내 벨 에타주The Bel Etage는 좀 더 격식 있는 레스토랑이다. 비즈니스 미팅을 하기에도 시설과 서비스가 훌륭하여 다양한 연령대의 손님들이 자주 찾는다. 하우스 와인도 꽤 괜찮아 식사와 곁들이기 좋다. '아뜰리에'라는 이름에 어울리게 레스토랑 곳곳에 그림이 걸려 있다. 거의 매일 밤 자리가 만석이니 가능하면 예약을 추천하며, 식사 시간을 피해 조금 일찍 가거나 늦게 가면 기다리지 않아도 될 것이다.

교통 중앙역에서 버스 30번 타고 9분 주소 Leonhardsgraben 49, 4051 전화 +41 612 611 010 시간 점심 12:00~, 저녁 18:30~ 요금 홈메이드 시금치 라비올리 CHF38, 아이리시 블랙 앵거스 비프 안심 CHF53 홈페이지 www.teufelhof.com/en/eating-drinking/restaurant-atelier

데어 테우페호프 바젤 Der Teufelhof Basel

MAPECODE 41095

예술가를 위한 호텔

레스토랑 벨 에타지Bel Étage와 아틀리에Atelier, 카페, 극장, 바, 와인 상점 팔스타프Falstaff로 구성된 멋진 호텔이다. 문화와 예술, 파인 다이닝과 숙박을 모두 즐길 수 있다. 화이트와 베이지 톤으로 깔끔하게 꾸민 객실과 미술 작품, 예술 서적으로 인테리어한 아트룸이 있다. 각각의 객실은 유명한 스위스, 이탈리아 디자이너들의 작품으로 채웠다. 네스프레소 커피 머신, 플랫 스크린 TV, CD 플레이어, 무료 무선 인터넷을 제공한다. 호텔 내 레스토랑에서는 훌륭한 와인과 세계 각국의 요리를 조화롭게 재탄생시킨 퓨전 메뉴를 선보인다. 모든 재료는 지역에서 나는 신선한 것으로 준비한다고 한다. 조식도 알차고 든든하다. 체크인 15:00, 체크아웃 12:00.

교통 중앙역에서 버스 30번 타고 9분 또는 도보 10분 주소 Leonhardsgraben 47-49, 4051 전화 +41 61 261 10 10
요금 이지룸 CHF208~, 스타일룸 · 아트룸 CHF238~ 홈페이지 www.teufelhof.com

슈바이처호프 바젤 Hotel Schweizerhof Basel

MAPECODE 41096

역을 나서자마자 보이는 최적의 위치

중앙역 바로 옆에 위치하여 아무리 무거운 짐을 들고 도착한 지친 여행자라도 금방 숙소를 찾아 편안한 침대에 누워 쉴 수 있다. 반질하게 닦인 짙은 원목 바닥과 새하얀 침구가 편안한 투숙을 약속한다. 슈파이처호프 바젤은 전 객실이 금연실이나 흡연 구역이 있는 호텔 바가 마련되어 있다. 24시간 컨티넨탈 조식, 24시간 라운지 바를 운영하는 것도 큰 장점으로, 새벽 기차를 타거나 늦은 시간 호텔에 체크인하는 사람도 이용할 수 있다. 무선 인터넷을 무료로 제공하고 체크인을 하면 무알콜 웰컴 드링크를 3층 바에서 제공한다. 근교 여행이나 하루 일정에 대한 친절한 팁도 잊지 않는 센스 만점의 서비스도 좋다. 차를 가지고 여행하는 투숙객은 유료로 주차장을 사용할 수 있다.

교통 중앙역에서 도보 1분 주소 Centralbahnplatz 1, 4002 전화 +41 61 560 85 85 요금 비즈니스 더블룸 CHF175~, 암비엔테 더블룸 CHF205~ 홈페이지 www.schweizerhof-basel.ch

Bern
©Bern Welcome

베른

베른은 스위스의 수도이다. 수천 년의 시간이 켜켜이 쌓여 만들어진 중세 시대의 풍모를 진하게 느낄 수 있는 오래된 도시이다. 1191년 유명한 도시 건설자 베르톨트 5세가 군사 요새로 건설한 것이 기원이며 1848년 스위스의 수도가 되었다. 수도의 위엄이 느껴지는 베른의 상징은 곰이다. 도시 전역에서 펄럭이는 곰이 그려진 깃발을 볼 수 있다. 베른을 세운 체링겐 가문이 곰 사냥을 즐겼는데, 여기서 도시 이름이 유래했다고도 한다. 스위스 정중앙에 위치하여 교통이 편리하다는 이유로 다양한 산업이 발달하기도 했다. 과거의 유산과 현재 그리고 미래의 발전이 공존하는 찬란한 도시이다.

인포메이션 센터 잘 알려지지 않은 구석구석까지 안내하는 90분간의 구시가지 투어를 진행한다. 성인 CHF20, 6~16세 CHF10, 학생 CHF15이다(독일어, 영어, 프랑스어). 홈페이지나 관광청 사무소를 찾아 문의한다. 오디오 가이드를 제공하니 이를 이용하여 셀프 투어도 가능하다. 휴대용 와이파이 공유기도 저렴한 가격에 대여해 준다. 3일 CHF39.90, 7일 CHF64.90.

■ 중앙역

주소 Bahnhofplatz 10a, 3011 전화 +41 313 281 212 시간 월~토 09:00~19:00, 일, 공휴일 09:00~18:00 홈페이지 www.bern.com

■ 곰 공원

주소 Grosser Muristalden 6, 3006 전화 +41 313 281 212 시간 6~9월 매일 09:00~18:00 / 3~5월, 10월 매일 10:00~16:00 / 1월 11일~2월 금~일 11:00~16:00 홈페이지 www.bern.com

베른의 교통

베른은 국가의 정중앙에 위치하여 교통이 편리하다. 취리히, 제네바에서 인터라켄으로 가는 여행자는 반드시 베른을 경유한다. 베른을 거치는 타 유럽 도시들을 함께 여행하는 경우, 특히 표가 빨리 동나기 때문에 예약을 권한다.

베른 공항

여러 유럽 도시로 취항하는 항공기들이 베른 공항을 이용한다. 베른 중앙역에서 기차를 타고 30분이면 도착한다. 택시로는 베른 중앙역에서 공항까지 15분 정도 거리로, 요금은 CHF50 정도 나온다.

교통 중앙역에서 S-Bahn Belp 역으로, 이곳에서 베른모빌(BERNMOBIL) 160번 탑승. 05:48~22:48(15분 간격) 주소 Flugplatzstrasse 31, 3123 Belp 전화 +41 319 602 111 홈페이지 www.bernairport.ch/en

베른 중앙역 Bahnhof Bern

역이 꽤 넓어 터미널도 많고 간격도 넓다. 베른역에서 환승을 하게 되는 경우 시간이 너무 촉박하지 않도록 열차 시간에 유의한다. 홈페이지에서 역내 상점과 레스토랑 정보를 확인할 수 있다. 80여 개의 상점이 입점되어 있으며 로커는 매일 04:00~02:15까지 운영한다.

교통 중앙역 주소 Bollwerk 4, 3011 홈페이지 www.sbb.ch/en/station-services/railway-stations/bern-station.html

트램과 버스

베른 구시가 대부분은 도보로도 충분히 돌아볼 수 있고, 베른 중앙역 앞 정류장에서 베른 시가지와 주요 지역 대부분을 연결하는 교통수단을 이용할 수 있다.
트램과 버스는 같은 승차권을 사용하고, 배차 간격도 비슷하다. 스위스 패스 소지자는 두 교통수단을 무료로 이용할 수 있다.

요금 **1~2존 1회권** 2등석 기준 성인 CHF4.60, 16세 이하와 하프 페어 트래블 카드 소지자 CHF2.80 / **1~2존 1일권** 2등석 기준 성인 CHF13, 16세 이하와 하프 페어 트래블 카드 소지자 CHF7.90

자전거

스위스 패스로도 이용할 수 있다. 스위스 최대 자전거, 전기 자전거 대여 서비스 퓌블리바이크 PubliBike를 이용한다. 베른에 약 200여 개의 정류장, 2,400여 대의 자전거가 있다. 휴대폰 앱도 있어 쉽게 사용이 가능하다.

전화 +41 58 453 50 50 요금 Quick bike 기준 처음 30분 CHF3, 이후 1분당 CHF0.05 홈페이지 www.publibike.ch

베른 티켓 Bern Ticket

베른에서 1박 이상을 하게 되면 숙박 기간 동안 사용 가능한 베른 티켓을 숙소에서 받게 되는데, 푸니쿨라와 공항 버스를 포함하여 교통 행정 구역 ZONE 100/101 안에서 리베로Libero 사가 운영하는 모든 교통수단을 무료로 이용할 수 있다.

베른

연중 행사와 축제

카니발

사진©Bern Welcome

2-3월 카니발 Fasnacht

화려한 가면과 의상을 꺼내 입고 겨울에게 작별 인사를 건네고 봄을 맞이하는 축제. 감옥탑에 갇힌 곰이 겨울잠에서 깨어나 북을 두드린다는 전설에 따라 신나는 음악을 울리며 거리 퍼레이드를 진행한다.

www.fasnacht.be

3월 박물관의 밤 Museumsnacht

예술과 음식을 모두 즐기는 행복한 축제. CHF25짜리 티켓을 구매하여 도시 곳곳에서 열리는 다양한 문화와 맛 이벤트를 즐길 수 있다. 박물관, 미술관을 벗어난 설치 미술과 전시가 있고, 베른의 소문난 맛집들도 다채로운 행사를 준비한다.

www.museumsnacht-bern.ch

3월 베른 국제 재즈 축제 Bern International Jazz Festival

1976년 처음 열린 세계적인 재즈 행사이다. 마리안스 재즈 룸Marian's Jazz Room 연주 홀에서 10주간 성대히 열리는 축제로, B.B. 킹B.B. King, 엘라 피츠제럴드Ella Fitzgerald, 에타 제임스Etta James 등 세계적인 재즈 뮤지션들이 무대를 빛낸바 있다.

www.jazzfestivalbern.ch

5월 베른 그랑프리 Grand Prix Bern

3만 명 이상의 참가자들이 경쟁하는 레이싱 대회로, 참가 선수들이 '세상에서 가장 아름다운 10마일을 달리는 기분'이라 말할 정도로 아름다운 트랙이 유명하다.

www.gpbern.ch

6월 스위스 여성 마라톤
Swiss Women's Run Bern

스위스 최대 규모의 스포츠 행사로 해마다 16,000명 이상의 여성 참가자들이 운동화를 신고 베른을 질주한다. 5~15km루트 중 선택하여 뛰게 되며, 2005년부터 외곽에 있던 스타디움 부근에서 베른 도심으로 트랙을 옮겨 좀 더 많은 참가자들의 이목을 끌고 있다.

7월 구르텐 페스티벌 Gurten Festival

4일간 펼쳐지는 야외 음악 축제. 스위스 국내외의 뮤지션들이 모여 60팀 이상의 라이브 공연, 60명의 DJ가 팝, 록, 펑크, 일렉트로, 소울, R&B, 힙합, 컨트리, 블루스 등 수 많은 장르의 음악을 선보인다.

gurtenfestival.ch/en

8월 베른 버스킹 페스티벌

동전을 주머니 가득 챙겨 나와야 더욱 즐거운 길거리 음악 축제. 스위스를 비롯하여 유럽 전역에서 몰려드는 버스커들이 자유롭고 흥겨운 거리의 음악을 마음껏 뽐낸다. 음악은 물론 무용이나 스트릿 댄스 공연도 볼 수 있다. 모든 공연은 무료로 이루어지지만 공연이 훌륭하여 계속해서 동전을 던지고 싶을 것이다.

www.buskersbern.ch

11월 양파 마켓
Zibelemärit

다른 도시와 가장 차별화되는 베른만의 독특한 축제이다. 매년 11월 네 번째 월요일에 50톤 이상의 양파와 마늘을 예쁘게 꿰고 묶어 판매하는 시장이 열린다. 양파 타르트 등 양파로 만드는 다양한 음식도 와인과 함께 판매한다. 시장은 아침 6시부터 열리는데 아침 일찍 나올수록 품질 좋은 양파를 구할 수 있다고 하여 아주 이른 아침부터 붐빈다. 동그란 양파가 주렁주렁 달린 모습을 볼 수 있는 재미있는 행사이다.

12월 크리스마스 마켓

구시가지 곳곳에 성탄절 시장이 열린다. 각종 크리스마스 용품과 뜨끈한 글루바인, 길거리 음식을 판매한다. 특별히 살 것이 없어도 12월에는 많은 사람들이 마켓에서 만나는, 만남의 광장 역할도 한다.

www.bern.com/en/christmas-markets-in-bern

베른의 일정은 구시가지를 돌아보는 것으로 요약할 수 있다. 아래 일정이 빽빽하다면 장미 정원 이후의 일정을 제외한 구시가지 일정만 소화해도 된다. 베른은 한 개의 주요 대로가 아니라 유네스코 문화유산으로 지정된 구시가지로 대표되는 도시이기 때문에 두루 돌아보는 것이 좋다. 구시가지를 걷다 보면 본인도 모르게 크고 작은 구시가지의 골목골목을 누비고 있을지도 모른다.

10:00 베른 관광의 하이라이트는 **구시가지**이다. 베른 대성당, 시계탑, 아인슈타인 하우스 등 구시가지에 있는 여러 베른의 관광 명소들을 돌아본다.

13:00 **잭스 브라서리**에서 바삭하고 고소한 슈니첼로 점심 식사를 한다.

14:00 **장미 정원**에서 흐드러지게 핀 아름다운 장미꽃을 감상한 다음 곰 공원을 지나서 다시 구시가지로 이동한다.

15:00 **베른 역사 박물관**을 방문한다. **쿤스트뮤지엄**의 전시가 더 끌린다면 미술품 감상으로 오후를 보내도 좋다. 조금 더 부지런하다면 **파울 클레 센터**를 찾아 개성 넘치는 클레의 작품 세계에 푹 빠져 보자.

16:00 **크람가세**를 거닐며 쇼핑도 하고 구경도 한다. 베른 시내 곳곳에 위치한 분수를 하나씩 찾아내는 것도 재미있고, 아레 강변을 따라 산책하는 것도 좋다.

19:30 미슐랭 빕 구르망 레스토랑 **밀 성**에서의 저녁 식사로 하루 일정을 마무리한다.

베른
Institut fur Organisation und Personal
식물원
Botanical Garden
베른 카지노
Grand Casino Bern
Salem-Spital
장미 정원
Rosengarten
쿤스트뮤지엄
Kunstmuseum
식인 귀신의 분수
피터와 폴 성당
Kirche St. Peter und Paul
호텔 란트하우스
Hotel Landhaus
배달원의 분수
영웅의 분수
백파이프 연주자의 분수
안나 자일러의 분수
자링겐의 분수
기사의 분수
정의의 분수
사격수의 분수
삼손의 분수
Brasserie
밀 성
Mille Sens
슈피탈 거리
마르크트 거리
감옥탑
Käfigturm
시계탑
Zeitglockenturm
크람가세
Kramgasse
곰 공원
Barengraben
인포메이션 센터
모세의 분수
베른 대성당
Münster
베스트 웨스턴 호텔 바렌
Best Western
연방의사당
Bundeshaus
뮌스터플랫폼
Münsterplattform
아인슈타인 하우스
Einstein Haus
Kleine Schanze
Marzili
베른 쿤스트홀
Kunsthalle Bern
스위스 알프스 박물관
Alpine Museum of Switzerland
베른 역사 박물관
Bernisches Historisches Museum
자연사 박물관
Naturhistorisches Museum
Freibad Marzili
Schänzlistrasse
Viktoriastrasse
Gotthelfstrasse
Humboldtstrasse
Laubeggstrasse
Rabbentalztrasse
Sonnenbergstrasse
Kornhausbrücke
Rabbentalstrasse
Oranienburgstrasse
Lerberstrasse
Altenbergstrasse
Langmauerweg
Nägeligasse
Uferweg
Postgasshalde
Rathausgasse
Nydeggasse
Junkerngasse
Gerberngasse
Klösterlistutz
Spitalgasse
Marktgasse
Amthausgasse
Kochergasse
Bundesgasse
Bundesterrasse
Münzrain
Seihergasse
Bundesrain
Dalmaziquai
Kirchenfeldbrücke
Grosser Muristalden
Klaraweg
Kollerweg
Muristrasse
Marienstrasse
Marzilistrasse
Aarstrasse
Brückenstrasse
Erlenweg
Florastrasse
Bernastrasse
Gryphenhübeliweg
Habsburgstrasse
Kramburgstrasse
Alpenstrasse
Jungfraustrasse
Seminarstrasse
Ensingerstrasse
Mottastrasse
Luisenstrasse
Hallwylstrasse
Aegertenstrasse
Kirchenfeldstrasse
Monbijoubrücke
Bahnhofplatz
Lorrainebrücke

구시가지 Altstadt von Bern

MAPECODE 41101

유네스코 문화유산으로 등재된 도시

1191년 체링겐Zähringen 가문의 베르히톨트 5세 Berchtold V가 아레Aare 강가에 지은 성채가 모태가 된 베른의 구시가지는 1983년 스위스 최초의 유네스코 문화유산으로 등재되었다. 도시 중앙을 세로로 분할하는 콘하우스브루케Kornhausbrücke 다리를 가운데 두고 도시 동편에 위치한 돌출된 곶과 같은 지역을 구시가지로 칭한다. 사실 베른의 거의 전부를 차지하고 있어 구시가지 영역을 구분하는 것이 크게 의미 없기는 하다. 다른 도시와 다르게 개별 명소들을 소개하면서 이들이 자리하고 있는 구시가지를 따로 한 번 더 소개하는 것은 그 아름다움이 특별히 지목될 만하기 때문이다. 자유 도시가 된 13세기부터 15세기는 아케이드, 16세기에는 분수, 17세기에는 성당을 짓는 식으로 점차 영역을 넓혀 가며 지금의 모습을 갖추게 되었다. 구시가지의 주요 대로로는 슈피탈가세Spitalgasse, 마르크트가세Marktgasse, 포스트가세Postgasse, 게레흐티흐카이츠가세Gerechtigkeitsgasse, 융케른가세 Jünkerngasse가 있다. 특정 명소 방문보다 전체적인 도시 분위기를 느끼는 것이 목적이라면 주요 대로를 걸어 보도록 한다.

교통 베른 중앙역에서 나와서 바로

분수의 도시, 베른

베른은 분수의 도시라 불린다. 베른 시내에는 무려 100여 개의 분수가 있다. 그중 특별한 모습의 분수 여럿이 구시가지에 자리하고 있다. 모두 16세기 중엽의 작품들로, 당시 베른 시민들의 생활상과 신앙 등을 표현해 놓은 것이다. 구시가지를 걸으며 분수 찾는 재미도 쏠쏠하다.

11

- Spitalgasse
  1 백파이프 연주자의 분수 Pfeiferbrunnen
- Marktgasse
  2 사격수의 분수 Schützenbrunnen
  3 안나 자일러의 분수 Anna-Seiler-Brunnen
- Kramgasse
  4 자링겐의 분수 Zähringerbrunnen
  5 삼손의 분수 Simsonbrunnen
- Rathausplatz
  6 기사의 분수 Vennerbrunnen
- Gerechtigkeitsgasse
  7 정의의 분수 Gerechtigkeitsbrunnen
- Läuferplatz
  8 배달원의 분수 Läuferbrunnen
- Münsterplatz
  9 모세의 분수 Mosesbrunnen
- Kornhausplatz
  10 식인 귀신의 분수 Kindlifresserbrunnen
- Aarbergergasse
  11 영웅의 분수 Ryfflibrunnen

9

10

사진©Bern Welcome ©Mike Lehmann ©WWHenderson20

크람가세 Kramgasse

MAPECODE 41102

베른 쇼핑의 중추

베른에서는 천장이 덮여 있는 길게 뻗은 아케이드를 어느 거리에서든 찾아볼 수 있다. 총 길이 6km에 달하는 베른의 이 아케이드를 라우벤Lauben이라고 하는데, 베른의 라우벤을 모두 돌아볼 시간이 없다면 구시가지의 가장 바쁘고 번화한 쇼핑 거리인 크람가세만이라도 가보도록 하자. '식료품 상인들의 거리'라는 뜻을 가진 이름에서 알 수 있듯이 예로부터 베른 상업의 중심지로 활약하던 곳으로 현재는 많은 상점들이 들어서 있다. 크람가세를 걷다 보면 비스듬히 닫혀 있는 문이 라우벤 앞에 굉장히 많이 설치되어 있는 것을 볼 수 있는데, 이 문을 열고 지하로 들어갈 수 있다. 중세 시대에 만들어진 베른 구시가지 건물의 특징으로, 어떤 곳들은 창고로 쓰이고 있으나 상당 수가 갤러리, 상점이나 식당, 카페로 이용되고 있어 거리에 특별함을 더하고 있다.

교통 중앙역에서 버스 10, 12번 타고 8분 또는 도보 11분
주소 Kramgasse, 3011 홈페이지 www.kramgasse.ch

★ 베른의 상점

보통 평일에는 09:00/10:00~18:30, 토요일에는 17시까지 운영하고 일요일에는 문을 닫는다. 목요일에는 20시까지 늦게 여는 것이 보통이다.

Tip 일주일에 두 번 서는 시장

매주 화요일, 토요일에는 신선한 식재료와 꽃을 파는 장이 연방 의사당 광장Bundesplatz과 대성당 광장Münsterplatz에 선다. 연방 의사당과 대성당은 베른의 주요 명소이니 두 곳을 보러 가는 길에 시장 구경도 해 보자.

베른 대성당 Berner Münster

MAPECODE 41103

스위스 최대 고딕 양식 건물

고딕 양식의 웅장한 이 성당은 베른 시내 어디에서도 보인다. 1421년부터 150년 이상이나 걸려 건설된 베른의 대성당은 높이 100m의 첨탑으로 멀리서도 눈에 띄는 도시를 대표하는 예배당이다. 첨탑 건축은 유독 오래 걸려 1893년에서야 완성되었다. 344개의 계단을 오르면 첨탑 꼭대기에서 시내와 눈 덮인 알프스 봉우리를 볼 수 있다. 약 200여 개의 나무 조각과 석상으로 이루어진, 대성당 정면 입구의 에르하르트 킹Erhart Küng의 '최후의 심판'이 베른 대성당을 대표하는 예술 작품이며 성당 내부 높이 12m의 대형 스테인드글라스와 거대한 파이프오르간 또한 유명하다. 매터Matter 예배당 내의 '죽음의 춤' 스테인드글라스도 무척 아름답다. 정교한 천장 금고 장식과 작은 예배당이 있는 측면 복도 등 섬세한 건축 장식이 많아 종교가 없더라도 오래 머물며 구경하게 된다.

교통 중앙역에서 버스 12번 타고 8분 또는 도보 15분 주소 Münsterplatz 1, 3000 전화 +41 31 312 04 62 홈페이지 www.bernermuenster.ch

뮌스터플랫폼 Münsterplattform

MAPECODE 41104

대성당 앞의 아레강 전망대

대성당의 테라스 역할을 하는 광장으로 환상적인 아레강 전망을 자랑한다. 1334년 주춧돌을 놓고 오랜 공사를 거쳐 1514년 조성이 완성되었다. 1531년까지는 묘지로, 그 후로는 공원으로 사용되었다. 동쪽에는 아담한 정원 레스토랑이, 서쪽에는 아이들을 위한 놀이터가 마련되어 있고 무엇보다 벤치가 많아 아래로 흐르는 강과 주변 경관을 감상하며 숨을 돌릴 수 있는 훌륭한 쉼터 역할을 한다. 아래 강변의 매트 카티에Mattequartier 동네와 엘리베이터로 연결되어 있다.

교통 중앙역에서 버스 12번 타고 8분 또는 도보 15분 주소 Münsterplattform 9, 3011

Tip 즐거운 시장

매달 첫 번째 토요일이면 100여 개의 가판이 플랫폼에 들어선다. 모두 베른과 주변 지역의 수공예 상인들로, 다른 어디에서도 볼 수 없는 제품들을 구경하고 구입할 수 있다. 12월이 되면 이곳에서도 크리스마스 마켓이 열린다.

시간 3~12월 매달 첫 번째 토요일 08:00~16:00 / 12월 첫 번째, 세 번째 주말 토 09:00~17:00, 일 10:00~17:00

쿤스트뮤지엄 Kunstmuseum

MAPECODE 41105

스위스 최고(古) 미술관

1879년 개관한 스위스에서 가장 오래된 전시관이다. 쿤스트뮤지엄의 영구 전시는 중세부터 현재까지 총 8세기에 걸친 여러 시대의 미술 사조를 모두 다루고 있어 규모가 상당하다. 피카소Picasso, 호들러Hodler, 오펜하임Oppenheim 등 거장들의 회화와 조각 작품 3천 점 이상을 보관, 전시하고 있고 4만 8천여 점의 스케치, 판화, 사진, 영상, 필름 전시물도 있다. 2014년 독일의 코르넬리우스 구를리트Cornelius Gurlitt라는 개인 수집가가 이 박물관에 10억 유로의 가치가 있는 나치가 약탈한 미술품을 기증한 것으로 크게 화제가 되기도 했다. 소유권 관련한 오랜 기간의 조사를 거쳐 쿤스트뮤지엄이 기증을 받아들이기로 결정하여 엄청난 규모로 미술관의 컬렉션이 확장되었다.

교통 중앙역에서 도보 6분 주소 Hodlerstrasse 8-12, 3011 전화 +41 31 328 09 44 시간 화 10:00~21:00, 수~일 10:00~17:00 / 12월 25일 휴관, 다른 공휴일 축소 개관(홈페이지 확인) 요금 성인 CHF10, 학생 CHF5, 16세 미만 무료, 오디오 가이드 CHF6, 스위스 뮤지엄 패스 소지자 무료 홈페이지 www.kunstmuseumbern.ch

시계탑 Zytgloggeturm

베른의 거대한 상징

MAPECODE 41106

도시가 생성되던 무렵인 1191년에 지어지기 시작해 1530년에 완공된 후 베른시의 서쪽 문으로 이용되었던 이 시계탑은 현재 베른의 상징과도 같다. 스위스 국가 유산이자 구시가지에 속해 유네스코 문화유산이기도 한 영예로운 탑이다. 수 세기 동안 재단장과 재건설을 거쳐 지금의 모습이 되었다. 탑 전면에 부착되어 있는 15세기 천문 시계가 이 시계탑을 관광 명소로 만들었는데, 매시 정각 4분 전부터 탑에서 곰과 광대 인형이 나타나 춤을 춘다. 인형들의 공연이 끝나면 130여 개의 닳고 닳은 나선형 계단을 밟고 올라가 시가지를 내려다보자. 시계탑에 대해 더 자세히 알고 싶은 사람들을 위해 가이드 투어도 진행한다.

교통 중앙역에서 도보 12분 주소 Bim Zytglogge 3, 3011 전화 +41 313 281 212 홈페이지 www.zeitglockenturm.ch

Tip 감옥탑 Käfigturm

1344년 완공된 베른의 감옥탑은 시계탑과 함께 도시를 지키던 수문장 역할을 하던 곳이다. 한때(1643~1897) 감옥으로 사용되었기 때문에 감옥탑이라 불리며 1691년 시계가 장착된 이래로 시계 역할을 하기도 한다. 연방 정부의 정치적인 포럼 역할을 하다 2017년 폐관하기로 결정되자 많은 시민들이 반발하여 2018년부터는 베른시에서 시민들의 정치적인 모임이나 토론의 장소로 이용하고 있다. 내부는 독일어, 영어, 프랑스어로 진행되는 1시간 투어로만 볼 수 있다. 겨울을 제외하고 매일 14:30 진행되며 예약은 필수다. 관광청 또는 홈페이지를 통해 예약한다.

교통 중앙역에서 도보 5분 주소 Marktgasse 67, 3011 Bern 시간 월 14:00~18:00, 화~금 10:00~16:00, 토(전시 있는 경우에만) 10:00~16:00 홈페이지 www.polit-forum-bern.ch

아인슈타인 하우스 Einstein-Haus

MAPECODE 41107

천재 과학자의 발자취를 찾아

인류 역사상 최고의 천재 중의 한 명으로 손꼽히는 아인슈타인은 베른에서 1903년부터 1905년까지 거주하였다. 이 시기에 바로 그 유명한 상대성 이론을 만들어냈고, 아인슈타인에 대한 베른시의 애정은 실로 대단하다. 장미 정원, 곰 정원, 역사박물관, 베른 대학교 앞에 아인슈타인 동상이나 벤치가 있는데, 사람들은 그와 사진을 찍어 해시태그(#einsteinselfie)를 붙여 SNS에 올리기도 한다. 아인슈타인이 부인 밀레바Mileva와 아들 한스 알버스Hans Albert와 함께 살던 집을 박물관으로 만들어 놓은 것이 이곳 아인슈타인 하우스이다. 구시가지 시계탑 바로 옆에 위치하여 찾기도 쉽다. 아인슈타인이 거주하던 당시의 모습을 보존하고, 재현해 놓아 어떤 환경에서 그가 작업하고 공부했는지를 살펴볼 수 있다. 관련된 사진, 문서 자료도 볼 수 있다. 3층에서는 아인슈타인의 생애를 다룬 짧은 영화를 상영한다.

교통 중앙역에서 도보 12분 주소 Kramgasse 49, 3000 전화 +41 313 120 091 시간 2~12월 20일 매일 10:00~17:00, 연말과 부활절, 오순절, 스위스 국경일 휴관 요금 성인 CHF6, 학생 · 65세 이상 CHF4.50 홈페이지 www.einstein-bern.ch

파울 클레 센터 Zentrum Paul Klee

스위스를 대표하는 화가 파울 클레

MAPECODE **41108**

베른에서 생의 반을 보낸 파울 클레Paul Klee(1879~1940)에게 헌정된 곳이다. 저명한 이탈리아 건축가 렌조 피아노Renzo Piano가 설계한 건물을 사용하며, 철과 유리를 주로 이용하여 현대적인 느낌이 물씬 난다. 클레는 동심이 느껴지는 창의적인 스위스 화가로, 그의 작품과 현대 미술 작가들의 4천여 점의 작품들이 이곳에 전시되어 있다. 주기적으로 다른 테마를 정하여 전시의 구성과 흐름에 변화를 주어 여러 번 찾아도 질리지 않는다. 멀티미디어 뮤지엄 거리는 방문객들이 직접 만지고 움직일 수 있는 것들로 가득하여 일반 박물관이나 갤러리보다 훨씬 더 적극적인 관람을 유도한다. 종종 콘서트도 열고 킨더뮤지엄 크레아비브Kindermuseum Creaviv와 같은 아이들과 청소년을 위한 다양한 프로그램도 주최한다.

교통 중앙역에서 버스 12번 타고 15분 주소 Monument im Fruchtland 3, 3006 전화 +41 313 590 101 시간 화~일 10:00~17:00 요금 전시마다 상이 홈페이지 www.zpk.org

Tip 파울 클레와 베른

베른 시내를 걷다 보면 길쭉하게 세워진 클레의 그림 안내판을 자주 마주칠 수 있다. 클레가 베른에 거주하며 그렸던 도시의 모습들을 실물과 비교하여 볼 수 있도록 친절히 세워 둔 것이다. 클레는 표현주의, 큐비즘, 초현실주의에 영향을 받은 독창적인 화풍으로 유명하며, 특히 색채 감각이 뛰어나 실물로 그의 작품을 볼 것을 추천한다. 생애 만 점 이상의 작품을 남겼는데 그중 40%가 파울 클레 센터에 보관, 전시되어 있다. 1997년 클레의 후손이 개인 소장품 670점을 베른 시에 기증한 것에서 파울 클레 센터가 탄생하였다.

피터와 폴 성당 Kirche St. Peter und Paul

MAPECODE 41109

베른 최초의 가톨릭 성당

1864년 완공된 베른 최초의 가톨릭 성당으로 시청과 가까이 위치하며 구시가지 중앙, 강변 쪽에 있어 뾰족하고 늘씬한 시계탑을 멀리서도 볼 수 있다. 세계 각지에서 설계안을 공모하여 로마네스크 양식과 초기 고딕 양식을 조합한 프랑스의 안이 채택되었다고 한다. 아르 누보 시대의 천장화와 스테인드글라스가 추가되었고 1998년 성가대방이 재건축되는 등 여러 변화를 거쳐 지금의 모습을 하고 있다. D1, F1, A1음을 내는 세 개의 종이 아름답게 울리는 것으로도 유명하다. 일요일 미사는 10:00, 수요일 저녁 미사는 18:30에 있다.

교통 중앙역에서 버스 12번 타고 7분 또는 도보 13분 주소 Rathausgasse 2, 3011 전화 +41 31 318 96 55 홈페이지 www.christkath-bern.ch

연방 의사당 Bundeshaus

MAPECODE 41110

세계 최초의 근대 민주주의의 현장

1902년 완공되고 2008년 대대적인 보수 공사를 거친 스위스 연방의 의사당. 총 서른 여덟 명의 스위스 예술가, 건축가들이 의사당 건설에 참여하였다. 정식 국명인 라틴어 '콘페데라치오 헬베티카Confoederatio Helvetica'에서 유래한 '헬베티카 연합Confoederationis Helveticae'이라는 단어가 의사당 정면에 적혀 있다. 의사당 앞 광장인 분데스플라츠Bundesplatz 광장은 다양한 시 행사를 여는 축제의 장이자 시민들이 매일 같이 모여드는 만남의 광장이다. 해마다 열리는 양파 시장, 크리스마스 시장도 모두 의사당 앞 광장에서 열려 베른 사람들에게 무척 익숙하고 친근한 장소이다. 스위스 국회의 역사에 대해 더 많은 것을 알고 싶은 대중들을 위해 가이드 투어를 영어, 프랑스어, 독일어, 이탈리아어로 제공한다(홈페이지에서 안내).

교통 중앙역에서 도보 7분 주소 Bundesplatz 3, 3005 전화 +41 313 228 790 홈페이지 www.parlament.ch

©Bern Welcome

©Bern Welcome

곰 공원 Bärengraben

강둑에 위치한 작은 곰 마을

MAPECODE 41111

아레강을 건너다 말고 모두가 걸음을 멈추어 구경하는 곳이 바로 베른의 상징인 곰이 사는 공원이다. 베른 시민들은 1441년부터 곰을 기르기 시작했다는데, 2009년에 핀Finn, 비욕Björk 그리고 이들의 딸 우르시나Ursina가 사는 곰 공원이 조성될 정도로 베른 사람들의 곰 사랑은 정말 대단하다. 공원은 늘 열려 있고 사육사들은 매일 08:00~17:00까지 상주한다. 개를 데리고 공원을 방문하려면 반드시 목줄을 해야 한다. 곰을 관람할 때는 소리를 지른다거나 먹을 것을 던지는 등 기본적인 안전 수칙을 위반하지 않도록 한다. 넓게 울타리를 쳐 놓고 곰들이 자유롭게 뛰어 놀며 살 수 있도록 만들어 두었기 때문에 늘 곰이 쉽게 보이는 것은 아니다. 특히 겨울에는 곰이 잠을 자기 때문에 보지 못하는 경우가 많다. 하지만 공원을 지나는 강가 전망이 예뻐 장미 정원에 가는 길에 잠깐 들러 봐도 좋다. 곰 공원에서 장미 정원은 불과 450m 떨어져 있어 도보로 5분도 채 걸리지 않는다.

교통 중앙역에서 버스 12번 타고 7분 주소 Grosser Muristalden 6, 3006 전화 +41 31 357 15 25 홈페이지 www.tierpark-bern.ch

©Bern Welcome

베른의 상징, 곰

정확히는 피레네 산맥 갈색 곰이다. 전설에 따르면 12세기 체링겐 공작 베르톨트 5세가 베른을 세울 때 사냥을 나가 가장 먼저 잡은 동물의 이름을 따서 도시명을 짓겠다고 했는데, 그가 곰을 잡았다고 한다. 베른 도시의 깃발, 분수, 건물 등 도시 곳곳에 곰이 그려져 있고, 곰을 테마로 한 다양한 기념품 역시 베른의 이곳저곳에서 볼 수 있다.

장미 정원 Rosengarten

MAPECODE 41112

향긋한 장미가 일렁이는 평온한 공원

©Bern Welcome

봄부터 늦여름 사이 베른을 여행하는 사람이라면 반드시 들러야 할 명소이다. 구시가지와 아레강이 보이는 훌륭한 전경을 갖춘 아름다운 정원이다. 정원을 가득 채운 220여 종의 장미, 200종의 붓꽃, 28종의 철쭉의 탐스러운 꽃송이들이 멀리서 보면 하나의 커다란 핑크색 물결처럼 보인다. 1765년부터 1877년까지 이곳은 본래 묘지였다. 1913년부터 시민들을 위한 공원으로 조성되어 그때부터 꽃향기를 내뿜게 되었다. 1950~60년대에 보수 공사를 거쳐 장미만 있던 정원에 철쭉, 진달래, 붓꽃이 합류했다. 백합 호수, 놀이터, 책을 읽을 자리가 마련된 도서관, 정자와 벤치 같은 쉼터도 있으며 정원 내에 동일한 이름의 레스토랑도 있다. 레스토랑은 문을 열자마자 베른에서 가장 인기 있는 맛집 중 하나로 손꼽혀 늘 사람들로 가득하다.

교통 중앙역에서 버스 10번 타고 15분 주소 Alter Aargauerstalden 31b, 3006 홈페이지 www.rosengarten.be

베른 역사 박물관 Bernisches Historisches Museum

MAPECODE 41113

역사 유물과 아인슈타인 관련 전시

취리히에 스위스 국립 박물관이 만들어지기 전까지 스위스를 대표하는 박물관이었다. 지금은 역사만을 전문적으로 다루고 있는데, 스위스뿐 아니라 아시아, 오세아니아, 아메리카, 이집트에서 온 다른 유물들도 함께 전시하여 전 세계 모든 대륙의 역사를 다양한 매체를 통해 살펴볼 수 있도록 한다. 무려 50만 개의 전시품들이 이곳에 소장, 전시되어 있다. 스위스에서 역사에 관한 박물관으로는 두 번째로 규모가 크다. 앞서 소개한 아인슈타인 하우스와는 조금 다른 아인슈타인 박물관을 함께 운영한다. 천재 과학자와 관련된 다양한 물품과 영화, 실험 등을 통해 그의 이론과 사상, 생애를 볼 수 있다. 9개 언어로 서비스되는 오디오 가이드 또는 비디오 가이드와 함께 전시를 보면 더욱 좋다. 아쉽게도 한국어는 지원하지 않는다.

교통 중앙역에서 트램 7, 8번 타고 14분 주소 Helvetiaplatz 5, 3005 전화 +41 313 507 711 시간 화~일 10:00~17:00 / 양파 마켓 축제와 12월 24일 휴관 요금 영구 전시 성인 CHF13, 학생 · 장애인 CHF8, 6~16세 CHF4 / 스위스 뮤지엄 패스 소지자 무료 홈페이지 www.bhm.ch

©Bern Welcome

★ 베른

잭스 브라서리 Jack's Brasserie

MAPECODE 41121

바삭하고 고소한 슈니첼 맛집

미슐랭 플레이트Michelin Plate 레스토랑에 올라 있는 슈바이처호프 베른 호텔의 레스토랑이다. 구시가지가 보이는 좋은 전망을 갖추었고, 오래된 원목과 높은 천장의 인테리어가 고풍스럽다. 규모가 상당하지만 예약석이 대부분일 정도로, 인기 있는 곳이니 저녁에는 예약을 추천한다. 매일 신선한 식재료를 사용하여 시즌 메뉴를 선보이는데, 일년 내내 사랑받는 대표 요리는 슈니첼이다. 부드럽게 다져 얇게 튀긴 고기에 이곳만의 크랜베리 소스를 얹어 먹으면 혼자 두 접시도 비울 수 있을 정도로 맛있다. 매끄러운 서비스도 훌륭하다.

교통 중앙역에서 도보 1분 주소 Bahnhofplatz 11, 3011 전화 +41 31 326 80 80
시간 매일 06:30~10:30, 11:30~14:30, 18:00~22:00 요금 잭스 위너슈니첼 CHF39, 오리 콩퓌 CHF49 홈페이지 www.schweizerhof-bern.ch/en

밀 성 Mille Sens

MAPECODE 41122

모든 감각을 충족시키는 곳

'세상의 모든 맛'을 보여주겠다는 호방한 각오로 요리에 임하는 미슐랭 빕 구르망Bib Gourmand 레스토랑이다. 중앙역에서 얼마 떨어져 있지 않아 베른에 도착하자마자 허기를 채울 수 있는 파인 다이닝이기도 하다. 이름이 말해 주듯 '천 개의 감각'을 만족시키는 신선하고 섬세하게 조리된 메뉴가 특징이다. 깨끗하고 모던한 인테리어와 어울리는 세련된 플레이팅과 푸짐한 음식의 양이 모든 손님을 만족시킨다. 친환경적으로 운영하는 밀 성은 물도 직접 정수하여 서비스한다. 매주 바뀌는 샘플 메뉴 퀵트레이Quicktray는 단골들에게 인기이다. 타지에서 미식가 손님들이 오면 로컬들이 반드시 데려가는 곳이 바로 여기 밀 성이라고 한다.

교통 중앙역에서 도보 5분 주소 Spitalgasse 38, 3011 전화 +41 313 292 929
시간 월~금 11:00~14:00, 17:00~23:00 (9~6월은 토요일 17:00~23:00) 요금 누들 보울 CHF37.8, 퀵트레이 CHF33.80~ 홈페이지 www.millesens.ch

베스트 웨스턴 호텔 바렌 Best Western Hotel Bären

MAPECODE 41123

중앙역 근처의 완벽한 입지를 자랑하는 호텔

완벽한 위치에 있는, 믿음직한 베스트 웨스턴 체인 소속 호텔이다. 모든 객실에는 개별 욕실, 전기 포트, 금고, 케이블 TV가 마련되어 있다. 호텔 건물 뒤편에 위치한 객실의 경우 시계탑과의 거리가 가까워서 1시간 간격으로 울리는 종소리가 신경 쓰일 수 있으니 잠귀가 밝은 여행자는 참고할 것. 최대 20명을 수용할 수 있는 회의실도 있어 비즈니스를 위해 베른을 찾는 사람들이 특히 자주 찾는 호텔이다. 객실도 청결하고 깔끔해 누구나 편안히 묵어 갈 수 있는 곳이다. 5층에는 전용 피트니스 센터도 마련되어 있다. 조식 뷔페도 푸짐하며 무료 무선 인터넷, 자전거 대여도 가능하다. 호텔 근처에 주차장도 함께 운영한다. 24시간 리셉션과 바를 운영하며, 베스트 웨스턴의 바렌 바Bären Bar는 개인/단체 이벤트를 위해 전체를 빌리는 것도 가능하다.

교통 중앙역에서 도보 5분 주소 Schauplatzgasse 4, 3011 전화 +41 313 113 367 요금 이코노미 더블룸 CHF325 홈페이지 baerenbern.ch

앰 파빌리온 베드 앤 브렉퍼스트 Am Pavillon Bed & Breakfast

MAPECODE 41124

집처럼 따뜻하고 편안하다

중앙역 앞쪽에 위치한 대부분의 베른의 숙소와는 다르게, 이곳은 역 뒤편에 위치한다. 그러나 역과의 거리가 무척 가까워 이동이 편리하다. 근교 도시로 이동할 때에도 역과 가까워 짐을 가지고 이동하는 것이 쉽다. 나무 바닥, 새하얀 벽과 포인트가 되는 색의 가구로 심플하게 꾸며 놓은 현대적인 객실들은 각각 아늑하면서도 개성이 넘친다. 투숙객들은 무료 무선 인터넷, 도서관, 명상실, 게스트 거실과 다이닝 룸을 이용할 수 있으며 총 객실의 수가 9개 밖에 되지 않아 주인의 섬세한 서비스도 받을 수 있다. 매일 아침 베른 현지에서 난 제철 재료로 만든 풍성한 조식을 제공한다. 날씨가 좋은 날이면 정원에서 식사를 할 수도 있다.

교통 중앙역에서 도보 5분 주소 Pavillonweg 1A, 3012 전화 +41 313 010 947 요금 싱글룸 CHF100~, 더블룸 CHF150~ 홈페이지 www.ampavillon.ch

호텔 란트하우스 Hotel Landhaus

MAPECODE 41125

친절하고 세심한 서비스

100년도 더 된 고풍스러운 건물에 베른을 찾는 낭만 가득한 여행객들이 묵어 간다. 아레 강가에 위치하고 베른을 상징하는 곰들이 있는 곰 공원과도 가까운 곳에 위치한다. 이곳에 가면 예술가도, 떠돌이도, 가족 여행자도, 모두 따뜻하게 맞아 주는 알버트Albert와 프리다Frida 부부를 만날 수 있다. 스위스 물가가 걱정되는 사람들을 위해 저가의 도미토리 룸도 마련되어 있다. 소박하지만 든든한 식사와 스낵을 먹을 수 있는 카페와 바도 있으며, 친절하고 세심한 서비스 덕분에 호텔보다는 펜션에 가까운 기분이 든다. 무료 무선 인터넷 제공, 공용 화장실과 샤워실이 있고, 일요일의 경우 체크인은 18:00까지만 가능하다.

교통 중앙역에서 12번 버스 타고 Bärengraben에서 하차하여 도보 3분 (총 10분 소요) 주소 Altenbergstrasse 4, 3013 전화 +41 31 348 03 05 요금 싱글 컴포트룸 CHF120~, 더블 컴포트룸 CHF170~, 6인 도미토리 CHF38 홈페이지 www.landhausbern.ch

Interlaken
©Interlaken Tourismus

인터라켄

인터라켄의 이름은 '호수와 호수 사이'라는 뜻으로, 툰 호수와 브리엔츠 호수 사이에 위치한다. 크지 않은 도시이지만 자연 경관이 무척 아름답다. 스위스 여행에서 빼놓을 수 없는 것이 알프스인데, 유럽에서 가장 높은 전망대가 있는 융프라우요흐를 비롯해 그린델발트, 실트호른 등을 올라가기 위해 꼭 거쳐야 하는 도시이기도 하다. 오래 전부터 인터라켄을 기지 삼아 융프라우에 오르는 사람들 덕분에 유명한 관광 도시로 발달해 왔다. 숙박 시설과 레저, 액티비티 에이전시, 등산용품 전문점 등이 많이 들어서 있고, 스위스 어느 도시보다도 많은 한국 여행자들을 볼 수 있다. 산책과 패러글라이딩 같은 레저를 즐기거나 신발 끈을 동여매고 웅장한 알프스 산맥의 봉우리를 올라도 좋다. 대부분의 여행자들이 스위스 여행에서 꿈꾸던 것을 만족시켜 줄 여행지가 될 것이다. 오랫동안 바라왔던 휴식과 자연과 함께하는 활기가 공존하는 인터라켄은 스위스 여행 중 가장 부지런해야 할 여행지이다.

인포메이션 센터 인터라켄 관광의 전반적인 사항을 안내하고 돕는다. 버스 시간표, 호텔 예약, 투어 추천과 예약 등 친절한 직원들이 인터라켄과 융프라우 지역 여행의 훌륭한 도우미 역할을 한다.

주소 Marktgasse 1, 3800 전화 +41 338-265-300 시간 5, 6, 9월 월~금 08:00~18:00, 토 09:00~16:00 / 7~8월 월~금 08:00~19:00, 토 09~00~17:00, 일 10:00~17:00 / 10~4월 월~금 08:00~12:00, 13:30~18:00, 토 10:00~14:00 홈페이지 www.interlaken.ch

인터라켄의 교통

기차

대부분 기차를 통해 취리히, 루체른, 베른 등의 도시를 경유해 인터라켄으로 들어온다. 인터라켄 자체는 한두 시간이면 돌아볼 수 있는 소박한 도시이지만, 인접한 여러 동네로 이동하여 산을 오르고 레포츠를 즐기는 식으로 여행하기 때문에 다른 도시들에 비해 기차를 탈 일이 많다.

인터라켄에는 동역과 서역, 두 개의 기차역이 있다. 융프라우요흐 전망대로 가는 산악 열차는 동역에서 출발한다. 두 역의 거리가 그리 멀지 않고 두 역 모두 시가지에 접해 있다. 숙소과 가까운 역을 미리 알아두면 효율적으로 움직이는 데 도움이 된다.

- 베른 - 인터라켄
  직행 약 50분
- 취리히 - 인터라켄 (베른에서 1회 경유)
  약 2시간
- 제네바 - 인터라켄 (베른에서 1회 경유)
  약 2시간 40분

★인터라켄 동역 Interlaken Ost

매표소 매일 06:00~19:30
전화 +41 338-287-380
홈페이지 www.sbb.ch/en/station-services/railway-stations/further-stations/station.7492.interlaken-ost.html

★인터라켄 서역 Interlaken West

매표소 매일 06:40~19:00
전화 +41 583-274-750
홈페이지 www.sbb.ch/en/station-services/railway-stations/further-stations/station.7493.interlaken-west.html

유람선과 정기선

두 개의 호수 사이에 위치한 인터라켄에서 유람선을 빼놓을 수 없다. 다른 도시에서 인터라켄으로 이동하는 경우 일부러 툰Thun, 슈피츠Spiez 또는 브리엔츠Brienz 역에서 내려 이곳의 선착장에서 유람선을 타고 인터라켄으로 이동하기도 한다. 유람선은 툰 호수와 서역, 브리엔츠 호수와 동역 사이를 운행한다. 이렇게 하면 인터라켄에 머무는 동안에 따로 유람선을 탈 시간을 내지 않고 다른 활동에 집중할 수 있기도 하다. 스위스 패스, 유레일 패스 소지자는 무료로 탑승할 수 있다.

©Interlaken Tourismus

게스트 카드

인터라켄에서 숙박을 하는 경우 머무는 숙소나 관광 안내소에서 무료로 카드를 발급해 준다. 이 카드로 대중교통 무료 이용과 다양한 할인 혜택을 누릴 수 있다. 인터라켄을 포함하는 융프라우 지역 전체에서 사용 가능하다(ZONE 80). 쉬니게 플라테Schynige Platte로 가는 버스는 37.50% 할인, 융프라우요흐 'TOP OF EUROPE'의 아이스 매직 입장권 11% 할인, 융프라우파크 10% 할인 등의 혜택을 포함한다. 관광 안내소 홈페이지 또는 관광 안내소와 숙소에서 주는 브로슈어를 통해 게스트 카드의 세세한 혜택을 확인하면 된다.

인터라켄

연중 행사와 축제

국제 융프라우 마라톤

1월 1일 터치 더 마운틴스 Touch the Mountains

새해를 맞이하는 인터라켄만의 흥겨운 행사로, 퍼레이드를 한다. 야외 콘서트와 폭죽 행사도 있다.

www.touchthemountains.ch

1월 2일 하더 포츠쉐트 Harder-Potschete

1월 2일이면 무시무시한 전설 속 괴물 하더만 Hardermann이 그의 부인과 부하들을 이끌고 인터라켄을 습격한다. 마스크를 쓴 사람들이 소리지르며 거리를 뛰어다니고, 갑자기 나타나 놀라게 하거나 겁을 주기도 한다. 한바탕 소동이 끝나면 맥주를 마시며 밤새 파티를 연다.

www.harderpotschete.ch

3월 그린델발드 눈의 축제 Grindelwald Snow Festival

눈과 얼음을 깎아 무언가를 만들어내는 장인들과 예술가들이 마음껏 재능을 펼치는 축제이다. 스키와 보드 리조트로 유명한 인터라켄 부근의 그린델발드에서 열린다. 6일간 진행되는 눈과 얼음의 축제 기간 동안 만들어진 멋진 눈사람과 얼음 조각들은 녹을 때까지 그 자리를 지킨다.

www.grindelwald.ch

3-4월 **인터라켄 클래식스 Interlaken Classics**

봄에 열리는 클래식 음악 축제. 화사하게 꽃이 피고 향긋한 꽃향기가 가득한 봄에 교향곡과 협주곡이 인터라켄 시내에 울려 퍼진다. 신생 앙상블과 솔로이스트들에게 주목하고자 1999년 처음 열린 이후 해마다 규모를 더해 가고 있다.

www.interlaken-classics.ch

4월 **스노우픈에어 Snowpenair**

알프스를 배경으로 펼쳐지는 스위스와 세계 여러 나라의 다양한 공연은 특별한 경험을 선물한다. 봄바람과 만년설의 조합은 가히 환상적이다.

www.snowpenair.ch

6월 **그린필드 페스티벌 Greenfield Festival**

3일간 열리는 야외 음악 축제로, 인터라켄 비행장에서 벌어지는 다양한 장르의 콘서트에 3만여 명의 인파가 열광한다. 40여 팀 이상의 밴드들이 참여하는 규모 있는 축제이다. 인터라켄 동역에서 축제 필드까지 셔틀을 운영하여 시내에서 이동하기도 편하고, 그린필드에서 캠핑하는 것도 가능하다.

www.greenfieldfestival.ch

6월 중순~8월 말 **윌리엄 텔 야외 극장 William Tell Open Air Theatre**

170명 이상의 배우들이 쉴러Schiller의 윌리엄 텔 이야기를 야외 공연으로 선보인다.

www.tellspiele.ch

8월 **브리엔츠 호수 록 페스티벌 Lake Brienz Rock Festival**

브리엔츠 호수의 여름은 뜨겁다! 무더운 여름밤 더위를 날려 버릴 록 페스티벌이 3일 동안 열린다. 여러 나라의 밴드들이 참가하고, 페스티벌 참가자들은 호숫가에서 캠핑을 하며 축제를 즐기기도 한다.

www.brienzerseerockfestival.ch

9월 **국제 융프라우 마라톤 International Jungfrau Marathon**

세계에서 손꼽히는 산악 마라톤이다. 융프라우 지역의 높고 낮은 고도를 모두 거치는 마라톤으로, 난이도가 상당하다.

www.jungfrau-marathon.ch

10월 **브리엔츠 호수 런 Lake Brienz Run**

스위스에서 가장 오래된 달리기 시합으로 브리엔츠 호숫가에서 열린다. 풀 마라톤과 하프 마라톤, 릴레이, 아동과 유스 마라톤 등 다양한 행사가 열린다.

www.brienzerseelauf.ch

12년마다 열리는 **운스푸넨 Unspunnen**

인터라켄은 스위스 여러 지역의 전통 의상을 입고 알프스 관련된 다양한 민속 축제와 경연을 벌이는 행사를 12년에 한 번씩 주최한다. 지역 문화를 보존하고 발전시키려는 좋은 취지로 1805년에 시작된 긴 역사의 축제이다. 2017년이 마지막 행사였으니 다음 일정은 2029년으로 예정되어 있다.

두 개의 아름다운 호수 사이에 위치한 아기자기한 시내와 그 뒤로 펼쳐진 장엄한 알프스가 스키와 하이킹을 즐기려는 여행자들을 유혹한다. 계절마다의 매력이 확연히 달라 한 번만 찾기는 아쉬운 곳이다.

DAY 1

09:00 아침 식사 후 인터라켄 **시내**를 산책한다.

10:00 브리엔츠 호수와 툰 호수 **유람선** 중 하나를 선택해 호수 위에서 인터라켄의 전경을 감상한다. 하이타이드 카약 스쿨을 통해 **카약**을 즐기는 것도 좋다.

13:00 **슈**에서 맛있는 스테이크로 점심을 먹는다.

15:00 **쿤스트하우스**를 돌아보고 **아이스 매직**에서 신나게 스케이트를 탄다. 하절기라면 성 보투스 동굴을 다녀와도 좋고, 아니면 점심 식사를 서둘러 간단히 마치고, 오후 스키를 타러 **그린델발트**에 오르는 것도 좋다.

21:00 융프라우요흐에서 종일 보낼 다음 날 일정을 위해서 일찍 잠자리에 든다. 인터라켄의 밤이 아쉽다면 **바라쿠다** 펍에서 맛있는 맥주 한잔을 하고 하루를 마무리한다.

DAY 2

06:00 아침 식사 후 **융프라우요흐**에 오르기 위해 산악 열차를 타러 간다. 인터라켄 여행의 핵심이라 볼 수 있으니 부지런하게 움직이는 편이 좋다. 새벽 공기를 마시며 기차를 타러 나가는 길은 정말 상쾌하다.

13:00 전망대에 올라 세상에서 가장 맛있는 컵라면을 먹고, 전망대에 있는 여러 레스토랑 중 한 곳을 골라 식사를 하거나 미리 쿱Coop에서 장을 봤다면 간단히 과일이나 샌드위치로 점심을 먹는 것도 좋다. 무엇을 먹어도 꿀맛인 환상적인 경치가 눈앞에 있다.

14:00 슬로프 중 하나를 골라 스키나 보드를 타고 오후를 즐긴다. 어제 못 가본 **융프라우의 주요 봉우리** 중 하나를 골라 보자.

20:30 눈 위에서 황홀한 시간을 보냈다면 시내로 돌아와 **라테르네**에서 든든하게 저녁 식사를 한다.

베르너 오버란트

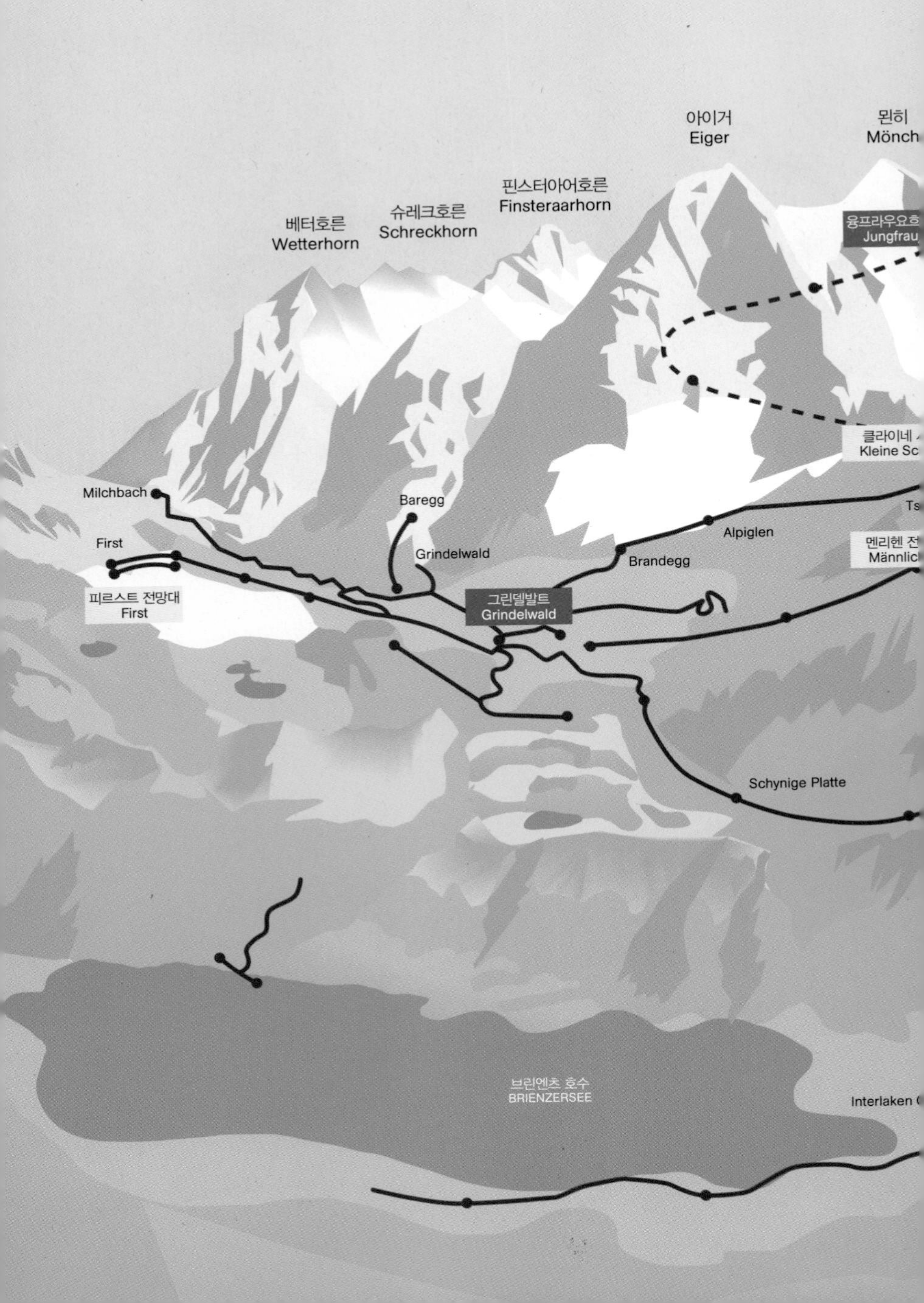

아이거
Eiger
묀히
Mönch
핀스터아어호른
Finsteraarhorn
슈레크호른
Schreckhorn
베터호른
Wetterhorn
Jungfrau
Milchbach
Baregg
First
Grindelwald
Alpiglen
Brandegg
피르스트 전망대
First
그린델발트
Grindelwald
Schynige Platte
브리엔츠 호수
BRIENZERSEE

융프라우
Jungfrau
브라이트호른
Breithon
실트호른 전망대
Schilthorn
Birg
라우버호른
Lauberhorn
김멜발트
Gimmelwald
슈테헬베르크
Stechelberg
뮈렌
Mürren
벵겐
Wengen
라우터브루넨
Lauterbrunnen
이젠플루
Isenfluh
Wilderswill
툰 호수
THUNERSEE
인터라켄
nterlaken
Interlaken West
하더 쿨름
Hader Kulm

융프라우요흐 Jungfraujoch

유럽의 지붕에 올라 환상적인 알프스의 파노라마를 감상하자

해발 3,454m의 아름다운 봉우리는 여름에는 푸른 초원, 겨울에는 황홀한 설경의 전망을 자랑한다. 알프스에서 가장 크고 긴 빙하인 알레치 빙하 Aletschgletscher를 보면서 세상에서 제일 맛있는 컵라면을 먹을 수 있다. 인터라켄에서 융프라우요흐로 올라가는 산악 열차는 세 개의 구간으로 나뉜다. 첫 번째 구간은 두 개의 길로 갈린다. 인터라켄 동역에서 그린델발트Grindelwald 또는 인터라켄 동역에서 라우터브루넨Lauterbrunnen으로 이동할 수 있는데, 올라갈 때와 내려갈 때 각각 다른 길로 가보는 것도 좋다. 두 번째 구간은 그린델발트에서 클라이네 샤이데크Kleine Scheidegg 또는 라우터브루넨에서 클라이네 샤이데크로 간다. 라우터브루넨을 경유하든 그린델발트를 경유하든 클라이네 샤이데크에서 세 번째 구간을 시작하게 된다. 마지막 구간은 클라이네 샤이데크에서 종착역 융프라우요흐이다. 융프라우요흐는 알프스에서 가장 높은 곳이라 유럽 최고봉이라는 의미의 'Top of Europe'이라 부른다. 융프라우요흐에 도착하면 먼저 여러 볼거리를 돌아보자. 동화 같은 전시물 알파인 센세이션Alpine Sensation, 얼음의 바다라 부르는 아이스미어Eismeer 파노라마, 얼음 동굴Ice Palace, 융프라우 파노라마 사진과 영상 전시, 린트

초콜릿 헤븐, 스노우 펀 파크Snow Fun Park, 스핑크스 전망대, 오메가 홀인원 골프 티 오프, 기념품 숍과 카페, 식당 등이 있다.

교통 인터라켄 동역에서 출발하는 산악 열차로 2시간 정도 소요 주소 3801 Wengen 전화 +41 338 541 240 요금 2등석 성인 왕복 CHF210.80, 6~16세 CHF20, 하프 페어 카드 소지자 CHF105.40, 유레일, 인터레일 패스 소지자 CHF158.20 홈페이지 www.jungfrau.ch, www.jungfrau.co.kr(한국 총판)

라우터브루넨으로 가는 열차 이용 시

인터라켄 동역에서 라우터브루넨으로 가는 기차를 탈 때는 열차가 쯔바이뤼치넨Zweilutchinen이라는 역을 지나는데, 이 역에서 어떤 열차는 그린델발트로, 어떤 열차는 라우터브루넨으로 향하니 탑승 전에 목적지를 한 번 더 확인하여 잘못 탑승하지 않도록 주의한다.

열차 예약 전 확인 사항

이 페이지에서 소개하는 모든 봉우리는 중간 정류장과 루트가 다양하니 홈페이지에서 여정과 티켓 종류를 모두 살펴보고 예약할 것을 추천한다.

Tip 스키나 보드 타기

내려가는 길에 중간 역에서 내려 난이도별, 높이별 슬로프를 타고 스키나 보드로 하강할 수도 있다. 운영하는 시간이 다르고 날씨 상황에 따라 운영을 하지 않을 수도 있으니 당일 다시 확인하도록 한다. 융프라우요흐까지 왕복 5시간 정도의 교통 소요 시간과 스키 슬로프가 오후 4~5시쯤 마감하는 것을 고려해 일정을 일찍 시작하고, 이틀 이상 머무를 때 타는 것이 가장 경제적이다. 장비와 의류 모두 현지 대여 가능하나 의류 대여비가 상당하니 참고하자.

그린델발트와 피르스트 Grindelwald - First

인터라켄에서 가장 가까운 동화 같은 알프스 마을

유럽에서 가장 아름다운 베른 알프스의 파노라마 전경을 자랑하는 고도 1,034~2,186m의 그린델발트와 피르스트는 스위스 남서부 알프스, 베르너 오버란트Berner Oberland를 대표하는 휴양 리조트 마을이다. 그린델발트는 융프라우요흐로 가는 산악 열차의 환승역이자 피르스트 하이킹의 거점이기도 하다. 완만한 슬로프가 많아 겨울 레저를 즐기려는 여행자들에게 인기가 많다. 융프라우 일대에서 자동차로 찾아 갈 수 있는 유일한 지역이라서 그린델발트만을 즐기기 위해 이곳에 숙소를 잡고 여행을 오는 사람들도 많다. 융프라우요흐 등반이 불가능하다고 안내를 받아도 그린델발트에서 스키를 타다가 날이 걷히면 올라갈 수 있는 경우도 생기니 비싼 융프라우요흐 티켓을 쉽게 포기하지 말 것! 여름에는 약 100km의 하이킹 루트를 걸을 수 있다. 날씨가 좋지 않아 융프라우요흐에 오를 수 없는 날에도 피르스트에는 오를 수 있는 경우가 많다. 피르스트 중간쯤에 위치한 보트Bort 역에서는 트로티 바이크를 대여하여 탈 수 있고, 반납은 그린델발트/피르스트 역에서 가능하다. 그린델발트까지 800m를 날아 이동하는 피르스트 플라이어First Flieger와 시속 80km로 하늘을 나는 기분을 느낄 수 있는 피르스트 글라이더First Glider도 있고, 클리프 워크Cliff Walk와 마운틴 카트Mountain Carts 등 다양한 액티비티가 마련되어 있다.

교통 인터라켄 동역에서 그린델발트까지 산악 열차로 35분 정도. 그린델발트에서 곤돌라를 이용 피르스트까지 약 25분 소요 요금 그린델발트 경유 왕복 CHF87.40, 6~16세 CHF20, 하프 페어 카드 CHF43.20, 유레일, 인터레일 패스 소지자 CHF64.80 홈페이지 grindelwald.swiss

실트호른 Schilthorn

융프라우의 가장 아름다운 모습을 볼 수 있는 곳

에펠탑에서 에펠탑을 볼 수 없어 오르지 않는다는 말이 있듯, 아름다운 융프라우의 모습은 다른 곳에 올라야 제대로 볼 수 있다. 2,970m 높이의 피즈 글로리아Piz Gloria 전망대는 융프라우보다는 조금 낮은 높이지만 하늘과 맞닿을 듯한 짜릿한 기분을 느끼기에는 충분하다. 영화 007 시리즈 중 〈007 여왕 폐하 대작전〉의 촬영지로 알려진 이곳은, 케이블카를 타는 동안 영화 007 사운드트랙이 흘러나온다. 1시간에 360도 회전하는 레스토랑도 추천한다.

교통 인터라켄 동역에서 기차를 타고 라우터브루넨(Lauterbrunnen) 이동, 버스 141번을 타고 스테첼베르크(Stechelberg)로 이동하여 여기에서 케이블카를 탄다. 요금 스테첼베르크-실트호른 왕복 성인 CHF108, 스위스 하프 페어 카드, 스위스 카드 CHF54, GA 트래블카드, 스위스 트래블 패스 CHF42.80, 유레일 패스, 인터레일 CHF81, 6~16세 CHF54 홈페이지 schilthorn.ch

©Interlaken Tourismus

클라이네 샤이데크 Kleine Scheidegg

스키어와 보더들의 성지

그린델발트에서 30분이면 도착하는, 더 높은 고도에 위치한 클라이네 샤이데크. 이곳에서 하강하는 슬로프가 많다. 봄, 여름에는 한가로이 풀을 뜯는 가축을 볼 수 있는 평화로운 하이킹 코스가 된다. 융프라우요흐에서 클라이네 샤이데크로 하강할 때 아이거글레쳐Eigergletcscher 역에서 내려 클라이네 샤이데크까지 걸어 내려오는 아이거워크EigerWalk가 유명한 코스이다. 경사가 완만하고 풍경이 아름다워 걷는 데 부담이 없다.

교통 그린델발트에서 Wengernalp Mountain Railway를 타고 30분 이동 요금 인터라켄 동역에서 라우터브루넨 또는 그린델발트를 거쳐 클라이네 샤이데크 왕복 2등석 성인 CHF82.80, 6~16세 CHF20 홈페이지 www.jungfrau.ch/en-gb/kleine-scheidegg

하더 쿨름 Hader Kulm

낭만적인 구름 위 전망대

인터라켄에 위치한 산봉우리 하더 쿨름은 인터라켄에서 푸니쿨라로 10분 정도면 도착한다. 1,300m 정도 높이에 전망대와 식당을 갖추었다. 2011년 10월 개장한 보행자 전용 다리가 있으니 한번 건너보자. 이곳에서 바라보는 융프라우는 보고 또 봐도 감탄이 나온다. 하더 쿨름 정상에 위치한 작은 성처럼 보이는 레스토랑은 일요일에는 테라스에서 특별 조식 메뉴를 따로 마련하여 먹을 수 있다. 하더 쿨름 케이블카인 하버단과 식당은 아쉽게도 동절기에는 문을 닫는다. 하이킹 코스도 있는데, 여러 코스 중 가장 쉬운 것은 50분 밖에 걸리지 않으니 걸어 볼 만하다. 인터라켄에서 걸어서 오르려면 약 2시간 30분이 소요된다.

교통 인터라켄 동역에서 관광 푸니쿨라 하더반(Harderbahn)을 타고 10분 주소 Harderstrasse 14, 3800 전화 +41 338 287 233 시간 4월 중순~10월 중순 요금 하더반(Harderbahn) 편도 CHF16 홈페이지 www.jungfrau.ch/de-ch/harder-kulm

아이거 Eiger

북쪽 벽이 특히 절경인 봉우리

오랫동안 인간이 오를 수 없는 빙벽으로 여겨져 온 아이거는 1858년 아일랜드 출신의 산악인 찰스 배링턴이 서쪽 길로 오른 것을 시작으로 많은 산악인이 도전했으나 북쪽 벽의 난이도가 상당하여 수많은 사망자를 낳았다. 1938년 독일과 오스트리아 연합 등정 팀에 의해 마침내 정복되었지만 오늘날에도 난이도가 세계 최강인 등반이다. 마터호른과 그랑드조라스와 함께 알프스 3대 북벽으로 불린다. 융프라우 철도가 아이거를 통과하기 때문에 여행자들은 쉽게 아이거 가까이에 다가갈 수 있다.

교통 인터라켄 동역에서 그린델발트 또는 라우터브루넨을 지나 아이거글렛처(Eigergletscher)까지 약 2시간 15분 소요 요금 클라이네 샤이데크 - 아이거글레처 왕복 CHF16~ 홈페이지 www.jungfrau.ch/en-gb/kleine-scheidegg/return-trip-to-the-eiger-north-face

아웃도어 레포츠의 천국 인터라켄

활동적인 여행자라면 한 달간 인터라켄에 머물러도 매일매일이 새로울 정도로 갈 곳과 할 것이 정말 많다. 특별한 레저를 하지 않더라도 잠깐 호숫가를 산책하는 것만으로도 충분히 즐거운 하루가 되는 아름다운 곳이기도 하다. 셀 수 없이 많은 하이킹 루트와 스키 슬로프, 전망대가 있는 인터라켄은 아웃도어 레포츠의 천국이다.

아웃도어 인터라켄 Outdoor Interlaken

인터라켄의 모든 재미를 책임진다

아웃도어 인터라켄은 인터라켄 등지에서 할 수 있는 다양한 레포츠를 총괄하는 아웃도어 에이전시이다. 여름에는 래프팅, 스카이다이빙, 번지 점프, 행글라이딩, 패러글라이딩, 캐년 스윙, 바이크, 스쿠터를 겨울에는 스키, 썰매, 스노우슈 등을 즐길 수 있고, 워킹 투어와 난이도 낮은 하이킹 투어도 진행한다. 인터라켄의 많은 투어 진행 사를 총괄하고 있어 개별적으로 예약하는 것보다 아웃도어 인터라켄에 맡기는 편이 수월하다. 이곳의 엄청난 장점은 상주하는 한국인 직원이 있다는 것! 여행을 떠나기 전 문의도 한국인 직원과 진행할 수 있고, 현지에서도 한국인 직원의 세심한 보살핌으로 완벽한 프로그램을 즐길 수 있다. 홈페이지에서 한국어 안내를 통해 여러 프로그램의 상세 내용을 살펴보고 예약을 진행할 수 있다. 회에베크 Höheweg에 상점과 예약 사무소가 있고, 도심에서 조금 벗어난 하웁트스트라세Hauptstrasse에 스키 대여와 투어 미팅 사무소가 있다.

교통 인터라켄 동역에서 104번 버스 타고 6분, 서역에서 104번 버스 타고 4분 주소 Hauptstrasse 15, 3800 전화 +41 338 267 719 시간 08:00~12:00, 16:00~19:00 요금 알프스 눈썰매 CHF71, 루취네강 래프팅 CHF107 홈페이지 www.outdoor-interlaken.ch/ko

하이타이드 카약 스쿨 Hightide Kayak School

호수를 더욱 특별하게 여행하는 법

인터라켄을 조금 더 특별하게 여행하고 싶은 에너지 넘치는 여행자를 위해 소개하는 하이타이드! 여름에는 서핑, 스탠드업패들과 카약을, 겨울에는 카약 프로그램을 운영한다. 가장 인기 있는 것은 역시 카약이다. 연중 내내 진행하는 카약 투어에 참여하면 동굴, 성 등 주변 볼거리를 함께 구경하고, 가이드에게 인터라켄과 스위스 여행에 대한 재미있는 이야기도 들을 수 있다. 장비만 대여하기도 하고(5~9월), 10~4월의 동절기에는 겨울 슈트를 착용하고 겨울 카약을 진행한다. 일일 근교 여행, 호숫가에서 바비큐와 캠핑을 하는 1박 2일 여행 등 프로그램이 다채롭다. 모든 투어는 최대 6명 정도로 제한하여 가이드의 세심한 인솔과 투어 내내 인터라켄과 스위스 여행에 대한 질문을 할 수 있으며 사진 촬영도 틈틈이 해주어 투어를 마치고 메일로 멋진 인생 사진을 받을 수 있다. 모든 투어와 프로그램은 날씨에 영향을 받기 때문에 투어 예약이 취소될 수도 있음을 염두에 두고 인터라켄 일정을 여유 있게 잡도록 한다. 산에 오르거나 스키를 타기에 궂은 날씨여도 카약은 탈 수 있는 날이 많으니 그런 날은 당일 예약을 알아보는 것도 좋다.

교통 인터라켄 동역에서 103번 버스 타고 6분 주소 Am Quai 1, 3806 Bönigen 전화 +41 799 060 551 시간 프로그램별로 시간 상이 / 1일 투어 보통 아침(08:45)에 출발하여 오후 늦게(16:15) 끝남. 요금 카약 1일 투어 CHF130~, 하프데이 투어 CHF105, 카약 대여 3시간 CHF40 홈페이지 hightide.ch

브리엔츠 호수와 툰 호수 Brienz & Thun

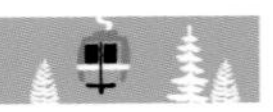

MAPECODE 41131 41132

인터라켄에 위치한 두 호수

두 호수의 선착장에서 유람선을 탈 수 있다. 걸어서 보는 것과는 다른 재미와 감동이 있다. 2시간 남짓 할애하면 되고, 유람선 스케줄이 시즌마다 달라지니 일정을 짜기 전에 반드시 홈페이지에서 확인을 하는 것이 좋다. 보통 툰 호수의 유람선이 브리엔츠보다 그 수가 많아 더 자주 운행하는 편이다.

요금 인터라켄 서역 – 툰 편도 2등석 CHF45, 인터라켄 동역 – 브리엔츠 편도 2등석 CHF32 홈페이지 www.bls.ch/en

브리엔츠

브리엔츠는 나무 조각 공방과 로트호른Rothorn을 올라가는 증기 기관차로 유명하다. 인터라켄 동역에서 출발하는 브리엔츠행 유람선은 약 1시간 10분 정도 소요된다. 브리엔츠에 내려서는 작고 조용한 마을을 자전거로 천천히 돌아봐도 좋다. 출발지로 돌아갈 때는 브리엔츠 기차역에서 기차를 타고 인터라켄 동역으로 이동한다. 루체른 등지에서 골든패스 라인을 타고 브리엔츠에서 하차하여 유람선으로 인터라켄 동역으로 들어갈 수도 있다.

홈페이지 www.myswitzerland.com/ko/lake-brienz.html

툰

©Interlaken Tourismus

툰의 호수는 빙하가 녹은 물로 그 빛이 짙고 푸르다. 휴양지 스피츠Speiz와 12개의 고성이 우뚝 서 있는 호수 일대를 운행하는 유람선을 탈 수 있다. 브리엔츠보다 더 인기가 많다. 인터라켄 서역에서 출발하여 스피츠까지는 약 1시간 15분, 툰까지는 약 2시간 10분이 걸린다. 스피츠와 툰에 기차역이 있어 기차를 타고 돌아갈 수 있다.

홈페이지 www.myswitzerland.com/ko/destinations/thunersee

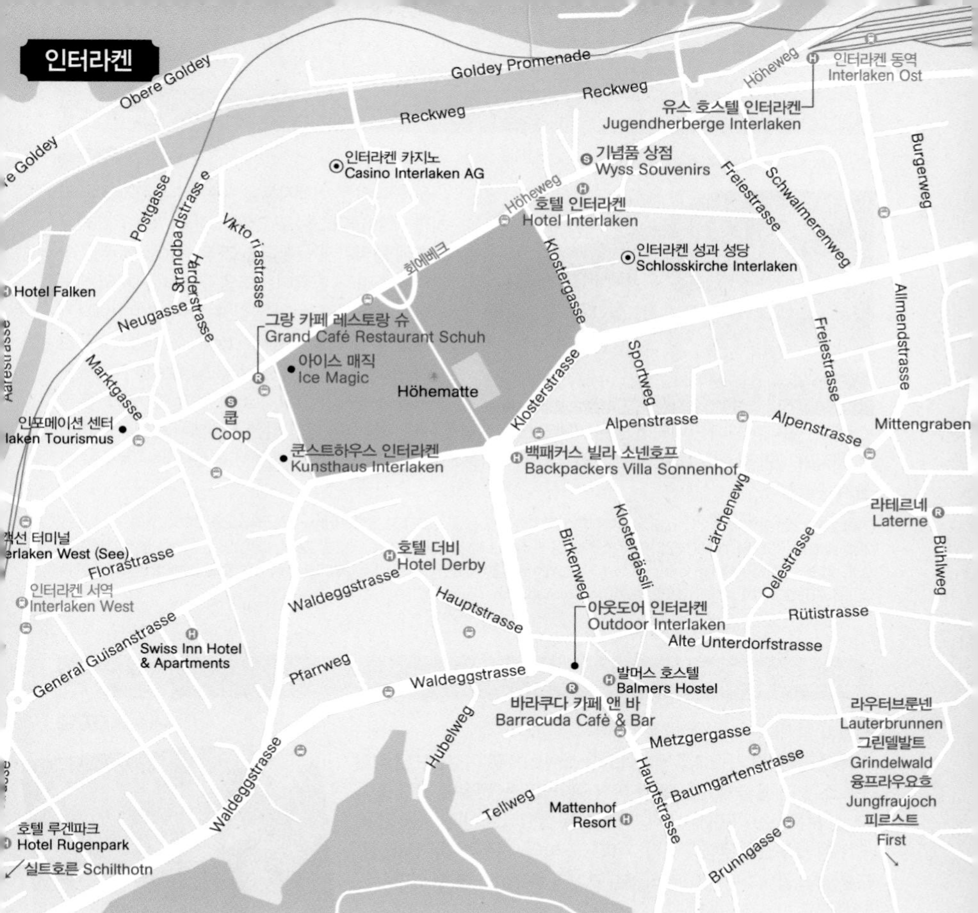

쿤스트하우스 인터라켄 Kunsthaus Interlaken

MAPECODE 41133

인터라켄의 문화 생활은 이곳에서

미술, 음악, 연극, 무용, 문학과 영화까지 예술 전반을 다루는 인터라켄 공연 전시의 보고라 할 수 있다. 2009년에 개관하여 인터라켄 지역 아티스트들의 작품 활동을 지지하여 로컬 예술가의 전시를 많이 볼 수 있다. 흥미로운 테마로 여러 행사를 주최하여 평일에는 오후 세 시간만 연다는 것이 무척 아쉽다. 영화의 경우 상영 시간이 전시관 오픈 시간과 다를 수 있다.

교통 인터라켄 동역에서 103번 버스 타고 5분, 서역에서 도보 7분 주소 Jungfraustrasse 55, 3800 전화 +41 338 221 661 시간 수~토 15:00~18:00, 일 11:00~17:00 홈페이지 kunsthausinterlaken.ch

아이스 매직 Ice Magic

MAPECODE 41134

시내 한가운데 위치한 대형 아이스링크

겨울 인터라켄 여행자들을 위한 시내 한가운데 위치한 대형 아이스링크! 안개가 잔뜩 껴서 융프라우요흐에 올라가지 못한다면 그 아쉬움을 달래줄 최고의 장소이다. 반짝이는 조명과 신나는 DJ의 선곡으로 어른 아이 모두가 즐길 수 있다. 밤이면 DJ가 볼륨을 높여 흥을 돋운다. 12월 중순에는 일주일 남짓 크리스마스 마켓도 열리고 1월 1일 저녁에는 불꽃놀이 축제가 있으니 놓치지 말 것. 링크 옆 레스토랑은 홈페이지에 안내되어 있는 이메일 또는 전화로 예약 가능하다. 인터라켄 시내에서 운영하는 아이스 매직의 메인 시즌은 12~2월로, 3월부터는 아이스 스포츠 센터 보델리Ice Sport Centre Bödeli로 장소를 옮겨 운영한다.

교통 인터라켄 서역에서 21, 102, 103번 버스 타고 4분 또는 도보로 7분 주소 Höhe-Promenade, 3800 전화 +41 338 260 090 시간 매일 10:00~22:00 / 스위스 샬레 레스토랑 월~금 17:00~, 12월 24일, 25일 휴무 요금 성인 CHF9(게스트 카드 소지자 CHF8), 4~10세 CHF7 / 스케이트 대여 성인 CHF9, 아동 CHF5 / 바바리안 컬링 30분 8인 CHF50(매일 16:00~22:00) / 라커 CHF2 홈페이지 icemagic.ch

성 보투스 동굴 St. Beatus Höhlen

MAPECODE 41135

전설이 함께하는 신비한 장소

기원전 6세기경 기독교를 전파하고자 스위스에 온 아일랜드인 성인 보투스가 이 동굴에 사는 용과 싸워 쫓아냈다는 전설이 서린 곳이다. 성 보투스는 이곳에서 백 년이 넘도록 살았다고 한다. 동굴 입구에는 성 보투스의 무덤이 있다. 가이드를 따라서 동굴 내부 1km 정도를 걸어 들어가는 투어로 다양한 크기의 종유석을 볼 수 있다. 실제 동굴은 방문객들에게 공개된 것보다 몇 배는 더 크다고 한다. 주변에 카페, 식당도 있어 편의 시설이 좋아 가족 단위로 많이 찾는 명소이다. 동굴 내부가 습할 수 있으니 미끄럽지 않은 신발을 착용하도록 한다. 2013년 개관한 동굴 박물관에서는 동굴의 역사를 비롯한 관련 자료를 살펴볼 수 있다.

교통 인터라켄 동역에서 103번 버스 타고 12분, 102번 버스 타고 14분, 21번 버스 타고 15분 주소 Beatenberg, 3800 전화 +41 338 411 643 시간 3월 중순~11월 중순 매일 09:45~17:00 / 45분마다 가이드 투어 진행(약 75분 소요) / 박물관은 매일 11:30~17:30 요금 성인 CHF18(게스트 카드 소지자 CHF16) / 6~16세 CHF10(게스트 카드 소지자 CHF9) 홈페이지 www.beatushoehlen.ch

회에베크 Höheweg

인터라켄의 쇼핑 대로

MAPECODE 41136

인터라켄 동역과 서역을 잇는 긴 대로로, 회에베크에 대부분의 상점들이 자리하고 있다. 서역 앞 반호프스트라세Bahnhofstrasse까지 여러 상점들이 나란히 서 있다. 스위스 지역 기념품과 레저 관련 스포츠용품, 스포츠 의류, 액세서리 브랜드와 초콜릿 가게가 대부분이다.

교통 인터라켄 동역과 서역에서 나와 바로 보인다. 도보 1분.

Tip 인터라켄 성과 성당 Schlosskirche Interlaken

회에베크를 따라 걷다가 클로스터스트라세Klosterstrasse 골목으로 가면 고딕 양식의 인터라켄 성과 1133년 수도원을 18세기 성당으로 개조한 인터라켄 성당이 있다. 넓은 평지에 위치하여 멀리서도 쉽게 눈에 띄는데, 많은 패러글라이딩 업체들이 이 위를 날아 랜딩하기 때문에 하늘에서 성과 교회를 먼저 보게 되는 여행자들도 꽤 많다. 시내에서 쇼핑을 하거나 돌아다니다 잠시 쉬어가기 좋은 곳이다. 성당의 스테인드글라스가 아름답기로 유명하다.

교통 인터라켄 동역에서 103번 버스로 4분 또는 도보로 8분 주소 Lindenallee 10, 3800 전화 +41 338 224 533 홈페이지 schlosskirche.ch

라테르네 Laterne

MAPECODE 41141

동네 사람들이 입을 모아 칭찬하는 곳

들어서면 동네 사람들이 여행자를 신기하게 쳐다보는, 완전한 로컬 맛집이다. 주인도 영어가 서투르지만 영어 메뉴판은 있으니 걱정 말자. 스낵류나 음료는 늘 주문 가능하나, 이곳의 식사 메뉴는 식사 시간에 맞춰(저녁은 17시부터) 주문을 받으니 유의할 것. 가정집 분위기가 나는 아늑한 인테리어와 묵직한 사기 그릇에 푸짐하게 담겨 나오는 요리들이 모두 맛있다. 메뉴가 무척 다양하여 키즈 메뉴, 채식 메뉴도 마련되어 있다. 햄버거나 파스타도 있지만 뢰스티, 퐁듀, 소고기 스테이크 등 스위스 요리가 특히 맛있다. 이곳 사람들이 인터라켄 맛집을 추천해 달라고 하면 가장 먼저 소개하는 곳이다.

교통 인터라켄 동역에서 103번 버스 타고 3분 또는 도보로 11분 주소 Obere Bönigstrasse, 3800 전화 +41 338 221 141 시간 월~금 06:00~24:00, 토 07:30~24:00, 일 09:00~24:00 가격 소고기 안심구이와 베르네즈 소스 CHF46.80 홈페이지 restaurant-laterne.ch

바라쿠다 카페 앤 바 Barracuda Cafè & Bar

MAPECODE 41142

흥겨운 분위기가 있는 카페 겸 바

사람들의 이야기 소리와 맥주 잔이 부딪히는 소리로 매일 저녁 즐거운 동네 카페 겸 펍이다. 지역에서 나는 신선한 식재료를 사용하여 간단하면서도 든든한 식사 메뉴와 맛있는 커피, 맥주와 칵테일 등을 판매한다. 큰 스포츠 경기가 열리는 날이면 동네 젊은이들이 모두 모여 경기를 보고, 라이브 공연과 다양한 이벤트를 자주 주최한다. 주말 아침 일찍 방문하면 느긋하게 브런치를 즐길 수 있다.

교통 인터라켄 서역에서 104번 버스로 5분 또는 도보로 15분 주소 Hauptstrasse 16, 3800 Matten bei Interlaken 전화 +41 768 246 685 시간 수, 목 16:00~24:30, 금~일 10:00~24:30 가격 터키 클럽 샌드위치 CHF14.50, 아보카도 토스트 CHF10.50, 카푸치노 CHF4 홈페이지 www.barracudacafe.ch

그랑 카페 레스토랑 슈 Grand Café Restaurant Schuh

MAPECODE 41143

인터라켄 스테이크 맛집

1818년부터 영업해 온 유서 깊은 식당인 이곳은 커피 한잔을 마시러 들르기에도 좋은 예쁜 곳이다. 이 식당의 이름은 오래 전 이 동네에 초콜릿을 정말 맛있게 만들던 '슈'라는 이름의 아가씨가 살았다는 이야기에서 유래한 것이라고 한다. 로고에 우아한 아가씨 그림이 있는 이유도 그 때문이다. 초콜릿이 유명하고, 식사로는 스테이크가 맛있기로 알려져 있으니 식사가 필요하다면 참고하자. 퐁듀 등 다른 메뉴는 호불호가 꽤 갈리는 편이다. 페이스트리류도 맛이 좋으니 티 타임을 가져도 좋다. 매일 좋은 재료로 구워 내는 디저트 종류가 정말 맛있다. 머무는 동안 여러 번 들러도 좋은 이유는 11:30~14:00까지 주문 가능한 런치 메뉴를 요일별로 다르게 제공하기 때문이다. 융프라우철도 한국총판인 동신항운 웹사이트에서 슈 레스토랑 할인 쿠폰을 나누어 주기도 하니 방문 계획이 있다면 같이 살펴볼 것!

교통 인터라켄 서역에서 103번 버스로 3분 또는 도보로 6분 주소 Höheweg 56, 3800 전화 +41 338 888 050 시간 매일 09:00~23:00 요금 비프 랑트레코트 CHF39 홈페이지 www.schuh-interlaken.ch

★ 인터라켄

호텔 더비 Hotel Derby

MAPECODE 41144

알프스 느낌 가득한 분홍 외관의 호텔

알프스 산장에서 묵는 느낌이 든다. 시내 한가운데 위치했지만 안쪽 골목이라 소음이 없고 전망이 환상적이다. 매일 깨끗하게 정리되는 쾌적한 침실에서 시내의 소음 없이 편안한 잠자리에 들 수 있다. 주인 부부는 늘 따뜻하게 여행객을 안내하고, 객실은 깨끗하고 안락하다. 호텔 부근에 위치한 실내, 실외 수영장과 피트니스 센터를 무료로 사용할 수 있으며 아침 조식도 든든하고 맛있다. 호텔에는 작은 정원이 딸려 있고, 동네 토박이인 주인 부부가 주변 맛집과 볼거리, 놀거리를 세세하게 추천해 주기도 한다. 전 객실 금연, A/C 완비, 미니바와 헤어드라이어를 제공한다. 체크인 14:00, 체크아웃 10:00.

교통 인터라켄 서역에서 도보 10분 주소 Jungfraustrasse 70, 3800 전화 +41 338 221 941 요금 이코노미 더블룸 112유로~ 홈페이지 www.hotel-derby-interlaken.ch/en

백패커스 빌라 소넨호프 Backpackers Villa Sonnenhof

MAPECODE 41145

한인 민박이나 다름없는 호스텔

취사 가능한 주방 시설이 완비되어 있는 시설 좋고 위치도 좋은 호스텔이다. 한국인 여행객들에게 입소문이 나 인터라켄을 찾는 한국인들은 거의 90%가 이곳에서 묵어 간다 해도 과언이 아니다. 한국어 안내도 있고 주방, 로비 어디에서든 한국어가 들린다. 여름에는 공영 실내, 야외 수영장을 무료로 사용할 수 있고 넓은 정원에서 무료로 미니 골프도 칠 수 있다. 취사 시설도 물론 이용 가능하고 조식도 훌륭하다. 무료 공영 버스와 주차장도 제공하며 세탁기, 건조기도 마련되어 있다. 체크인할 때 호스텔 전용 코인 여섯 개를 주는데 이것으로 커피, 우유 등 음료를 마시거나 세탁 시설을 이용할 수 있다. 스케이트 무료 이용권, 실외 수영장 무료 이용권 등도 함께 받을 수 있다. 그야말로 물가 높은 스위스에서 가성비 끝내주는 숙소. 호스텔 전역에서 무료 무선 인터넷 이용이 가능하며 코인으로 사용할 수 있는 컴퓨터도 있다. 체크인 16:00, 체크아웃 10:00.

교통 인터라켄 동/서역에서 도보 15분 주소 Alpenstrasse 16, 3800 전화 +41 338 221 643 요금 에코 도미토리 CHF43~ 홈페이지 www.villa.ch

유스 호스텔 인터라켄 Jugendherberge Interlaken

MAPECODE 41146

두 호수 사이에 자리한 완벽한 위치

앞서 소개한 백패커스와 같이 한국 사람들이 굉장히 많은 숙소이다. 전용 욕실이 있는 객실과 공용 욕실이 있는 객실로 구분된다. 부대 시설로는 레스토랑과 스낵 바, 탁구대와 당구대가 마련되어 있고 자전거도 대여 가능하다. 바로 앞에 대형 마트 쿱Coop이 있고, 동역과 매우 가까워 교통이 편리하다. 당일치기 근교 여행을 마치고 또는 스키장을 이용하고 늦은 밤 인터라켄으로 돌아와도 역 바로 앞에 위치하여 무섭지 않다. 쾌적하고 깨끗한 침실과 욕실도 만족스럽고 조식도, 서비스도 좋다. 객실 60개의 스위스 유스 호스텔Swiss Youth Hostels 체인 소속의 숙소이다. 체크인 15:00, 체크아웃 10:00.

교통 인터라켄 동역에서 도보 1분 주소 Untere Bönigstrasse 3, 3800
전화 +41 338 261 090 요금 6베드 도미토리 CHF40~ 홈페이지 www.youthhostel.ch/en/hostels/interlaken

호텔 인터라켄 Hotel Interlaken

MAPECODE 41147

아름다운 정원 옆 호텔

인터라켄은 1978년 일본의 오츠Otsu와 결연을 맺고 도심에 일본 정원Japanese Garden을 조성하였다. 그 옆에 위치한 이 4성급 호텔은 14세기에 지어진 건물로 세심한 보수 공사를 마치고 깔끔히 단장하여 손님들을 기다리고 있다. 객실 앞에 간이 식당이 있어 커피를 끓여 마시거나 간단히 과일을 깎아 먹는 등 호스텔과 민박의 장점을 누릴 수 있다. 각 객실은 무료 유무선 인터넷 및 케이블 TV, 금고와 업무용 책상을 갖추고 있다. 호텔 내 태번Taverne 레스토랑은 스위스 요리와 세계 각국의 요리를 선보이며, 클로스터 로지 앤 바Kloster Lounge & Bar는 화~토요일 17시부터 밤 늦게까지 영업한다. 조식도 다양하고 서비스도 훌륭하다. 체크인 15:00, 체크아웃 11:00.

교통 인터라켄 동역에서 도보 5분 주소 Höheweg 74, 3800 전화 +41 338 266 868 요금 이코노미 더블룸 CHF270
홈페이지 www.hotelinterlaken.ch

Genève

제네바

바젤, 취리히와 더불어 스위스의 3대 도시이다. 프랑스와 인접하고 있어 프랑스어가 공식 언어로 사용되고, 여러 면에서 프랑스 분위기를 가지고 있다. 영세 중립국인 스위스의 성격을 보여 주듯, 국제 연합(UN)의 유럽 본부, 국제 노동 기구(ILO), 세계 보건 기구(WHO), 국제 적십자 본부 등 여러 국제 기구와 기관의 본부가 제네바에 모여 있어 정치 외교적으로 무척 중요한 역할을 한다. 제네바는 16세기 칼뱅을 비롯한 종교 개혁가들이 종교 개혁 운동을 벌인 유럽 개신교의 중심지이기도 했다.
유럽 최대의 호수인 레만 호수의 멋진 풍경과 구시가지, 깔끔하고 세련된 문화 예술의 공간까지 여행자의 마음을 사로잡는 제네바의 매력을 살펴보자.

인포메이션 센터 제네바 공항에 한 곳, 시내에 한 곳이 있다. 시내 관광의 다양한 정보를 안내하고 제네바 패스를 판매한다.

교통 중앙역에서 도보 4분 주소 18 Rue du Mont-Blanc, 1201 시간 월 10:00~18:00, 화~토 09:00~18:00, 일 · 공휴일 10:00~16:00 전화 +41 22 909 70 00 홈페이지 geneve.com

제네바로 이동하기

제네바 공항 Genève Aéroport

도시에서 북서쪽으로 5km 떨어진 지점에 위치한 제네바 국제공항은 취리히 공항 다음으로 많은 수의 국제선이 취항하는 곳이다. 스위스 국제 항공, 스위스 유럽 항공 그리고 저가 항공 이지젯이 이곳을 허브 공항으로 사용하고 있다.

홈페이지 www.gva.ch

공항에서 시내로 이동하기

제네바 공항에 도착하면 짐 찾는 곳에서 80분간 유효한 유니레소UNIRESO 교통권 1매를 발권해 주어 시내로 무료로 이동할 수 있다. 기차를 타도 되고(약 6분 소요), 버스를 이용해도 좋다. 버스는 약 15~20분이 소요되고, 버스 5, 5+, 10, 23, 28, 56, 57, 66, V번이 공항과 도심을 잇는다. 기차가 버스보다 빠르지만 탑승장까지 약 5분을 걸어야 한다. 버스는 짐을 찾고 바로 탈 수 있도록 정류장이 가까워 편리하다. 택시로는 CHF100 정도 요금이 나온다. 공항과 가까운 호텔들은 무료 셔틀을 운행하고 있으니 호텔에 문의해 본다.

제네바 중앙역 Genève CFF, Gare de Cornavin

코르나뱅 역이라고도 부른다. 프랑스와 스위스를 연결하는 철도가 많고, 유럽 각지에서 오가는 열차로 늘 붐비는 곳이다. 도시 한가운데 위치한 벨 에어Bel-Air까지는 트램 한 정거장, 도보 5분 거리에 위치한다. 2014년 5월 새로이 단장하여 말쑥한 모습으로 방문객들을 맞이한다. 60여 개의 상점과 슈퍼마켓 등도 있다. 역내 화장실 이용은 유료니 동전을 준비하자. 연중무휴로 아침 일찍부터(06:00~22:00) 운영하는 카페도 있으며 주변에 ATM, 카페, 식당 등이 많아 일찍 출발하고 늦게 도착하는 사람들에게 유용하다.

홈페이지 www.sbb.ch/en/station-services/railway-stations/geneva-station.html

- 취리히 - 제네바 직행 약 2시간 40분
- 베른 - 제네바 직행 약 1시간 40분
- 인터라켄 - 제네바 베른 경유하여 약 2시간 40분
- 파리 - 제네바 직행 약 3시간

제네바의 시내 교통

제네바의 대중교통은 버스, 트램, 기차(교외), 유람선 등이 있다. 공항에서 무료로 받았던 유니레소 교통권을 이용하여 80분간 도시를 돌아볼 수 있다. 그 후부터는 정류장이나 역에서 티켓 판매기를 이용하여 표를 구입할 수 있으며, 날짜와 시간이 찍혀 나오기 때문에 미리 표를 사 두지 않고 쓰기 직전에 1매씩 구입하도록 한다. 제네바에 있는 숙소에 머무는 경우 호텔에서 숙박 기간 동안 무료로 사용 가능한 교통 카드를 발급해 준다.

제네바 유니레소 교통권

정류장에 설치된 티켓 판매기 또는 신문 가판이나 슈퍼마켓에서 이용하는 구간, 시간에 따라 구입할 수 있다. 중앙역에서 1달 이용권을 신분증과 체류지 주소를 제시하고 구입할 수 있다. 1달 이용권은 성인 CHF73, 25세 이하 CHF49이다.

교통 요금 1시간 10존(제네바 도심) 성인 CHF3, 6~16세 CHF2

무에트 Mouette

제네바 호수를 배를 타고 잠깐 돌아보고 싶다면 귀여운 모양의 무에트를 타 보자. 2004년 운행을 시작하여 네 개의 노선을 운행한다. 최대 50~60명을 태울 수 있다. 나무 또는 철로 만들어졌고, 태양열 에너지로 작동하는 배가 있다.

운영 1~5월 26일, 10월 7일~12월 31일 / 전 노선의 첫 배는 07:30 전후이며, les Pâquis 선착장에서 떠나는 것으로는 평일은 19:30~19:35, 주말과 공휴일은 17:50~18:05가 마지막 보트이다. 모든 선착장의 시간표는 홈페이지에서 확인이 가능하다. 요금 제네바 대중교통권 사용이 가능하며 1회 편도권을 구매하여 사용해도 된다. 성인 CHF2, 아동과 65세 이상 CHF1.80 홈페이지 www.mouettesgenevoises.ch

투어 버스 Tour Bus

시에서 운행하는 도시 관광 버스로 구시가지, 공원과 거주 단지, 국제 투어(UN을 지나는 루트), 니온Nyon, 구시가지, 라보Lavaux 등 일곱개 코스가 있다. 홈페이지에서 매일 각 코스의 운행 상황과 시간표, 정류장과 배차 간격 등 자세한 정보를 확인할 수 있다.

요금 구시가지 투어 CHF10.90 홈페이지 geneva-sightseeing-tour.com

제네바 교통 카드 Geneva Transport Card

제네바 시내의 모든 대중교통 수단(트램, 버스, 메트로)을 이용할 수 있는 카드로, 호텔이나 호스텔에 묵는 경우 투숙 기간 동안 유효한 제네바 교통 카드를 무료로 제공한다. 노란색 택시 보트 무에트도 무료로 이용할 수 있다.

홈페이지 www.unireso.ch

이지 패스 Easy Pass

이지 패스는 개시 시간으로부터 2일간 사용 가능하다. 제네바에 잠깐 머무르고 많은 곳을 방문하지 않는 여행자를 위한 패스로, 주로 비즈니스차 제네바를 찾는 사람들이 여유 시간에 사용하기 좋은 혜택으로 구성되어 있다. 시가 운영하는 모든 시립 박물관 중 한 곳을 무료로 갈 수 있고, 제네바가 속한 교통 10존의 대중교통과 크루즈 1회 탑승, 구시가지 투어도 무료이다.

요금 CHF29 홈페이지 www.geneve.com/en/see-do/easy-pass

제네바 패스 Geneva Pass

약 50개의 제네바 명소와 대중교통 이용권을 포함하는 다목적 패스로, 인포메이션 센터나 홈페이지에서 구입할 수 있다. 사용할 때마다 제시하고, 각 명소는 한 번만 방문 가능하며, 중복 할인은 안 된다. 1, 2, 3일권이 있으며 온라인으로 미리 구매하는 경우 이메일로 받은 바우처를 출력하여 가지고 다녀야 한다. 홈페이지에서 패스를 사용할 수 있는 시내 명소와 제네바 도시 지도를 제공한다.

요금 1일권 CHF26, 2일권 CHF37, 3일권 CHF45 홈페이지 www.geneve.com/en/see-do/geneva-pass

제네바 축제

사진©GenèveTourisme

2월 안티젤 페스티벌 Antigel Festival

보통 2월 1~2주에 열리는 연간 축제로 음악, 무용을 중심으로 여러 이벤트가 열린다. 터널 안에서의 롤러 스케이트 파티, 공항 홀에서의 댄스 파티 등 이색적인 행사가 많다. 호숫가에서 비행 쇼로 오프닝을 하는 등 예측할 수 없는 볼거리가 해마다 기대감을 높인다.

www.antigel.ch

3월 보아 드 페트 Voix de Fête

스위스에서 가장 규모가 큰 프랑스 음악 축제로 축제 기간 중 50여 개의 공연이 열린다. 스위스 뮤지션들을 비롯하여 프랑스어권 음악가들이 대거 참여한다.

www.voixdefete.com

5월 제네바 마라톤 Geneva Marathon

이름난 마라토너들과 제네바 시민들이 함께 달린다. 10km 달리기, 5km 달리기, 10km 걷기, 휠체어와 핸드사이클 경기 등 다양한 프로그램이 있다. 결승점이 도심 한복판이라 경기를 마치고 모두 즐겁게 먹고 마시며 레이스를 마무리한다.

www.harmonygenevemarathon.com/en

5월 박물관의 밤 Nuit des Musées

제네바에 위치한 30여 개의 박물관이 야간 개장을 한다. 영구 전시에서 벗어나 이 날만 볼 수 있는 특별 전시를 마련하기도 하고, 박물관 안팎으로 공연이나 설치 미술 등 여러 즐길 거리가 마련된다.

www.geneve.com/fr/events/nuit-des-musees-geneve

6월 음악 축제 Fête de la Musique

세계 각지의 뮤지션들이 기량을 뽐내는 초여름의 음악 축제이다. 제네바 최대 규모의 음악 축제로 100개 이상의 공연이 펼쳐진다. 클래식부터 일렉트로닉, 재즈, 팝, 월드 뮤직, 샹송 등 무척 다양한 장르를 다룬다. 축제 기간 동안에는 시내 여러 도로를 보행자 전용으로 막고 거리 공연을 열기도 한다.

www.ville-ge.ch/fetedelamusique

10월 베르니에 수르 록 페스티벌 Vernier Sur Rock Festival

3일 밤 동안 라이브 록 공연을 즐길 수 있는 음악 축제로, 도심에서 조금 떨어진 리뇽Salles des Fetes du Lignon 공연장에서 열리며 펑크, 레게, 헤비 메탈 등 다양한 장르의 공연도 볼 수 있다.

www.verniersurrock.ch

10-11월 제네바 국제 필름 페스티벌

Geneva International Film Festival

1995년부터 매년 열리는 제네바의 영화, TV 영화 축제로 어린이의 날 행사도 포함한다. 시사회와 상영권, 라이선스를 사고파는 디지털 마켓도 열려 세계 각국의 영화인들이 몰려든다.

www.giff.ch

크리스마스 마켓

12월 크리스마스 마켓 Christmas Market

야외 스케이트장과 꼬마전구를 휘감은 대형 트리를 만날 수 있는 12월의 제네바는 성탄절 분위기에 모두가 즐겁다. 바스티옹 공원 등에서 크리스마스 마켓이 열린다. 규모가 꽤 있어 시간을 내서 돌아보면 좋다. 맛있는 음식과 귀여운 소품, 선물하기 좋은 물건을 판매하는 샬레를 한 곳씩 살펴보자.

www.geneve.com/en/blog/best-christmas-marketin-and-around-geneva

12월 레스칼레이드 L'Escalade

1602년 제네바를 침공한 외부 세력을 성공적으로 막아낸 것을 기념하는 축제이다. 구시가지에서 펼쳐지는 퍼레이드가 축제의 하이라이트. 17세기 복장을 한 천 명 이상의 사람들이 멋지게 발을 맞추어 시내를 행진한다.

www.1602.ch

12-1월 제네바 럭스 Geneva Lux

2014년 처음 시작된 제네바의 화려한 라이트 쇼. 현대적인 조명 장치들이 시내 곳곳에 설치되어 해가 일찍 지는 겨울 밤을 아름답게 수놓는다. 관광청에서 설치된 작품을 돌아보는 영어, 프랑스어 투어를 진행한다.

www.geneve.com/en/events/geneva-lux-festival

안티젤 페스티벌

제네바 마라톤

음악 축제

레스칼레이드

도시가 생각보다 크고 곳곳에 명소들이 많다. 동네마다 분위기가 무척 달라 부지런히 움직이는 만큼 많은 것을 보고 느낄 수 있으니 아침 일찍 일어나 이 도시를 오롯이 즐겨 보자.

09:00 향기로운 꽃 시계가 있는 **영국 공원**과 시원스레 솟구쳐 오르는 **젯 도** 구경으로 제네바 일정을 시작한다.

10:00 루소섬을 지나 제네바 구시가지의 명소인 **메종 타벨**과 **성 피에르 성당**을 구경한다.

11:30 **바스티옹 공원과 종교 개혁 기념비**에서 잠시 숨을 돌린다. 12월이라면 크리스마스 마켓이 성대하게 열리니 구경하고, 여기에서 달콤하고 따뜻한 뱅쇼와 시장 음식으로 점심 식사를 하는 것도 좋다.

12:00 레스토랑 **쉐 마 퀴진**에서 든든한 가정식 닭 요리로 점심 식사를 하고, 주변의 쇼핑 대로를 돌아본다.

13:30 고급스러운 시계의 모든 것을 전시해 놓은 **파텍 필립 박물관**을 구경하고 도시 위쪽으로 이동한다. 도보로도 30분이면 도착하니 천천히 걸어가는 것도 좋다. 길 건너편에 위치한 **제네바 근현대 미술관**도 잊지 말고 들러 본다.

16:00 **아리아나 박물관**과 **국제 적십자 · 적신월 박물관, UN 제네바 사무소**에서 국제적인 도시로 널리 알려진 제네바의 위엄을 느낄 수 있다. 여러 곳을 함께 방문할 경우 UN의 오후 마지막 투어가 16시이니 참고하여 일정을 짜도록 한다. 폐관 시간이 촉박하면 두 박물관과 UN 사무소 투어 중 하나를 골라도 된다.

18:30 아리아나 박물관이 위치한 **아리아나 공원과 부러진 의자**도 천천히 걸어 구경하고 시내로 돌아온다.

19:30 **오 피에 뒤 꼬숑**에서의 맛있는 프렌치 식사로 하루를 마무리한다. 르 를레 드 랑트레코트의 감자튀김과 스테이크도 좋다.

✚ 유리 입자 물리 연구소 CERN

반나절 정도는 투자하여 살펴봐야 할 매우 큰 전시관이다. 도심과 조금 떨어져 있어 제네바에서의 일정이 짧다면 추천하지 않는다. 과학에 관심이 많다면 다른 명소들을 좀 덜어내고 아침 일찍 CERN을 가장 먼저 다녀오는 것이 좋다. CERN을 보고 돌아와서 우선순위인 곳들을 차례로 가거나 잠깐 구시가지를 구경하는 것으로 하루를 마무리해도 좋다.

제네바
Eglise Sainte–Trinité
제이드 마노텔
Jade Manotel
Cantonale Genevoise
Rue de Montbrilant
Rue Ferrier
Rue de Lausanne
Rue du Prieuré
Rue des Buis
Rue de Berne
Rue de Bâle
Rue des Pâquis
Quai Wilson
Rue des Gares
Rue du Môle
키플링 매노텔
Kipling Manotel
Rue de l'Ancien–Port
Rue du Léman
citywheels "les Cygnes"
Rue de Neuchâtel
Rue Pellegrino–Rossi
Rue Barton
Rue de Monthoux
제네바 중앙역
Genève CFF, Gare de Cornavin
Place de Cornavin
뱅 데 파키
Bains des Pâquis
이스트웨스트 호텔
Eastwest Hôtel
파이브 가이즈
Five Guys
Rue des Alpes
르 리치몬드
Le Richemond
이비스 스타일스 제네브 갸흐
Hotel ibis Styles Genève Gare
인포메이션 센터
Tourist Information Office
Quai du Mont–Blanc
몽블랑 거리 Rue du Mont–Blanc
Square du Mont–Blanc
Rue de Cornavin
Rue Rousseau
젯 도
Jet d'Eau
Cinema Splendid
Pont du Mont–Blanc
루소섬
Île Rousseau
Quai des Bergues
Rue des Moulins
Rhône
론느 강
Quai de la Poste
Rue du Rhône
Rue du Commerce
영국 공원
Jardin Anglais
Quai Gustave–Ador
Rue du Stand
Rue de la Cité
Rue du Marché
Rue Neuve–du–Molard
Rue Muzy
Rue Pierre–Fatio
Synagogue Beth–Yaacov
Rue de la Corraterie
Rue de la Rôtisserie
Rue du Prince
Rue d'Italie
르 를레 드 랑트레코트
Le Relais de l'Entrecôte
프란츠 칼 베버
Franz Carl Weber
Grand Rue
Rue du Vieux–Collège
메종 타벨
Maison Tavel
라스 박물관
Musée Rath
그랑 뤼
Cours de Rive
Rue du Parc
제네바 성 피에르 성당
Cathédrale Saint–Pierre
오 피에 뒤 꼬숑
Au Pied du Cochon
쉐 마 쿠진
Chez Ma Cousine
종교 개혁 기념비
Promenade de la Treille
바스티옹 공원
Parc des Bastions
카렌 다쉬
Caran D'Ache

뱅 데 파키 Bains des Pâquis

MAPECODE 41151

제네바 최고의 여름 명소

강이나 호수에서 수영을 즐기거나 일광욕을 즐기는 것은 스위스에서는 일상적인 일이다. 여름이 되면 호수의 야외 수영장에서 신나게 수영을 즐기고, 터키식 탕 하맘도 이용할 수 있다. 세계적인 규모의 요트 대회도 매년 성대히 개최하며 뷔베트Buvette 레스토랑에서는 아침 일찍부터 건강하고 신선한 식사를 판매한다.

교통 중앙역에서 도보 11분 주소 Quai du Mont-Blanc 30, 1201 전화 +41 227-322-974 시간 월~토 09:00~21:30, 일 08:00~21:30 (화요일에는 모든 시설을 여성만 이용할 수 있다.) 요금 수영장 성인 CHF2, 16세 이하 CHF1 / 사우나, 터키식 목욕탕, 함맘 성인 CHF20, 월요일 CHF13 홈페이지 www.bains-des-paquis.ch

사진©GenèveTourisme

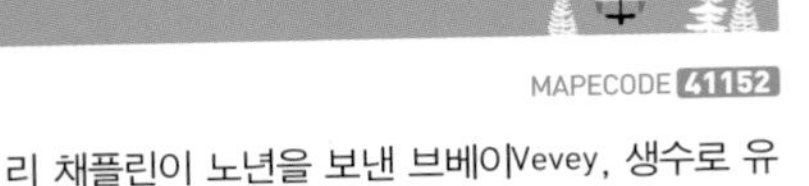

레만 호수 유람선 CGN

MAPECODE 41152

호수의 도시 제네바

스위스에서 가장 많은 호수를 볼 수 있는 도시인 제네바는 '호수의 도시'라고도 불린다. 제네바 주변의 수많은 호수 중 스위스와 프랑스 경계에 위치한 초승달 모양의 레만호는 총 면적 583km^{2}로 서유럽에서 가장 규모가 크다. 레만호 주변 도시를 연결하는 유람선이 운항되고 있다. 유레일 패스 소지자는 유람선을 무료로 탑승할 수 있다. 배를 타고 찰리 채플린이 노년을 보낸 브베이Vevey, 생수로 유명한 도시 에비앙Évian 등을 구경할 수 있고, 제네바에서 출발하여 호수 주변의 여러 마을로 향하는 다양한 루트의 유람선이 있으니 여유 시간과 다음 행선지를 고려하여 선택하면 된다.

홈페이지 www.cgn.ch

영국 공원과 젯 도 Jardin Anglais & Jet d'Eau

아름다운 제네바의 자연을 감상하자

MAPECODE 41153

호숫가를 따라 걷다 보면 이국적인 영국 공원이 펼쳐진다. 기하학적인 구성의 프랑스풍 정원과는 다르게 자연미를 강조하는 영국식 정원이라 영국 공원으로 부른다. 지름 5m의 세계에서 가장 긴 초침을 가진 대형 꽃 시계가 이 공원의 상징이다. 계절마다 6,500여 송이의 꽃을 심어 단장하는 알록달록 예쁜 꽃 시계는 봄과 여름에 가장 예쁘다. 시계로 유명한 제네바와도 무척 잘 어울린다.
정원을 구경하고 호반 산책로를 따라 조금만 더 걸으면 고급 시계 브랜드 귀벨린Gübelin사의 해시계가 나타나고, 저 멀리 힘차게 솟구치는 제네바 호수의 물줄기도 보일 것이다. 멀리서도 볼 수 있는 물기둥의 프랑스어 이름은 젯 도, 문자 그대로 물줄기라는 뜻이다. 1951년 설치된 이 멋진 분수의 최고 높이는 140m로, 시원하게 수직으로 200km/h의 속도로 뻗어 오르는 그 모습이 장관이다. 제네바의 상징과도 같은 큰 키의 시원한 분수는 한 번에 약 7톤의 물을 사용한다고 한다.

교통 영국 공원은 중앙역에서 도보 10분 / 젯 도는 중앙역에서 도보 15분

Tip 귀여운 르 쁘띠 트랭 Le Petit Train

태양열 에너지로 움직이는 작은 기차를 타고 제네바 좌안 지역을 30분간 돌아본다. 영국 공원에서 출발하여 좌안을 한 바퀴 돌아 다시 공원으로 돌아오는 코스이다. 4개의 정류장이 있어 중간에 내려도 된다.

요금 **성인** 전체 노선 CHF8, 편도 CHF5, 1구간 CHF2 홈페이지 www.petit-train.ch

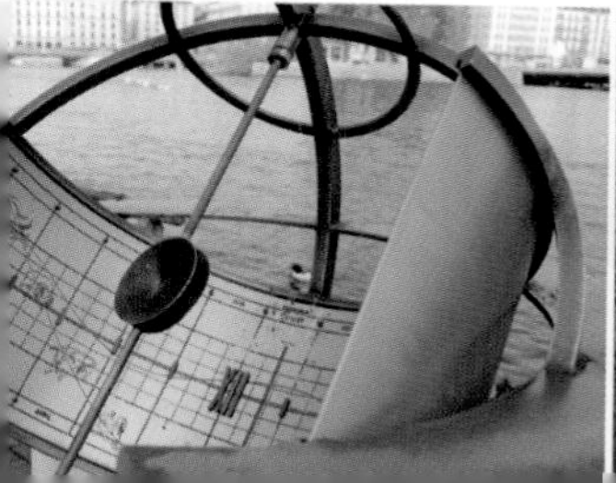

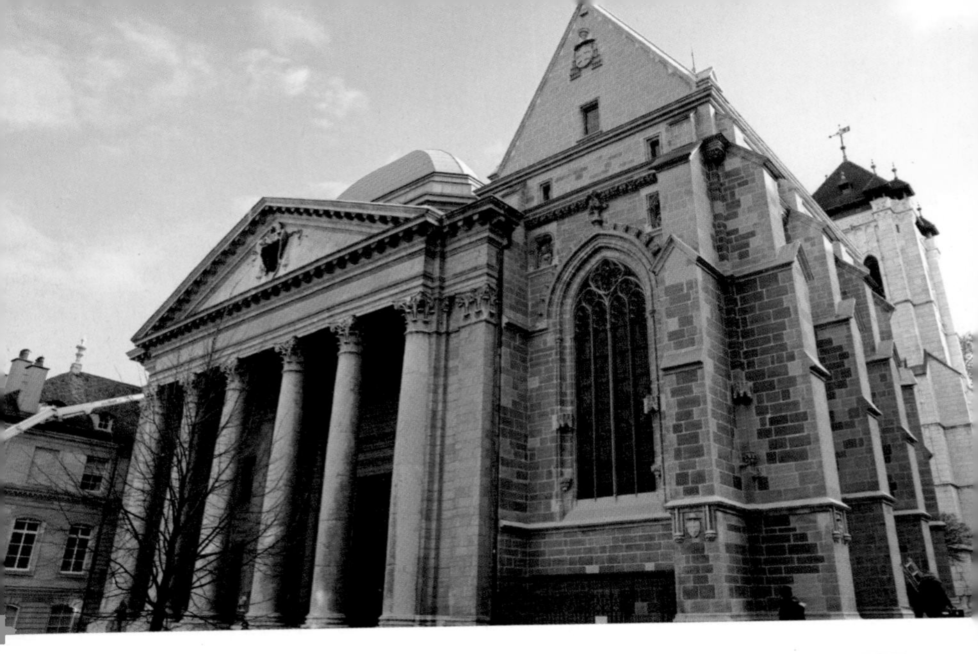

제네바 성 피에르 성당 Cathédrale Saint-Pierre Genève

MAPECODE 41154

칼뱅이 설교하던 성당

12세기에 세워진 제네바를 대표하는 성당으로 무려 100여 년 동안의 공사를 거쳐 완성되었다. 제네바 구시가지를 대표하는 랜드마크로 공사 기간이 1세기에 육박하는 만큼 고딕 양식을 비롯하여 다양한 건축 양식들을 찾아볼 수 있다. 1536~1563년 사이에는 종교 개혁의 주역 존 칼뱅John Calvin이 성 피에르 성당과 옆에 위치한 오디토아레 드 칼뱅Auditoire de Calvin에서 설교를 했다고 한다. 이것을 기념하기 위해 성당 북쪽 줄에 칼뱅의 자리를 표시해 놓았다고. 157개의 탑 계단을 올라 성당 구조를 감상하고, 마흔 계단을 더 올라 탑 꼭대기까지 가서 시내의 멋진 전망을 감상해 보자. 성당 지하는 4세기 모자이크화 장식으로 꾸며져 있고, 여름에는 무료로 오르간 연주회를 연다. 약 4세기의 고대 유적과 유물도 지하에 따로 전시관을 만들어 보관, 전시한다.

교통 제네바 중앙역에서 버스 7, 10번 타고 16분 / 트램 12번 타고 15분 주소 Place du Bourg-de-Four 24, 1204 전화 +41 223-197-190 시간 **6~9월** 월~토 09:30~18:30, 일 12:00~18:30 / **10~5월** 월~토 10:00~17:30, 일 12:00~17:30 요금 탑 성인 CHF5, 아동 CHF2 / 제네바 패스 소지자 무료 홈페이지 www.saintpierre-geneve.ch

제네바 구시가지

도시 한가운데의 레만 호수를 기준으로 하여 중앙역이 있는 위쪽은 신시가지, 아래쪽은 구시가지라 한다. 유럽 도시의 운치와 낭만을 느낄 수 있는 구시가지의 심장부는 부르그 드 푸르 광장Place du Bourg-de-Four이다. 제네바의 주요 도로가 모두 모이는 광장으로, 시내에서 가장 붐빈다. 예전부터 장터로 이용되어 현재도 제네바의 쇼핑 지역이기도 하다. 광장 중앙에는 심플한 디자인의 분수 하나가 우뚝 서 있고, 광장 주위를 빙 둘러 기념품 상점과 경찰서를 비롯하여 크고 작은 카페와 식당이 많다. 16~18세기 건물과 노천카페들이 많아 여행 중 쉬어 가기에도 좋다. 광장이지만 큼직한 건물들이 위엄 있게 서 있는 탁 트인 구조가 아니라 아기자기하고 소박하여 편안하게 돌아보는 재미가 있다. 그랑 뤼Grand Rue 40번지에 장 자크 루소Jean-Jacques Rousseau의 생가가 있으니 거리를 따라 천천히 걸어보자.

교통 중앙역에서 버스 61번 타고 Terrassière 하차하여 도보로 10분, 총 약 20분 소요 주소 Place du Bourg-de-Four, 1204

카렌 다쉬 Caran D'Ache

스위스를 대표하는 필기구

MAPECODE 41155

우리에게는 몽블랑보다 훨씬 덜 알려졌지만 스위스의 유명한 만년필 제조사로, 러시아어로 연필을 뜻하는 단어에서 유래한 이름이다. 한국에서 쉽게 구할 수 없는 모델을 스위스 현지에서 좋은 가격으로 구매할 수 있다. 구시가지에 작은 상점이 있다. 연필, 색연필, 샤프 펜슬 등 다양한 필기구와 화구를 판매한다. 카렌 다쉬 펜의 특징은 스위스의 정밀 금속 공학 기술로 정교하게 가공한 디자인을 차용한다는 것이다. 이곳의 펜은 매끄럽고 단단한 질감을 가지고 있는데, 사용자에 따라 필기감이 다를 수 있으니 매장에서 직접 사용해 보고 구매하면 좋다. 전체적으로 고가 라인이고, 특히 잉크가 비싼 편인데, 제도용이나 필기용 연필도 괜찮은 것이 많으니 필기류나 문구류에 관심이 있다면 들러 봐도 좋다.

교통 제네바 중앙역에서 버스 3, 5, 6, 8, 9, 25번 타고 15분 주소 Place du Bourg-de-Four 8, 1204 전화 +41 223-109-000 시간 월~토 10:00~18:00 홈페이지 www.carandache.com

파텍 필립 박물관 Patek Philippe Museum

시계의 모든 것이 있는 제네바 인기 전시관

MAPECODE 41156

파텍Patek과 필립Phillipe이라는 두 명의 제네바 출신 시계 장인들이 시작한 파텍 필립은 일찌감치 정확성과 정교함을 자랑하는 스위스 시계의 표본이 되었다. 시계에 관심이 없는 사람이라도 파텍 필립 박물관의 어마어마한 전시에서 눈을 뗄 수 없을 것이다. 2001년 시계 제작의 사원이 되겠다는 일념으로 세워진 이곳은 세계적인 스위스 시계 브랜드 파텍 필립의 약 500년간의 역사를 소개한다. 16세기의 앤티크 시계 컬렉션부터 파텍 필립의 자랑인 칼리버 89Caliber 89모델도 볼 수 있다. 파텍 필립사의 150주년을 기념해 1989년 제작한 것으로 무려 1,728개의 부품이 사용되었고, 4명의 시계 장인이 9년 동안 공들여 작업한 결과물이다. 박물관은 3층 전체를 사용하며 1층에서는 제네바 시계의 역사, 2층에서는 파텍 필립의 역사, 3층에서는 시계와 파텍 필립에 대한 문서 자료를 전시한다. 실제 작업 테이블과 연장들도 훌륭히 보존되어 있다. 1, 2층에서는 약 45분간 진행되는 영어와 프랑스어 투어를 제공하며 투어를 원하지 않는 방문객들은 오디오 가이드를 들으며 돌아볼 수 있다. 박물관 전체에서 사진 촬영은 금지이다.

교통 제네바 중앙역에서 1번 버스 타고 17분 주소 Rue des Vieux-Grenadiers 7, 1205 전화 +41 228 070 910 시간 화~금 14:00~18:00, 토 10:00~18:00 요금 성인 CHF10, 18~25세 학생 CHF7, 18세 미만과 제네바 패스 소지자 무료 홈페이지 www.patek.com/en/company/patek-philippe-museum

바스티옹 공원과 종교 개혁 기념비 Parc des Bastions & Mur des Réformateurs

제네바의 깨끗하고 맑은 휴식처

MAPECODE 41157

시에서 1817년 시민들에게 산책 공간을 제공하기 위해 조성한 공원이다. 제네바 성채의 일부였던 보루(바스티옹, Bastion)의 이름을 땄다. 여러 번 확장하여 현재 면적은 약 6만 5천m² 라고 한다. 50여 종의 수목들로 가득하고 작은 개울도 흐른다. 가장 눈에 띄는 것은 거대한 체스판으로, 시민들이 몸을 움직여 체스를 두는 모습이 흥미로워 구경하는 사람도 많이 모여든다. 공원의 상징인 종교 개혁 기념비는 성벽으로 사용되던 돌벽의 일부처럼 세워진 것으로 길이 100m, 높이 5m로 그 규모가 상당하다. 1917년 칼뱅 탄생 400주년을 맞아 부패한 가톨릭에 항거한 개신교들을 기념하기 위해 종교 개혁의 주요 인물들의 초상을 세운 것이다. 벽 한가운데 있는 네 인물은 종교 개혁자 윌리엄 파렐 William Farel, 장 칼뱅Jean Calvin, 테오도르 베자 Theodore Beza, 존 녹스John Knox이다.

교통 제네바 중앙역에서 버스 3, 5, 12, 18번 타고 12분 주소 Promenade des Bastions 1, 1204 홈페이지 www.geneve.ch/fr/reformateurs

라스 박물관 Musée Rath

스위스 최초의 미술 박물관

MAPECODE 41158

1826년 개관한 스위스 최초의 순수 미술 박물관으로 바스티옹 공원 맞은편에 위치한다. 작은 신전처럼 생긴 멋진 건물은 미술품을 전시하고자 하는 목적으로 세워진 건물로는 유럽 최초의 전시관 중 하나이다. 현재는 제네바시의 미술과 역사 박물관 Musée d'Art et d'Histoire이 주관하는 특별전만을 1년에 두세 번 연다.

교통 제네바 중앙역에서 버스 20번 타고 10분 주소 Place Neuve, 1204 전화 +41 224 183 340 요금 전시마다 상이 홈페이지 institutions.ville-geneve.ch/fr/mah

스위스의 시계

다른 건 몰라도 시계는 스위스에서

세계에서 만들어지는 시계의 약 50%가 스위스에서 만들어지고, 스위스에서 제조하는 시계의 95%는 수출용이다. 스위스가 시계 산업을 평정하고 있다고 해도 과언이 아니다. 목초지가 많은 스위스는 겨울이 되면 낙농업을 하던 사람들이 할 일이 없어 시계를 만들기 시작했다고 한다. 그래서 우리가 알고 있는 많은 시계 브랜드가 대도시가 아니라 스위스 시골 마을 어딘가에서 시작되었다. 스위스 명품 시계를 알아주는 이유는 우선 그 정확성에 있다. 고급 시계 한 개에 들어가는 부품이 300개에 달한다. 엄청난 시간과 정성이 작은 다이얼 안에 집약되어 있는 것이다.

대표적인 스위스 시계 브랜드

스와치 Swatch

스위스 비엘Biel에 본사를 두고 있는 스와치 그룹의 대표 브랜드이다. 스와치 그룹은 브레게Breguet, 오메가Omega, 라도Rado, 티쏘Tissot 등 약 20여 개의 시계 브랜드를 거느리며 전 세계 시계 산업의 25%를 차지하고 있다. 합리적인 가격대의 패션 시계로, 여러 아티스트와의 콜라보레이션을 통해 매 시즌 독창적인 디자인의 시계를 선보여 인기가 꾸준하다.

www.swatch.com

오메가 Omega

1952년 1/1000 시간 측정기를 최초로 발명하여 스포츠 기록과 남다른 연이 있는 오메가는 2014년 소치Sochi 올림픽까지 하계와 동계 올림픽의 공식 타임 키퍼로 총 29회나 활동해 왔다. 2009년 IOC와 계약을 체결하여 2020년 도쿄 올림픽까지 공식 타임 키퍼로 활동한다.

www.omegawatches.com

피아제 Piaget

1874년 타 시계 브랜드의 무브먼트를 제작하는 것으로 시작했으나 1943년부터 자체 브랜드를 만들어 시계를 생산하였다. 얇고 가벼운 무브먼트를 만들고, 주얼리 시계로도 크게 인정받고 있다.

int.piaget.com

파텍 필립 Patek Phillippe

세계 각국의 과학자와 예술가를 고객으로 둔 파텍 필립. 시계 제작자와 함께 금속 공예가, 체인 공예가 등 시계 제작에 필요한 풍부한 인적 자원을 갖추고 있어 2009년부터는 제네바 인증 획득을 중단하고 자체적인 파텍 필립 인증Patek Phillippe Seal을 채택하고 있다.

www.patek.com

브레게 Breguet

역사상 가장 위대한 시계 발명가로 알려진 스위스 기업가 아브라함 루이 브레게(Abraham-Louis Breguet, 1747~1823)의 브랜드로 그는 다양한 종류의 다이얼과 핸즈 등을 개발하여 시계 역사에 큰 획을 그은 인물이다. 1999년 스와치 그룹이 브레게를 인수하고 더욱 더 큰 기술적 발전을 거듭하고 있다.

www.breguet.com

브라이틀링 Breitling

1884년 레옹 브라이틀링Leon Breitling의 공방에서 시작한 브라이틀링은 일반 대중보다는 전문가를 위한 장치를 만드는 것을 목표로 하였다. 비행사, 영국 왕립 공군, 미국 공군 등이 주 고객층이었다. 1999년부터 브라이틀링의 모든 시계는 스위스 공식 크로노미터 검증 기관인 COSCContrôle Officiel Suisse des Chronomètres의 인증을 받는다. 여러 상황과 온도에서의 시계의 정확도를 검증한다.

www.breitling.com

바쉐론 콘스탄틴 Vacheron Constantin

브랜드의 상징 말테 크로스Malte Cross 무늬로 유명하다. 주얼리 시계를 집중적으로 제작하며, 아직도 수작업으로 시계를 만든다. 다양한 주제로 장인들이 만드는 '메티에 다르Metier d'Art' 컬렉션이 유명하다.

www.vacheron-constantin.com

예거 르쿨트르 Jaeger leCoultre

1833년 설립된 브랜드로, 시계를 장식하는 보석 세공까지 자체적으로 하는 100% 인하우스 제작이 가능한 것으로 유명하다.

www.jaeger-lecoultre.com

롤렉스 Rolex

왕관 로고를 가진 고급 시계 브랜드이다. '오직 기술로만 승부한다'라는 철학으로 최초의 방수 시계, 최초의 자동 태엽 시계, 최초의 날짜·요일 표시 시계 등을 만들어낸 바 있다. 시계 기술 관련한 특허만 400개가 넘는다.

www.rolex.com

제네바 인증

스위스에서 1년 동안 생산되는 무브먼트(시계를 움직이게 하는 장치) 중 0.0001%만 획득할 수 있는 제네바 연방정부의 인증 마크. 모방, 모조품들에 대항하기 위해 19세기 후반부터 부여되기 시작하여 현재는 최고급 시계를 대표하는 특징으로 자리하였다. 제네바의 칸톤Canton 지역 내에서 조립되어야 하며 부품의 각도나 모서리의 매끈함 등 매우 엄격한 기준에 부합해야 하니 '제네바 인증'을 받았다는 것만으로 최고의 시계라 불릴 자격을 갖춘 것이나 마찬가지이다.

메종 타벨 Maison Tavel

MAPECODE 41159

제네바에서 가장 역사가 오래된 집

1334년 화재로 파괴되었다가 제네바의 귀족 가문인 타벨Tavel 가문이 재건한 건물로, 스위스 중세 도시 건축의 값진 재산이다. 1963년 시에서 인수하여 건물을 완벽히 복원해 현재는 제네바의 손꼽히는 유명한 장소가 되었다. 제네바의 역사와 발전상, 과거 제네바 거주민의 생활상 등을 보여 주는 박물관으로 쓰인다. 6층 건물을 알차게 사용하는 이 박물관에서는 제네바가 조성되었을 초기 시절에 관한 짧은 영상 등 멀티미디어를 이용한 전시들도 볼 수 있다. 중세 가옥의 문, 창문과 기둥, 가구, 생활용품 등도 잘 보존되어 있으며 전시의 하이라이트는 맨 위층에 있는, 1850년부터 현재까지의 제네바 시가지 전체의 변화를 보여 주는 3D 지도이다.

교통 제네바 중앙역에서 버스 3, 5, 10, 20번 타고 15분 또는 도보 16분 주소 Rue du Puits-Saint-Pierre 6, 1204 전화 +41 224 183 700 시간 매일 10:00~17:00 요금 영구 전시 무료, 특별전 전시마다 입장료 상이 홈페이지 institutions.ville-geneve.ch/fr/mah/lieux-dexposition/maison-tavel

루소섬 Île Rousseau

MAPECODE 41160

장 자크 루소의 이름을 딴 도시 속의 섬

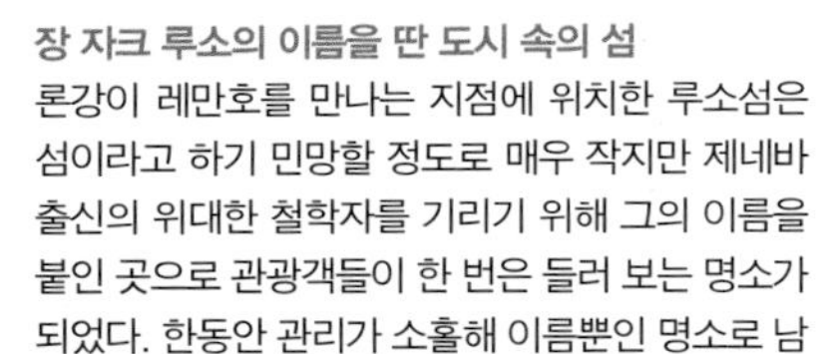

론강이 레만호를 만나는 지점에 위치한 루소섬은 섬이라고 하기 민망할 정도로 매우 작지만 제네바 출신의 위대한 철학자를 기리기 위해 그의 이름을 붙인 곳으로 관광객들이 한 번은 들러 보는 명소가 되었다. 한동안 관리가 소홀해 이름뿐인 명소로 남을 뻔했지만 2004년 루소 탄생 300주년을 기념하여 섬 안에 위치한 레스토랑을 재 오픈하고 루소의 동상을 복원하는 등 점점 더 명소다운 모습을 찾아 가고 있다.

교통 중앙역에서 도보 8분 주소 Île Rousseau, 1204

프란츠 칼 베버 Franz Carl Weber

장난감 천국

MAPECODE 41161

트램이 달리는 넓은 쇼핑 대로 드 라 크루와 도르 대로Rue de la Croix-d'Or에 위치한 대형 장난감 매장이다. 취리히에도 큰 매장이 있다. 독일 태생 프란츠 칼 베버가 취리히로 이민을 와서 창립한 장난감 상점 브랜드로 취리히의 장난감 박물관도 이곳의 소유이다. 하루 종일 머물러도 아이들은 지루할 틈이 없고, 어른들의 동심을 자극하는 다양한 종류의 장난감이 건물 전체에 빼곡히 들어차 있다. 캐릭터나 브랜드 관련한 이벤트도 자주 열린다. 온 가족이 함께 쇼핑하러 오기에도 기념품을 사기에도 좋다. 스위스 전역에 21개의 매장이 있다.

교통 제네바 중앙역에서 버스 6, 8, 9, 25번 타고 10분 주소 Rue de la Croix-d'Or 12, 1204 전화 +41 223-104-255 시간 월~수, 금 09:30~19:00, 목 09:30~20:00, 토 09:30~18:00 홈페이지 fcw.ch

플렁팔레 벼룩시장 Marché aux Puces de Plainpalais

스위스 최대 규모의 벼룩시장 중 한 곳

MAPECODE 41162

책, 의류, 주얼리, 가구, 미술품 등 매우 다양한 물건을 판매하는 대형 벼룩 시장이다. 구시가지 바로 뒤 마름모꼴 모양의 플렁팔레 동네에서 열린다. 전문 앤티크 딜러들도 매주 나와 구경할 정도로 꽤 괜찮은 물건이 많다. 발품을 열심히 팔고 눈썰미가 좋으면 얼마든지 멋진 빈티지 제품을 살 수 있다. 좋은 물건들은 오전부터 팔려 나가니 부지런히 일찍 방문해 구경하는 것을 추천한다. 같은 자리에서 일요일에는 식료품 시장도 열리고 겨울에는 놀이공원과 서커스도 연다.

교통 제네바 중앙역에서 버스 1, 3, 5, 15, 19, 20번 타고 14~16분 주소 Plaine de Plainpalais, 1205 시간 매주 수요일, 토요일, 매달 첫 번째 일요일 동절기 06:00~17:30, 하절기 06:30~18:30 홈페이지 www.geneve.com/en/attractions/flea-market-of-plainpalais

© MHM55

제네바 근현대 미술관 Musée d'Art Moderne et Contemporain (MAMCO)

MAPECODE 41163

옛 공장 건물에 자리한 멋진 전시관

인더스트리얼한 건물 안에서 멋진 현대 미술 전시가 펼쳐지고 있는 근현대 미술관으로 1994년 개관하였다. 주로 1960년부터 현재까지의 작품들을 다룬다. 소장품은 3,500여 점으로 스위스에서 가장 큰 규모의 근현대 미술 전시를 자랑한다. 박물관학의 새로운 지평을 열었다는 평을 받는 이곳은 창의적이고 새로운 전시를 추구한다. 어려울 수 있는 근현대 미술을 쉽고 재미있게 해석하여 전시가 난해하지 않다. 영구 전시는 세계적인 전시가 되어야 한다고 믿어 세계 어느 나라에서 방문하는 관람객이라도 전시를 편안하게 감상할 수 있도록 고심하였다고 한다. 전시 공간들이 모두 제각각이라 지루하지 않다. 아티스트의 스튜디오나 여백의 미를 강조한 넓은 공간, 설치 비디오 아트, 관람객 참여 미술 등 볼거리가 다양하다. 영구 전시를 중심으로 1년에 세 번 특별 전시를 연다.

교통 제네바 중앙역에서 버스 1번 타고 13분 주소 Rue des Vieux-Grenadiers 10, 1205 전화 +41 223 206 122 시간 화~금 12:00~18:00, 토~일 11:00~18:00 요금 성인 CHF15, 65세 이상 CHF10 / 18세 이하와 학생증 소지자, 장애인 무료, 매달 첫 번째 일요일 무료, 15시 무료 투어 홈페이지 www.mamco.ch

아리아나 박물관 Musée Ariana

MAPECODE 41164

스위스 유일의 도자기 박물관

'스위스 세라믹과 유리 박물관Musée Suisse de la Céramique et du Verre'이라고도 불리는, 정원이 매우 아름다운 박물관이다. 전시를 보지 않더라도 박물관이 위치한 아리아나 공원Parc de l'Ariana만 돌아봐도 좋다. 박물관으로 이어지는 직선 대로가 무척 낭만적이다. 신고전주의, 신바로크 양식으로 19세기 후반 지어진 건물에 위치한다. 본래 스위스의 한 개인 예술 컬렉터의 전시품을 보관하기 위해 지어졌고, 그가 자신의 어머니 이름을 따서 시에 기증하여 박물관으로 만들어 줄 것을 요청했다고 한다. 지금으로부터 1,200년 전까지 되짚어 볼 수 있는 2만 점 이상의 도자기와 유리 공예 작품을 소장하고 있으며 시대별로 나누어 전시한다. 역사·지리학적, 예술적, 기술적 특징에 대한 자세한 정보를 전달한다. 훌륭한 공예 테크닉이 돋보이는 유리와 도자기 작품들이 많으니 찬찬히 전시를 돌아볼 것을 권한다.

교통 제네바 중앙역에서 버스 8, 20, F번 타고 14~18분 주소 Avenue de la Paix 10, 1202 전화 +41 224-185-450 시간 화~일 10:00~18:00 / 12월 24, 25, 31일과 1월 1일 휴관 요금 성인 CHF12, 학생·65세 이상 CHF9 / 매달 첫 번째 일요일과 18세 미만 무료 홈페이지 institutions.ville-geneve.ch/fr/ariana

Tip 부러진 의자 Broken Chair

제네바를 대표하는 현대 미술품

네 개의 다리 중 세 개만 멀쩡하고 하나는 부러진, 높이 12m의 붉은 의자는 1997년 여름 나시옹 광장Place des Nations에 세워졌다. 전쟁의 참혹함을 나타내기 위한 이 의자는 인도주의 기구 핸디캡 인터내셔널Handicap International이 전 세계 모든 국가들이 오타와 협약(Ottowa Treaty, 대인 지뢰를 금지하는 국제협약)에 서명할 것을 촉구하는 운동으로 만든 것이다.

교통 제네바 중앙역에서 버스 8, 20, F번 타고 14~18분 주소 Place des Nations, 1202 홈페이지 broken-chair.com

UN 제네바 사무소 The United Nations Office at Geneva (UNOG)

MAPECODE 41165

세계 각국의 대표들이 중대사를 논의하는 곳

건물 이름인 팔레 데 나시옹Palais des Nations이라 불리기도 한다. UN 본부는 뉴욕에 있고, 이곳에서는 유럽에서 발생하는 UN 관련 대소사를 도맡아 진행한다. 세계 각국에서 온 2만 5000명의 파견원과 140여 개국의 외교관들의 일터이다. 1차 세계대전 후 미국 윌슨 대통령의 주도로 결성된 국제 연맹의 본부로 사용되었다가 2차 세계대전 후 국제 연맹이 해체되고 국제 연합이 결성되며 이에 양도되어 제 2의 본부 역할이자 유럽 지부를 총괄하는 사무소로 쓰인다. 연간 7천여 건 이상의 국제 회의가 개최된다. UN 인권 센터와 동 · 서유럽간 협력 촉진을 위한 유럽 경제 위원회 사무소, 우표 박물관, 우체국, 100만 권 이상의 서적과 정기 간행물을 소장한 도서관이 있으며, UN 라디오와 텔레비전 제네바국도 있어 이곳에서는 UN에서 다루는 이슈들에 관한 라디오 프로그램을 제작하고 뉴욕 본부로 전송하는 일을 한다.

주요 회의가 없는 날에만 약 한 시간 정도 소요되는 내부 투어로 돌아볼 수 있다. 영어, 프랑스어를 포함하여 12개국 언어로 진행한다. 아쉽게도 한국어는 포함되어 있지 않다. 해마다 12만 명의 사람들이 이 투어를 통해 방문한다. 반드시 신분증을 지참하고 프레니Pregny 출입문으로 입장한다. 보안의 이유로 캐리어나 큰 가방은 가지고 들어갈 수 없다.

교통 제네바 중앙역에서 버스 8, 20, F번 타고 16~20분 주소 14 Avenue de la Paix, 1211 전화 +41 229 174 896 시간 **1~3월, 10~12월** 월~금 10:00~12:00, 14:00~16:00 (투어 10:30, 12:00, 14:30, 16:00) / **4~9월** 월~토 10:00~12:00, 14:00~16:00 (투어 10:30, 12:00, 14:30, 16:00) / 투어 가능 일과 시간은 여행 전 홈페이지 확인 요금 성인 CHF15, 대학생 · 65세 이상 · 장애인 CHF13, 6~18세 CHF10 홈페이지 www.unog.ch

국제 적십자·적신월 박물관 Musée Int'l de la Croix-Rouge et du Croissant-Rouge

MAPECODE 41166

세계 최초로 설립된 인도주의 단체

국제 적십자 위원회 활동을 홍보하기 위해 1988년에 설립된 박물관이다. 제네바 출신인 앙리 뒤낭Henry Dunant이 설립하여 적십자 본부와 박물관이 제네바에 세워졌다. 창립 이래 세계 평화를 위해 활동해 온 역사를 사진과 영상으로 전시한다. 뒤낭과 최초의 적십자 기구 설립에 참여한 인물들에 대한 다양한 자료와 1차 세계대전 포로에 대한 기록, 1만 명 이상이 사망한 무력 충돌과 자연재해 등 인류의 아픈 역사를 표현한 시간의 벽Mur du Temps, 17명의 정치 수감자들이 갇혀 있었던 비좁은 콘크리트 독방 등의 전시를 통해 생명의 존엄함을 엿볼 수 있다.

교통 중앙역에서 버스 8, 20, F번 타고 13~17분 주소 Avenue de la Paix 17, 1202 전화 +41 227 489 511 시간 4~10월 화~일 10:00~18:00, 11~3월 화~일 10:00~17:00 / 12월 24, 25, 31일과 1월 1일 휴관 요금 성인 CHF15, 학생 CHF7 홈페이지 www.redcrossmuseum.ch

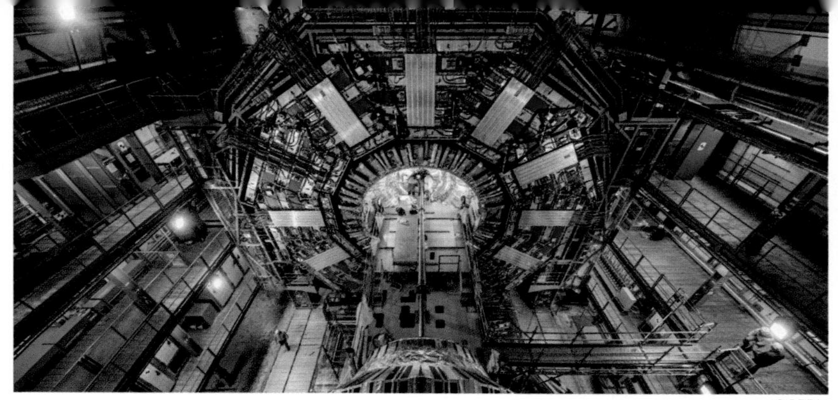

©CERN

유럽 입자 물리 연구소 CERN

월드 와이드 웹을 개발한 핵물리 연구 기관

MAPECODE 41167

1954년 창립된 세계 최대의 입자 물리학 연구소로 스위스와 프랑스 국경 지대에 위치한다. 창립 당시의 임시 이름이었던 유럽 원자핵 연구협의회 Conseil Européen pour la Recherche Nucléaire의 약자 CERN을 사용하며 1989년 HTML과 월드 와이드웹(WWW)을 개발한 것으로 널리 알려져 있다. 〈다빈치 코드〉로 유명한 작가 댄 브라운Dan Brown의 소설 〈천사와 악마〉에서 반물질 폭탄을 도난당하는 연구소로 등장하여 익숙한 이름이기도 하다. 20여 개국이 회원국으로 참여하여 연간 약 6~7억 유로를 기부 받아 연구에 사용한다. 대한민국은 회원국으로 가입되어 있지 않지만 세른의 여러 프로그램에 공동 참여하고 있다. 세계 최대 입자가속기인 대형 강입자 충돌기(LHC)를 보유하고 있으며 순수 기초 원자핵 협동 연구, 실험과 국제 공동 연구 조직, 교류와 지원, 기술 이전과 교육 훈련을 통한 정보 확산 등 다양한 활동을 한다. 여러 노벨상 수상자를 배출하기도 했다. 지구를 상징하는 높이 27m의 과학과 혁신의 지구본Globe of Science and Innovation이 CERN의 심볼이며 1층에는 입자의 세계라는 전시로 빅뱅에 이르기까지의 입자의 원대한 여생을 상세히 보여 준다. 가이드 투어와 야간 개방, 시네 글로브 영화 상영 등 다양한 프로그램을 연중 운영하니 홈페이지를 통해 자세히 살펴보고 방문한다.

교통 제네바 중앙역에서 트램 18번 타고 20분 주소 Esplanade des Particules 1, 1217 Meyrin 전화 +41 227 677 676 시간 영구 전시 월~토 09:00~17:00, 공휴일 휴관 요금 무료 홈페이지 home.cern

©CERN

쉐 마 쿠진 Chez Ma Cousine

MAPECODE 41171

가정식 치킨 요리

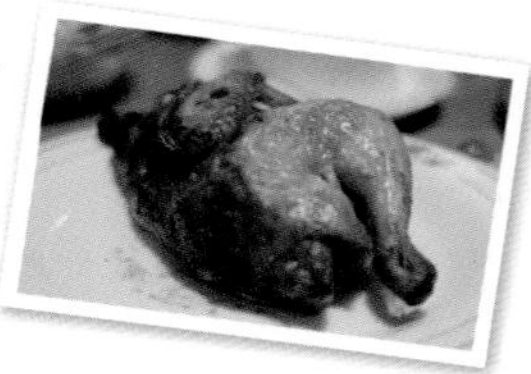

평범한 치킨 요리라 생각할 수 있지만 이곳의 치킨은 정말 맛있다. 바삭한 껍질과 촉촉하고 부드러운 살이 조화롭고 함께 나오는 샐러드와 감자 요리도 신선하고 맛있다. 체크 무늬 식탁보가 깔린 작은 테이블 몇 개가 놓인 작은 맛집으로 식사를 하고 있다 보면 포장만 해가는 단골을 여럿 볼 수 있다. 무엇보다 스위스 물가라고 믿을 수 없는 착한 가격이 제일 큰 매력이다. 제네바에는 구시가지 지점을 포함하여 네 곳의 식당을 운영한다.

교통 제네바 중앙역에서 버스 6, 8, 9, 25번 타고 13분 주소 Place du Bourg-de-Four 6, 1204 전화 +41 22 310 96 96 시간 월~토 11:00~23:30, 일 11:00~22:30 가격 치킨 반 마리, 감자 요리와 샐러드 세트 CHF15.90 홈페이지 www.chezmacousine.ch

오 피에 뒤 꼬숑 Au Pied du Cochon

MAPECODE 41172

파리의 바로 그 식당이 제네바에도 있다

'돼지 발'이라는 재미난 이름의 식당이다. 파리의 시내 중심에 위치한 24시간 운영하는 오랜 역사의 맛집으로 유명한데, 제네바에도 문을 열었다. 구시가지 한복판에서 프렌치 가정식을 판매한다. 같은 자리에서 19세기 후반부터 성업하던 식당으로 오 피에 뒤 꼬숑으로 개업한 것은 1966년이다. 매일 바뀌는 오늘의 메뉴는 홈페이지에서 일주일 단위로 안내한다. 포토퓌Pot au feu, 토끼 밀푀유 등 전형적인 프렌치 요리들이 메뉴에 올라온다. 초콜릿 퐁당이나 사과 크럼블 등 디저트도 맛있다. 브레이크 타임이 없다는 것도 아주 큰 장점이다. 하루 종일 배고픈 손님들을 친절히 맞고 있다.

교통 제네바 중앙역에서 버스 6, 8, 9, 25번 타고 13분 주소 Place du Bourg-de-Four 4, 1204 전화 +41 223 104 797 시간 월~금 09:00~24:00, 토~일 12:00~24:00 가격 리조토 CHF27, 슈크루트 CHF22, 스테이크 300g CHF48 홈페이지 www.pied-de-cochon.ch

르 를레 드 랑트레코트 Le Relais de l'Entrecôte

MAPECODE 41173

줄 서서 먹는 소문난 스테이크 식당

이곳만의 비법 소스로 유명한 스테이크와 감자튀김, 샐러드로 구성된 메뉴만을 판매한다. 손님이 선택할 수 있는 것은 음료와 디저트 정도이다. 메뉴는 단출하지만 브레이크 타임이 끝나기도 전에 식당 앞에 길게 줄을 설 정도로 이 식당의 인기는 대단하다. 얇고 바삭하게 튀긴 감자튀김과 스테이크가 식지 않도록 그릇 아래 작은 촛불을 켜 주고, 서버들이 스테이크와 감자를 한 번 리필해 준다. 아무리 배가 불러도 두 번째 접시까지 깨끗이 비울 수 밖에 없는 특제 소스의 스테이크는 제네바에 왔다면 꼭 먹어 볼 만하다.

교통 제네바 중앙역에서 버스 6, 8, 9, 25번 타고 12분 주소 Rue Pierre-Fatio 6, 1204 전화 +41 223 106 004 시간 월~금 12:00~14:30, 19:00~23:00 / 토~일 12:00~14:45, 19:00~23:00 / 4월 10일 휴무 가격 랑트레코트 CHF42 홈페이지 relaisentrecote.fr

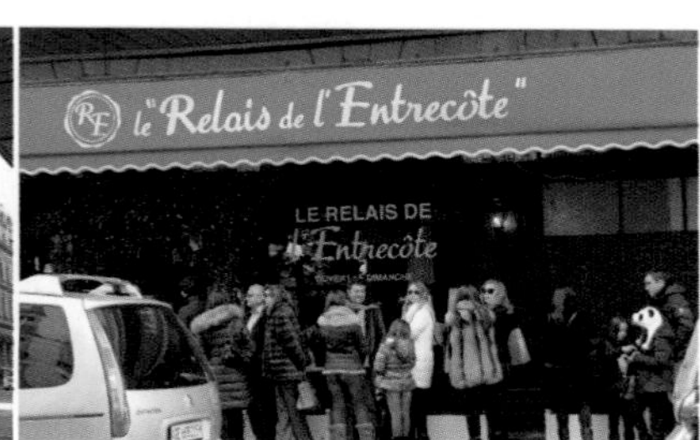

파이브 가이즈 Five Guys

MAPECODE 41174

진짜 맛있는 햄버거

1986년 미국 워싱턴에서 탄생한 소문난 햄버거 가게 파이브 가이즈의 제네바 지점이다. 여느 패스트푸드 체인을 생각하면 안 된다. 미식가들이 인정하는 맛이다. 깔끔하고 고소한 땅콩 오일을 사용하여 육즙 가득한 패티와 끝없이 먹게 되는 감자튀김도 일품이다. 여러 가지 맛으로 만들어 주는 밀크셰이크도 유명하니 '햄밀' 세트로 먹는 것도 좋다. 취향대로 재료를 골라 주문할 수 있는데, 무려 25만 종류의 햄버거 조합이 가능하다. 매장 여기저기 놓여 있는 땅콩은 주문한 메뉴를 기다리며 집어먹을 수 있고 본인이 포장해서 가지고 갈 수도 있다.

교통 제네바 중앙역에서 도보 4분 주소 Rue du Mont-Blanc 24, 1201 전화 +41 229 001 669 시간 일~목 11:00~24:00, 금~토 11:00~01:00 가격 치즈 버거 CHF16.90 홈페이지 www.fiveguys.ch

르 리치몬드 Le Richemond

MAPECODE 41175

호수 전망의 황홀한 밤

체인이 아닌 독립 고급 호텔로 1875년에 문을 연 제네바를 대표하는 5성 호텔이다. 세심하고 고급스러운 서비스와 차별화된 인테리어로 특별함을 더한다. 쿠킹 클래스와 자전거 투어, 볼링, 사이클링, 하이킹 등 다양한 액티비티 프로그램을 연계하여 진행하고, 미팅룸과 비즈니스 센터도 있다. 서비스는 물론 준비된 침대와 침구도 완벽하다. 객실에 딸린 테라스의 위치도 환상적이라 밤낮의 아름다운 호수 전망을 누릴 수 있다. 스위스의 유일한 시슬리 스파Spa by Sisley와 테크노짐TechnoGym 기구들을 완비한 피트니스 센터가 호텔 내에 있어 건강하고 편안한 여행을 돕는다. 체크인 15:00, 체크아웃 12:00.

교통 제네바 중앙역에서 도보 6분 주소 Rue Adhémar-Fabri 8-10, 1201 전화 +41 227 157 000 요금 슈페리어룸 CHF475~, 프리미엄 레이크뷰룸 CHF682~ 홈페이지 www.lerichemond.com/fr

이스트웨스트 호텔 Eastwest Hôtel

MAPECODE 41176

힙하고 트렌디한 호텔

세련되고 강렬한 색감이 돋보이는 외관과 인테리어의 호텔이다. 호텔 이름은 동서양의 조화를 뜻하며 인테리어도 이러한 콘셉트로 통일한 것이다. 객실은 41개이며 투숙객들을 위한 라이브러리와 피트니스 센터 공간도 있다. 레스토랑과 바도 유명한데, 현대적인 메뉴, 계절성을 살린 식재료가 특징이다. 중앙역과 가깝지만 소음에서 벗어난 거리에 위치하여 편안히 숙면을 취할 수 있다. 객실에는 네스프레소 머신과 케이블 TV가 있다. 체크인 14:00, 체크아웃 12:00.

교통 제네바 중앙역에서 도보 6분 주소 Rue des Pâquis 6, 1201 전화 +41 227-081-717 요금 디럭스룸 CHF400 홈페이지 www.eastwesthotel.ch

제이드 마노텔 Jade Manotel

MAPECODE 41177

도시 중심에 위치한 세련된 호텔

깔끔하고 세련된 호텔로, 화려한 장식은 배제하고 톤 다운된 절제된 인테리어로 같은 체인 소속의 키플링 호텔에 비해 동양적인 분위기를 풍긴다. 최신식 시설과 청결함을 자랑한다. 전 객실은 금연이고, 미니 바, 플랫 스크린 TV, 커피, 차와 초콜릿으로 구성된 서비스 트레이를 갖추고 있다. 부모와 함께 투숙하는 12세 이하 아동에게는 조식을 무료로 제공한다. 프런트 서비스는 신속하고 정확하며 조식도 신선하고 푸짐하다. 호텔 전 구역에서 무선 인터넷 사용이 가능하다. 체크인 15:00, 체크아웃 12:00.

교통 중앙역에서 도보 5분 주소 Rue Rothschild 55, 1202 전화 +41 225 443 838 요금 스탠다드 더블룸 CHF170 홈페이지 www.hoteljadegeneva.com

키플링 매노텔 Kipling Manotel

MAPECODE 41178

기차역과 주요 명소와 가까운 위치

호수 근처에 위치한 조용한 호텔로, 기차역과 도시 내 주요 명소와도 가깝다. 전 객실은 에어컨, 무선 인터넷, 미니 바, 커피 머신을 갖추고 있으며 인터넷 터미널과 프린터가 있는 비즈니스 센터도 호텔 내에 있어 출장으로 제네바를 찾는 투숙객에게 편리하다. 부근에 위치한 호텔 로얄Hotel Royal의 피트니스 센터를 무료로 이용할 수 있다. 부모와 함께 투숙하는 12세 이하 아동에게는 조식을 무료로 제공한다. 매우 깨끗하고 친절한 데스크로 투숙객들의 평이 좋다. 체크인 15:00, 체크아웃 12:00.

교통 중앙역에서 도보 5분 주소 Rue de la Navigation 27, 1201 전화 +41 225 444 040 요금 스탠다드 더블룸 CHF152 홈페이지 www.hotelkiplinggeneva.com/en

이비스 스타일스 제네브 갸흐 Hotel ibis Styles Genève Gare

MAPECODE 41179

믿고 예약하는 세계적인 호텔 체인

기차역에서 나오자마자 찾을 수 있는 훌륭한 위치의 호텔이다. 이비스 체인들의 공통점인 군더더기 없이 현대적이고 깨끗한 인테리어가 특징이다. 역과 가깝지만 소음이 있거나 휴식에 방해되지 않는다. 상점, 식당, 공원으로 둘러싸여 있으며 교통도 용이하여 제네바 여행의 모든 면에 도움이 되는 친절한 숙소이다. 로비의 조식 룸은 하루 종일 개방하여 차와 커피를 마실 수 있도록 한다. 주차장도 구비하고 있다. 이비스 체인 호텔들이 다른 호텔에 비해 객실 크기가 조금 작은 편이라는 점은 참고하자. 체크인 14:00, 체크아웃 12:00.

교통 중앙역에서 도보 2분 주소 8 Place Cornavin, 1201 전화 +41 229 064 700 요금 스탠다드 더블룸 CHF250 홈페이지 all.accor.com/hotel/8899/index.en.shtml#origin=ibis

Montreux
WILLOW
SOCAR
2m2c

몽트뢰

스위스의 서쪽, 레만호 동쪽에 위치한 프랑스어권에 속하는 호반 도시 몽트뢰는 아름다운 풍경과 온화한 기후 덕분에 이웃한 브베와 함께 '보(Vaud)주의 리비에라'라고 불린다. 고대 로마부터 사람이 살던 오랜 역사를 가진 땅으로, 비옥한 토양에 12세기부터 포도 재배를 해온 지역이다. 라보(Lavaux)에서 몽트뢰까지 이어지는 계단식 지대의 포도 재배 지역은 현재 매우 중요한 와인 산지이다.
세계적인 록 그룹 퀸의 보컬 프레디 머큐리와 찰리 채플린 등 수많은 예술가에게 영감을 주기도 한 몽트뢰는 도시 곳곳이 아름답다. 경쾌한 걸음으로 큰 호수를 둘러 걸으면서 그림 같이 자리한 신비로운 시옹성까지 가 보자.

인포메이션 센터

교통 몽트뢰 기차역에서 도보 7분 주소 Rue du Théâtre 5, 1820 Montreux 전화 +41 848 868 484 시간 10월 1일~12월 24일, 12월 26일~4월 30일 월~금 09:00~18:00, 토~일 10:00~15:00 / 5~9월 월~금 09:00~18:00, 토~일 09:00~17:00 홈페이지 www.montreuxriviera.com/en

몽트뢰의 교통

몽트뢰와 가장 가까운 공항은 제네바 공항이다. 보통은 다른 지역에서 몽트뢰로 이동할 때 기차를 이용한다. 가장 편리하고 효율적인 수단이다. 기차로 제네바에서는 1시간, 취리히에서는 2시간 40분, 베른에서는 1시간 40분, 체르마트에서는 2시간 30분 정도가 걸린다.

'몽트뢰 리비에라(Montreux Riviera)'라 부르는 몽트뢰 일대의 대중교통은 모빌리스(Mobilis)가 주관한다. ZONE 70, 72, 73, 74, 75, 76, 77, 78이 몽트뢰-리비에라 일대에 해당된다. 버스는 10분 간격으로 빌뇌브-몽트뢰-브베 지역을 이동하나 몽트뢰 시내만 돌아보려면 걸어서 20~30분도 채 걸리지 않아 사실 다른 동네로 이동하는 것이 아니라면 대중교통을 이용할 일이 없다. 1존 기준 1회권(60분 유효)은 성인 CHF3, 6~16세는 CHF2.40이다.

몽트뢰 기차역 Montreux Gare

1861년 문을 연 몽트뢰 기차역은 스위스 전역에서 발착하는 기차로 붐빈다. 언덕 위에 위치해 에스컬레이터와 엘리베이터가 설치되어 있다. 매표소는 월~금 07:00~19:30, 토~일 07:00~18:30 동안 운영한다.

주소 Avenue des Alpes 45, 1820 홈페이지 www.sbb.ch/en/station-services/railway-stations/montreux-station.html

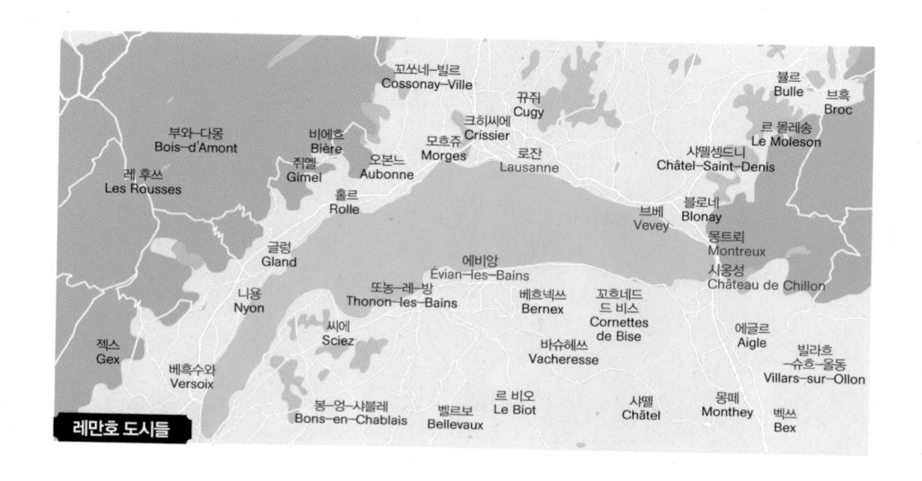

몽트뢰 리비에라 카드 Montreux Riviera Card

몽트뢰 리비에라 지역에서 숙박하면 숙소에서 제공하는 카드다. 몽트뢰 리비에라 일대의 대중교통을 주관하는 모빌리스Mobilis의 대중교통권 무료 이용, 시옹성, 채플린스 월드, 네스트 박물관, 빌라 르 락 르 코르뷔지에, 스위스 놀이 박물관 등 입장 50% 할인, 몽트뢰와 브베 시내 워킹 투어 50% 할인, 몽트뢰-브베 관광 사무소에서 무료 웰컴 드링크 제공, 퀸 스튜디오 익스피리언스 웰컴 기프트 증정, 몽트뢰와 브베, 시옹성을 비롯하여 클라렌스Clarens, 빌뇌브Villeneuve, 르 부베레Le Bouveret, 테리텟Territet, 생 진골프St. Gingolph에서 출발하는 CGN 크루즈 50% 할인, 글래시어 3000Glacier 3000, 레디아블레렛Les Diablerets 왕복 교통권 20% 할인 등 정말 다양한 혜택을 누릴 수 있다.

홈페이지 www.montreuxriviera.com/en/Z4845/montreux-riviera-card

몽트뢰

연중 행사와 축제

셉텅브르 뮤지컬

4월 폴리망가 Polymanga

4일 동안 만화, 애니메이션, 비디오 게임을 주제로 한 다채로운 행사가 펼쳐진다. 2012년 처음 열린 비교적 새로운 문화 행사로 부활절 기간에 몽트뢰 뮤직 앤 컨벤션 센터Montreux Music & Convention Centre에서 열린다. 콘서트, 라이브 쇼, 상영회, 쇼핑 숍 등 만화를 좋아하는 사람들을 위해 많은 것이 준비되어 있다.

www.polymanga.com

5월 몽트뢰 볼리 마스터스 Montreux Volley Masters

세계 제일의 여자 배구팀들이 모두 모이는 봄의 배구 대잔치. 1984년 처음 열린 세계적인 이벤트로 1,300여 명 이상의 선수들이 경합한다.

www.volleymasters.ch

7월 몽트뢰 재즈 페스티벌 Montreux Jass Festival

스위스 연방 문화청이 선정한 '스위스의 7대 문화 행사' 중 하나이다. 나머지 여섯 개의 문화 행사는 바젤 예술 전시회, 로카르노 국제 영화제, 루체른 페스티벌, 오메가 유러피안 마스터스, 월드 클래스 취리히, 화이트 터프 장크트모리츠이다. 재즈 페스티벌은 1967년 처음 시작하여 해마다 7월에 16일 동안 열린다. 매년 20만 명 이상의 방문객이 전 세계에서 참석하고, 재즈에 국한되지 않고 블루스, 록, 랩, 팝, 소울 등 다양한 음악 장르의 뮤지션들이 참여한다. 아레사 프랭클린Aretha Franklin, 레이 찰스Ray Charles, 데이빗 보위David Bowie, 허비 핸콕Herbie Hancock, 프린스Prince 등 내로라하는 뮤지션들이 몽트뢰 재즈 페스티벌에 다녀간 바 있다.

www.montreuxjazzfestival.com

9월 셉텅브르 뮤지컬 Septembre Musical

1946년 첫 축제 후 70년 이상 몽트뢰 리비에라 지역의 가을을 아름다운 선율로 수놓은 클래식 음악 축제이다. 스트라빈스키 공연장과 브베 극장, 시옹 성 등 몽트뢰 일대의 여러 공연장에서 다양한 오케스트라, 솔로이스트 공연들이 열린다. 특히 젊은 재능을 발굴하고 소개하는 것에 중점을 두어 미래 지향적이고 신선하다는 평이 많다.

www.septmus.ch

9~10월 브베 이미지 페스티벌 Vevey Images Festival

스위스 최초 야외 사진 축제로 2년마다 열린다. 브베 시내의 거리에 대형 사진이 전시되어 시민들이 산책하며 감상할 수 있으며, 시내 곳곳의 전시관 역시 활용한다. 주로 현대 사진 작품을 다루며 800명 이상의 전문 사진작가들이 참여한다.

www.images.ch

11~12월 크리스마스 마켓 Marché de Nöel

스위스에서 가장 큰 규모로 열리는 크리스마스 마켓 중 하나로, 160여 개의 샬레들이 호숫가에 자리를 잡고 12월의 여행자들을 맞이한다. 시옹성은 12월 중 세 번의 주말 동안 중세 시대의 성탄절을 연출하고, 몽트뢰 역에서 지역 열차를 타고 로셰 드 녜 Rochers-de-Naye로 올라가 산타 할아버지도 만나 볼 수 있다.

www.montreuxnoel.com

볼리 마스터스

프레디가 사랑한 호반의 도시 몽트뢰는 아기자기하고 사랑스럽다. 근처의 브베까지 보려면 이틀도 부족하다. 주요 명소들은 호수를 따라 걷다 보면 자연스레 만날 수 있다.

DAY 1

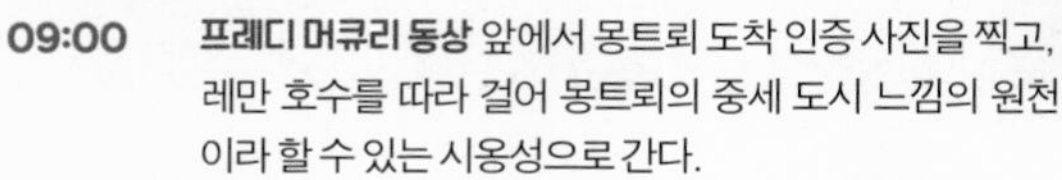

09:00 **프레디 머큐리 동상** 앞에서 몽트뢰 도착 인증 사진을 찍고, 레만 호수를 따라 걸어 몽트뢰의 중세 도시 느낌의 원천이라 할 수 있는 시옹성으로 간다.

10:00 **시옹성**에서 고즈넉한 호반 도시의 낭만을 느낄 수 있다. 잔잔한 물결 너머로 제네바가 보이는지 멀리 살피게 된다.

12:30 예스러운 분위기를 자아내는 몽트뢰 구시가지로 돌아와 **라 브라서리 J5**에서 점심 식사를 한다.

14:00 **주르커**에서 커피와 디저트를 즐긴다.

15:00 퀸의 팬이라면 몽트뢰 카지노를 찾아 **퀸 스튜디오 익스피리언스**를 경험해 보자. 퀸이 실제로 사용했던 녹음실에서 퀸의 노래 두 곡을 믹싱해 볼 수 있다. 퀸의 노래까지 감상할 수 있는 작지만 특별한 공간이다.

18:30 시옹성 반대쪽으로 가면 몽트뢰를 사랑했던 작곡가 스트라빈스키와 중국 체조 선수 리 닝의 동상이 있고, **페어몬트 호텔 앞 정원**에도 여러 음악인들의 동상이 있으니 기념사진을 남겨 본다.

19:30 시내로 돌아와 저녁 식사를 한다. 여름부터 초가을 사이에는 몽트뢰에서 열리는 음악 축제가 많으니 여행 시기가 맞는다면 관광청 홈페이지 등을 통해 공연 일정을 확인해 표를 예매하는 것도 좋다.

DAY 2

10:00 **네스트 박물관**에서 달콤하게 하루 일정을 시작한다. 초콜릿과 네슬레 브랜드의 역사를 훌륭한 전시로 만나볼 수 있다.

12:30 일요일이라면 네스트 박물관 1층에 있는 **카페 앙리**에서 브런치를 즐기거나 브베 시내로 내려와 **코멜론 부리또 바**에서 부리또로 점심 식사를 한다.

14:00 몽트뢰와 이웃한 아기자기한 매력의 **브베 시내**를 돌아보고, **채플린스 월드**에서 천재 희극인의 발자취를 좇는다.

17:00 여유가 된다면 **스위스 놀이 박물관**에 들른다. 나라별로 고유의 놀이를 소개하고, 게임 룸도 있다.

19:00 몽트뢰 시내로 돌아와 관람차로 해 저무는 몽트뢰와 레만 호수를 감상한다. 몽트뢰 리비에라 지역 미슐랭 별을 받은 레스토랑 다섯 개 중 네 개가 브베에 위치한다. 그중 하나인 **데니스 마틴**에서 저녁 식사를 한다.

몽트뢰
Lakeside Promenade Fleuri
Chemin de Chaméroz
Route de Sottex
Chemin de la Caudraz
Snack Box Glion
Glion-Alpes
Chemin de Rossillon
Sentier de la Boriodaz
Coteau de Belmont
Route de Chernex
Chemin de Rodioz
Route de Glion
HRC Hôpital Riviera-Chablais, Site de Montreux
Rue de l'Ancien Stand
La fontaine de la Rue du Centre
Chemin de Ballallaz
Montreux-Les Planches
Rue de la Gare
Église Saint-Vincent
몽트뢰 기차역
Montreux Gare
Rue du Temple
페어몬트 호텔 (정원)
Fairmont Le Montreux Palace
트랄라라 호텔 몽트뢰
TRALALA Hôtel Montreux
몽트뢰 박물관
Montreux Museum
호텔 뒤 그랑 락 엑셀시오르
Hôtel du Grand Lac Excelsior
니 링 동상
Statue Li Ning
Rue de la Corsaz
Golf Hôtel
Grand Rue
Avenue des Alpes
Rue du Marché
Rue d'Etraz
Avenue des Planches
몽트뢰 여객선 터미널
몽트뢰-브베 인포메이션 센터
Montreux-Vevey Tourisme
호반 산책로
그랑뤼
라 브라서리 J5
La Brasserie J5
프레디 머큐리 동상
주르커
Zurcher
퀸 스튜디오 익스피리언스
Queen Studio Experience
브베
Boulevard de Charmontey
Boulevard Henri-Plumhof
Avenue du Major-Davel
Boulevard d'Arcangier
Thematis Sa
Caisse cantonale vaudoise de compensation AVS
Cimetière Saint Martin
Boulevard Paderewski
Riviera-Chablais Hospital, Vaud-Valais
Bvd de Saint-Martin
Avenue de Blonay
Avenue de Rolliez
Avenue des Alpes
브베 기차역
Vevey Gare
Musée Jenisch
Rue des Communaux
Rue du Simplon
Église Notre-Dame
베이스 브베
BASE Vevey
Hôpital Riviera-Chablais, site de Vevey Providence
O Moulon
코멜론 부리또 바
Comelon Burrito Bar
sée de l'Absurde
브베 역사 박물관
Vevey History Museum
Avenue du Clos d'Aubonne
Quai Perdonnet
스위스 카메라 박물관
Musée Suisse de l'Appareil Photographique
알리멍타리움
Alimentarium
데니스 마틴
Denis Martin
Quai Roussy
Avenue du Lac
스위스 놀이 박물관
Musée Suisse du Jeu

©Château de Chillon

시옹성 Château de Chillon

MAPECODE 41181

9세기에 세워진 호수 위의 고성

레만 호수 암석 위에 지어진 견고한 성채로, 당시 권력을 잡았던 사부아Savoy 왕가의 시온 주교의 영지였으나 1536년 베른군에게 정복되면서 1798년까지 병참 기지로 사용되었다. 19세기 보수 공사를 거쳐 대중에게 공개하고 있다. 성 내부는 네 개의 뜰로 나뉘어 있고, 다 돌아보는 데에는 약 두 시간 정도 걸린다. 이 성을 찾은 영국의 시인 바이런Byron이 시옹성 내 보니바르의 감옥에서 영감을 받아 〈시옹성의 죄수〉라는 작품을 발표하면서 많은 관광객이 찾는 명소가 되었다. 성 내부에는 15세기 중엽 무명 화가들이 그린 그림들도 걸려 있고 각 방은 호수를 향해 창이 나 있다. 누각에 올라 시원하게 트인 경치를 볼 수 있다. 한국어 안내 책자도 마련되어 있고, 크리스마스 시즌에는 성에서 콘서트, 구연 동화 등 다채로운 행사를 연다.

교통 몽트뢰 기차역에서 도보로 20분 주소 Avenue de Chillon 21, 1820 Veytaux 전화 +41 219 668 910 시간 4~9월 09:00~19:00, 10월 09:30~18:00, 11~2월 10:00~17:00, 3월 09:30~18:00 / 1월 1일, 12월 25일 휴관 요금 성인 CHF13.50, 6~16세 CHF7, 학생증 소지자 · 65세 이상 CHF11.50 / 리비에라 카드 소지자 성인 CHF6.25, 아동 CHF3 / 스위스 트래블 패스, 스위스 뮤지엄 패스 소지자 무료 홈페이지 www.chillon.ch

호반 산책로 Lac Léman

레만 호수를 따라 걷는 산책로

MAPECODE 41182

스위스 여행자는 수많은 영혼을 치유해 온 이 도시를 놓쳐서는 안 된다. 시인 바이런에게 영감을 불러일으켰던 유서 깊은 고성을 향해 뻗어 있는 호반 산책로는 몽트뢰가 가진 최고의 매력이다. 완만한 반달 모양을 하고 있는 긴 레만 호수는 몽트뢰의 아름다움을 말할 때 빼놓을 수 없는 요소이다. 호수 한쪽 끝은 제네바에 닿아 있고, 다른 한쪽 끝은 몽트뢰에 닿는다. 몽트뢰 시내에서 왼쪽으로는 시옹성으로 향하는 산책로, 오른쪽으로는 브베로 향하는 산책로가 뻗어 있다. 브베 쪽으로 걷다 보면 2017년 스위스-중국 관광의 해 체결을 기념하여 세운 중국 체조 선수 리 닝Li Ning의 동상과 몽트뢰를 사랑했던 작곡가 스트라빈스키의 동상을 볼 수 있다. 레만 호수 유람선 회사인 Compagnie Générale de Navigation sur le Lac Léman(CGN, www.cgn.ch)에서 다양한 루트로 유람선을 운항하기도 한다. 동절기에는 거의 운항하지 않는다.

교통 몽트뢰 기차역에서 도보로 10분

Tip 호수가 내려다보이는 관람차

기차역에서 시내로 내려와 호수로 가는 길에 큰 관람차가 보일 것이다. 도시에 축제가 있으면 가장 바쁘게 돌아가는 관람차는 몽트뢰의 스카이 뷰를 제대로 볼 수 있는 놀이 기구이다.

프레디 머큐리 동상 Freddie Mercury Memorial

MAPECODE 41183

영원히 그를 추모하다

세계적인 밴드 퀸Queen의 보컬 프레디 머큐리(1946~1991)를 기리는 멋진 동상은 이 지역의 상징이다. 생전 몽트뢰를 무척 좋아했던 그를 기리는 동상이 이곳에 세워졌다. 한 손을 힘차게 하늘 위로 뻗은 공연 때 자주 하던 특유의 포즈를 취하고 호수를 바라보고 우뚝 선 그의 발치에는 늘 꽃다발이 놓여 있다. 퀸의 팬이라면 죽기 전 꼭 한번 가 보고 싶은 곳이 바로 몽트뢰이다. 2003년부터 매년 9월 첫째 주 주말에는 프레디 머큐리 추모 행사가 대대적으로 열린다.

교통 몽트뢰 기차역에서 도보로 10분 주소 Place du Marché, 1820

퀸 스튜디오 익스피리언스 Queen The Studio Experience

MAPECODE 41184

퀸과 음악을 사랑하는 사람이라면 가야할 곳

퀸은 몽트뢰에서 마지막 앨범 '메이드 인 헤븐Made in Heaven'을 포함하여 일곱 개의 앨범을 녹음했다. 머큐리가 생애 마지막 곡을 녹음한 곳이 바로 몽트뢰에 위치한 이 마운틴 스튜디오Mountain Studios이다. 현재 몽트뢰 카지노 건물에 위치한다. 퀸은 1978년 이 스튜디오를 처음 찾았다가 조용하고 평화로운 분위기 속에서 작업할 곳을 찾던 밴드에게 완벽했던 몽트뢰의 이 스튜디오를 1996년까지 소유하였다. 근 20년간 스튜디오에서 작업했던 밴드에 관한 자료들이 많이 남아 있어 스튜디오는 팬들을 위해 전시를 마련

했다. 전시품 중엔 손으로 쓴 곡의 원본, 직접 사용하던 악기 등이 포함되어 있다. 몽트뢰와 퀸의 관계, 밴드의 역사 등을 자세히 알아볼 수 있는 귀한 시간이 될 것이다.

교통 몽트뢰 기차역에서 도보 15분 주소 Casino Barrière de Montreux, Rue du Théâtre 9, 1820 전화 +41 219 628 383 요금 무료 홈페이지 www.mercuryphoenixtrust.com/studioexperience

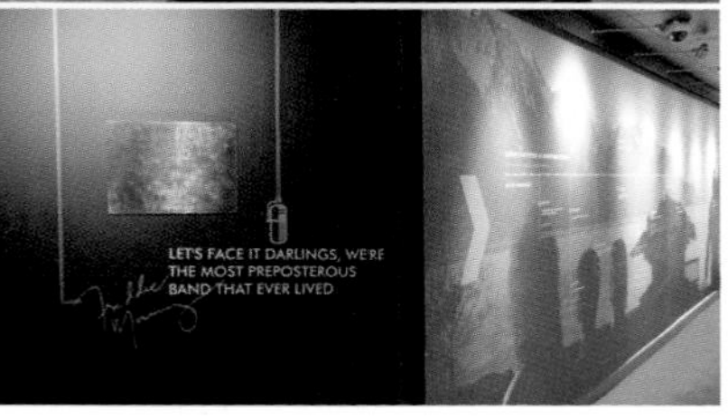

몽트뢰를 사랑했던 유명인들

스위스의 자연을 마주하면 감당하기 힘들 정도로 가슴이 벅차오른다. 글 한 줄을 더 쓰게 되고, 사진도 유독 많이 찍게 된다. 좋다거나 감동적이라는 말 한마디로는 충분치 않아 아름다운 그림을 그리고, 역사에 남을 글을 쓰고, 음악을 만들어 많은 이에게 사랑받은 예술인들이 이곳 몽트뢰에서 영감을 얻었다.

프레디 머큐리 Freddie Mercury (1946~1991)

록 역사상 가장 위대한 그룹 중 하나로 꼽히는 퀸Queen의 리드 보컬은 1978년 몽트뢰에서 퀸의 마지막 앨범을 녹음한 것을 계기로 이곳에 정착하게 된다. 유명세에 시달리는 것을 멈추고 심신의 안정을 찾을 수 있는 곳으로 여겨, 머큐리는 '평화를 찾고 싶다면 몽트뢰로 가라'고 말하기도 했다.

찰리 채플린 Charlie Chaplin (1889~1977)

아마 세계에서 가장 유명한 코미디언일 이 사람이 스위스에서 25년 동안 살았다는 사실은 몰랐을 것이다. 무성 영화 시대를 주름잡던 채플린은 세계 여러 곳을 여행한 후 1953년 스위스에 정착하기로 결정하였고, 이곳에서 네 명의 자식을 낳아 길렀다. 테라스 밖으로 보이는 호숫가 풍경을 무척 좋아했던 채플린은 다음과 같이 말했다고 한다.

> 나는 가끔 테라스에 앉아 넓은 푸른 정원과 멀리 보이는 호수, 또 그 너머에 있는 듬직한 산을 감상한다. 이러한 기분일 때는 아무것도 생각하지 않고 참으로 아름다운 풍경만을 즐길 수 있다.

블라디미르 나보코브 Vladimir Nabokov (1899~1977)

<롤리타>로 유명한 이 러시아 작가는 결혼 후 스위스에 정착하여 오페라 가수인 아들이 일하는 밀라노와 가까이 있으려 했다. 몽트뢰에 자리를 잡고 레만 호수를 감상하며 글을 썼으며, 여가 시간에는 호숫가를 산책하며 나비를 잡았다고 한다. 그가 세상을 떠난 후 그가 수집했던 나비 컬렉션은 로잔Lausanne 시내의 동물학 박물관에 기증되었다. 나보코브와 아내의 묘는 몽트뢰 근교의 클라렌스Clarens에 있다.

조지 바이런 George Byron (1788~1824)

19세기 낭만주의의 선구자인 바이런은 제네바를 너무나도 사랑하여 이곳을 배경으로 한 다양한 글을 썼다. 그중 하나가 시옹성을 방문하고 쓴 <시옹성의 죄수>이다. 그의 발자취를 따라 많은 영국 문호들이 영감을 얻고자 스위스를 여행했다고 한다. 그는 자주 배를 타고 호수에서 이야깃거리를 찾았다고 한다.

이고르 스트라빈스키 Igor Stravinski (1882~1971)

러시아 출신의 미국 작곡가 스트라빈스키는 부인의 건강이 악화되며 1910년 온화한 기후의 지역을 찾아 몽트뢰에 정착했다. 대표작인 〈봄의 제전(1912)〉을 몽트뢰에서 작곡하였고, 레만 호수를 따라 산책하다가 또 다른 명작 〈페트르슈카〉의 영감을 얻었다고 한다. 몽트뢰 재즈 페스티벌이 열리는 오디토리움은 그를 기념하기 위해 스트라빈스키 오디토리움이라 이름을 붙였다고 한다.

표트르 차이코프스키 Piotr Tchaïkowsky (1840~1893)

첫 결혼에 실패한 차이코프스키는 안식을 찾기 위해 제네바와 클라렌스를 방문했다. 이곳에서 그는 오페라 〈예프게니 오네긴〉과 '오를레앙의 소녀' 중 〈잔 다르크의 아리아〉 그리고 여러 바이올린 콘체르토를 작곡하였다. 나보코브, 바이런과 마찬가지로 차이코프스키도 레만 호수를 무척 좋아하여 자주 배를 탔다고 한다.

코코 샤넬 Coco Chanel (1883~1971)

2차 대전이 끝나고, 패션의 여제는 스위스 로잔에서 10년을 살았다. 자신의 브랜드를 만들어 가히 혁명적인 여성복을 디자인하며 파리 패션계에서 완전히 자리를 잡고, 전쟁까지 겪고 나니 본능적으로 스위스에서 휴식을 취하고 싶었을 것이다. 그녀는 발몽 클리닉Valmont Clinic에서 미용 관리를 받았고, 몽트뢰로 자주 놀러 와 티 타임을 즐겼다고 한다. 1971년 향년 88세로 세상을 떠난 후 로잔에 묻혔다.

페어몬트 호텔 앞 정원

페어몬트 르 몽트뢰 팰리스Fairmont Le Montreux Palace 호텔 앞 정원에는 음악인들의 동상이 세워져 있다. 아레사 프랭클린, 레이 찰스 등 재즈와 팝 팬이라면 멀리서도 누군지 바로 알아볼 수 있을 것이다. 특이하게도 〈롤리타〉의 작가 나보코브 동상도 이 정원에 있다.

주소 Avenue Claude-Nobs 2, 1820

그랑 뤼 Grand Rue

몽트뢰의 쇼핑 대로

MAPECODE 41185

H&M, ZARA 등의 스파 브랜드와 미그로스와 쿱 슈퍼마켓이 있는 그랑 뤼는 몽트뢰 도심의 중심 대로이다. 몽트뢰는 스위스에서 쇼핑하기 좋은 도시는 아니지만 여러 상점과 식당들이 모여 있는 그랑 뤼가 있어 불편하지 않다. 몽트뢰 일대의 대부분의 상점은 월~금 08:00/08:30~18:30/18:45까지가 영업한다. 토요일은 보통 오후 5시까지 영업한다. 일요일에는 베이커리, 식료품 상점을 제외하고는 대부분 문을 닫는다.

교통 몽트뢰 기차역에서 도보 10분 주소 1820 Montreux

Tip 성트르 마노 브베 Centre Manor Vevey

몽트뢰에서 필요한 대부분의 물건들은 그랑 뤼에서 구매할 수 있으나 종합 쇼핑몰이 필요하거나 숙소가 브베라면 브베 역 바로 옆에 마노Manor 백화점이 있다.

교통 브베 기차역에서 도보 1분 주소 Avenue du Général-Guisan 1, 1800 Vevey 시간 월~목 09:00~18:30, 금 09:00~20:00, 토 08:00~17:00 홈페이지 manor.ch

채플린스 월드 Chaplin's World

최고의 희극인이 남기고 간 유산

MAPECODE 41186

20세기 최고의 영화인 찰리 채플린의 모든 것을 볼 수 있는 박물관이 있다. 찰리 채플린이 인기 절정의 시절을 넘기고 여생을 보낸 스위스 브베의 한적한 맨션과 넓은 정원은 그를 기리는 박물관이 되어 많은 영화 팬들을 맞이한다. 채플린의 소장품과 영화 이야기, 그가 사용하던 가구와 식기 등이 오롯이 보존되어 있는 맨션 곳곳의 영구 전시를 비롯하여 채플린과 관련한 다양한 주제의 특별 전시가 함께 열린다. 카메라 밖에서의 가족적인 모습과 분장을 지운 모습 등 찰리 채플린의 다양한 면면을 만나 볼 수 있다. 작은 시네마에서 그의 일대기를 간결하게 설명하는 짧은 영화도 상영하고, 로베르토 베니니, 마이클 잭슨 등 유명인들의 밀랍 인형이 있는 영화 세트장도 있다. 채플린의 영화별로 모아 전시해 둔 소품과 비하인드 이야기, 영상, 사진 자료 등 전시 내용이 방대하여 박물관을 모두 돌아보는 데 2시간 30분 정도가 걸린다.

교통 브베 기차역에서 212번 버스 타고 12분 주소 Route de Fenil 2, 1804 Corsier-sur-Vevey 전화 +41 842 422 422 시간 매일 10:00~17:00 (연중 09:00~18:00, 10:00~18:00, 10:00~19:00, 10:00~21:00 등 다양한 시간대로 변경하여 개관하는 시기가 종종 있으니 홈페이지를 확인하는 것이 가장 정확하다.) 요금 16~59세 CHF27, 6~15세 CHF18 / 60세 이상 CHF25, 학생증 소지자 CHF24, 장애인 CHF16 / 온라인으로 미리 구매 시 종종 할인 혜택을 준다. *스마일 시즌 패스(1년 동안 사용 가능, 기념품 상점 10% 할인 혜택) 16세 이상 CHF60, 6~15세 CHF40, 학생증 소지자 CHF50 홈페이지 www.chaplinsworld.com

빌라 "르 락" 르 코르뷔지에 Villa "Le Lac" Le Corbusier

MAPECODE 41188

© Villa "Le Lac" Le Corbusier

잔잔한 매력의 아름다운 건축물

1923년 공사를 시작한 저명한 건축가 르 코르뷔지에의 작품. 인체 공학 연구와 기능적인 분석의 결과물이다. 르 코르뷔지에 재단이 71년 빌라를 사들이고 2010년 박물관으로 개관하였다. 2012년 새단장을 하고 2015년 유네스코 세계 문화유산으로 등재된 아름다운 이 건물은 건축가 특유의 군더더기 없고 모던한 선과 자연과의 조화를 가감 없이 드러내는 작품이다. 1920년대에 르 코르뷔지에가 심취했던 '화이트 하우스'의 연장선상에서 개발된 건물로 최대한의 편안함과 공간의 효율성을 강조하여 20세기 주거지 건축에 크게 영향을 미친 르 코르뷔지에의 개념들의 총집합이라 할 수 있다. 여백의 미를 살린 실내와 옥상 정원, 리본 윈도우와 함께 이 건물의 가장 큰 특징이자 포토 존은 가로 11m에 달하는 긴 창문이다.

교통 브베 기차역에서 도보 20분 주소 Route de Lavaux 21, 1802 Corseaux 시간 토, 일 14:00~17:00 요금 성인 CHF12, 학생 CHF10, 아동 CHF6 / 현금 결제만 가능 홈페이지 www.villalelac.ch/en

르 코르뷔지에는 누구?

르 코르뷔지에Le Corbusier(1887~1965년)의 본명은 샤를-에두아르 잔느레-그리Charles-Édouard Jeanneret-Gris이며, 스위스를 대표하는 건축가 겸 화가, 조각가, 가구 디자이너로 모더니즘 건축의 아버지라 불린다. 주로 프랑스에서 활동했으나 스위스에도 그의 작품을 남기고 갔다. 독일과 동유럽을 거쳐 그리스와 이스탄불, 폼페이를 여행하며 다양한 건축 양식을 접하고 되려 군더더기 없고 깔끔한 그만의 독창적인 스타일을 만들어 냈다. '현대 건축의 5원칙'과 새로운 치수 체계를 고안하고 '새로운 정신'이라는 뜻의 Esprit Nouveau라는 잡지를 창간해 후대 건축가들의 선구자가 되었다. 업무와 주거지역을 구분하고 녹지를 조성하여 삶의 질을 높이는, 인본주의적인 설계로 도시를 새로이 계획했으며 7개 나라에 총 17개 건축물을 남겼다. 모두 2016년 유네스코 세계 문화유산으로 일괄 등재되었다. 대륙의 경계를 초월한 최초의 유네스코 세계 문화유산으로 그 의미가 대단하다. 스위스의 르 코르뷔지에 건물로는 르 락 빌라 외에도 제네바의 클라르테 건물Immeuble Clarté 이 있다.

스위스 놀이 박물관 Musée Suisse du Jeu

MAPECODE 41189

재미있는 놀이의 역사

13세기 샤토 드 라 투르 드 펠리즈Chateau de la Tour-de-Peilz 성에 위치한 호숫가의 박물관으로 1987년 개관하였다. '왔노라, 보았노라, 놀았노라 Veni, Vidi, Ludique'를 모토로 하는 재미있는 전시관으로 세계 각지의 장난감과 게임을 소개하고, 인류가 놀이를 해 온 연대기를 훑는다. 땅에 낙서를 하던 것부터 오늘날의 로또까지 다양한 놀이의 면모와 지역적, 시대적인 특징을 자세하고 유쾌하게 풀어놓았다. 해마다 박물관이 주최하여 다양한 게임을 개발하는 경연 대회가 열리고, 관람객들이 놀다 갈 수 있는 큰 보드 게임방과 다트판이 마련되어 있다. 고대의 놀이, 영국의 놀이 등 특정 테마의 특별전도 볼 수 있으며 기념품 상점에서 다양한 종류의 놀잇거리를 판매한다.

교통 브베 기차역에서 S2, S3번 지역 철도로 7분 / 201번 버스로 9분 / 도보로 20분 주소 Rue du Château 11, 1814 La Tour-de-Peilz 전화 +41 21 977 23 00 시간 화~일 11:00~17:30 요금 성인 CHF9, 65세 이상 · 학생 CHF6, 6~16세 CHF3 홈페이지 museedujeu.ch

데니스 마틴 Restaurant Denis Martin

MAPECODE 41191

모던 스위스 쿠킹

예쁜 공원을 면하고 있는 사랑스러운 작은 건물에 위치한 데니스 마틴의 레스토랑은 미슐랭 원스타를 받은 스위스 분자 요리 식당이다. 8, 12, 16코스 메뉴와 마틴 셰프의 기량을 마음껏 뽐낸 20코스 이상의 에볼루션 메뉴가 마련되어 있다. 계절마다 신선한 식재료를 사용하고 셰프의 창의성을 가미하여 메뉴를 변경한다. 와인 리스트도 매우 방대하고 훌륭하다. 물론 예약은 필수!

교통 브베 기차역에서 버스 201, 202번 타고 6분 주소 Rue du Château 2, 1800 Vevey 전화 +41 219 211 210 시간 화~토 19:00~23:00 가격 스위스 타파스로 시작하는 8코스 이모션 메뉴 CHF190 홈페이지 www.denismartin.ch

코멜론 부리또 바 Comelon Burrito Bar

MAPECODE 41192

브베의 인기 맛집

브베에서 가장 인기 있는 맛집이 어디냐고 물으면 동네 사람들이 모두 입을 모아 소개하는 곳이다. 메뉴는 부리또 하나로, 속에 담을 재료들을 자기 입맛에 맞게 고를 수 있다. 두 손으로 들고 먹어야 될 정도로 큼직한 부리또는 속재료도 신선하고 소스도 맛있다. 테이블과 바 자리 모두 있지만 문을 열자마자 만석이 될 정도로 항상 인기가 많다. 브베에 위치한 네스트 박물관, 채플린스 월드, 스위스 놀이 박물관 등 몽트뢰 일대에서 가볼 만한 큼직한 여러 전시관들이 이 동네에 있으니 맛있는 부리또로 배를 채우고 부지런히 찾아가 보면 좋겠다.

교통 브베 기차역에서 도보 6분 주소 Rue des Deux-Marchés 23, 1800 Vevey 전화 +41 21 921 00 55 시간 월~수 11:30~14:30 / 목~금 11:30~14:30, 18:30~21:00 / 토 11:30~15:00 가격 클래시카 부리또 CHF13.50, 부리또와 나초, 살사, 음료를 포함한 세트 CHF18.50 홈페이지 www.comelon.ch

라 브라서리 J5 La Brasserie J5

MAPECODE 41193

넓고 캐주얼한 도심 맛집

멀리서도 눈에 띄는 붉은 쿠션의 의자와 반짝이는 간판이 인상적인 인기 레스토랑이다. 매일 바뀌는 오늘의 메뉴는 2코스로 CHF20 안팎의 착한 가격으로 제공한다. 홈페이지에 한 주의 메뉴를 모두 올려놓으니 미리 보고 가는 것도 좋다. 리조또, 밀라네제 소스 돼지 고기 구이 등 유러피언, 프렌치 스타일의 요리들이 주를 이룬다. 파스타와 버거, 베지테리안 메뉴, 6~12세 전용 키즈 메뉴도 마련되어 있다.

교통 몽트뢰 기차역에서 버스 204, 206번 타고 2분 또는 도보 9분 주소 Avenue du Casino 32, 1820 전화 +41 21 966 77 55 시간 매일 08:30~23:00 (키친은 11:30~22:30, 브레이크 타임 없음) 가격 호박 리조토 CHF26, 시저 샐러드 CHF22 홈페이지 brasseriej5.ch/homepage

주르커 Zurcher

MAPECODE 41194

오랜 역사를 자랑하는 다과점

몽트뢰의 심장부에서 대를 이어 영업한 역사가 있는 가족 다과점이다. 직접 만드는 신선한 페이스트리와 달콤한 케이크, 쿠키와 따뜻하고 맛있는 음료가 있다. 오랜 세월을 지나온 익숙하고 편안함이 감도는 분위기가 좋다. 식사도 가능하여 점심 식사를 하러 들르는 동네 사람들도 많다. 처음 문을 열었을 때부터 사용하던 레시피에 따라 고급 코코아 버터를 사용하여 만드는 트러플, 프랄린 등의 초콜릿이 특히 유명하다.

교통 몽트뢰 기차역에서 버스 204, 206번 타고 2분 또는 도보 9분 주소 Avenue du Casino 45, 1820 전화 +41 21 963 59 63 시간 화~일 08:00~18:30 가격 카푸치노 CHF4.60 홈페이지 confiserie-zurcher.ch

★ 몽트뢰

베이스 브베 BASE Vevey

MAPECODE 41195

깔끔하고 편안한 레지던스 호텔

해 질 녘과 동이 틀 때, 호숫가에서 바라보는 시옹성의 실루엣에 비교할 것은 없다. 몽트뢰에서 하룻밤을 꼭 보냈으면 하는 이유이다. 몽트뢰의 이웃 동네인 브베의 베이스 브베는 셀프 체크인과 체크아웃이 가능한 35채의 스위트 아파트 호텔로, 브베 기차역에서 길만 건너면 쉽게 찾을 수 있다. 대형 종합 쇼핑몰도 도보로 3분 거리이다. 동네 맛집으로 소문난 탠덤Tandem 레스토랑을 갖춘 크고 밝은 흰 건물이고, 시내와 호수, 역이 모두 보이는 넓은 창이 난 객실에는 햇살이 쏟아져 들어온다. 호텔이 아니라 집을 빌려 묵는 것처럼 포근하고 아늑한 분위기를 연출한다. 친환경적인 베이스 브베는 모든 청소 도구도 친환경 제품으로 제한하여 사용하며 음식물 쓰레기를 최소화하기 위해 뷔페가 아닌 주문형 아침 식사를 제공한다. 주문 봉투(BBB)에 표시하여 문에 걸어 두면 지정한 시간에 맞추어 건강하고 든든한 식사를 배달해 주는 것이 인상적이다.

교통 브베 기차역에서 도보 4분 주소 Quai de la Veveyse 8, 1800 Vevey 전화 +41 215-523-020 요금 스탠다드 스위트 CHF180, 베이스 스위트 CHF200 홈페이지 www.basevevey.com

호텔 뒤 그랑 락 엑셀시오르 Hôtel du Grand Lac Excelsior

MAPECODE 41196

몽트뢰 중심에 있는 보석 같은 호텔

1907년 세워진 벨 에포크풍의 건물에 자리한 화려한 이 호텔은 아르 데코 스테인드글라스로 꾸며져 있다. 객실의 테라스에서 레만 호수와 알프스의 풍경을 볼 수 있고, 호텔 내에 피트니스 센터, 수영장도 있다. 편안한 침구와 깨끗하고 우아한 실내도 장점으로 꼽힌다. 투숙객들은 몽트뢰 교통을 무료로 이용할 수 있으며 여름 시즌에는 몽트뢰 카지노의 야외 수영장과 밀리시메Millisime 나이트 클럽을 출입할 수 있다. 유람선 할인권도 제공한다.

교통 몽트뢰 기차역에서 도보 12분 주소 Rue Bon Port 27, 1820 Montreux 전화 +41 219 665 757 요금 스탠다드룸 CHF149 홈페이지 www.hotelexcelsiormontreux.com

트랄라라 호텔 몽트뢰 Tralala Hotel Montreux

MAPECODE 41197

콧노래가 절로 나는 호텔

구시가지에 위치한 이 호텔은 디자인이 돋보이는 현대적인 건물에 위치한다. 음악을 테마로 한 세련된 인테리어도 돋보인다. 친절한 스태프가 이 호텔의 인기에 한몫을 하고, 라이브 음악 공연도 종종 연다. 호텔 내에 있는 바는 다양한 스위스 와인을 구비하고 있다. 전 객실은 음악의 도시라는 명성을 갖게 한 뮤지션을 선정하여 그 인물 위주로 인테리어를 꾸며 놓았고, 호수 전망과 플랫 스크린 TV를 갖추고 있다. 전용 주차장이 없고, 몽트뢰 공용 주차는 비용이 상당하고 주기적으로 티켓을 구매해야 하는 번거로움이 있어 차로 여행하는 사람들에게는 권하지 않는다. 투숙객들은 몽트뢰 지역 교통을 무료로 이용할 수 있다.

교통 몽트뢰 기차역에서 도보 10분 주소 Rue du Temple 2, 1820 Montreux 전화 +41 219 634 973 요금 더블룸 CHF115 홈페이지 www.tralalahotel.ch

Lausanne
©LT_Samuel Rouge

로잔

제네바와 함께 레만호의 대표적인 도시 중 한 곳이다. 로마 제국 시절 라우소니움이라는 이름으로 건설된 긴 역사의 관광지로, 1973년부터는 세계적인 발레 경연 대회인 로잔 콩쿠르가 열렸고, 국제 올림픽 위원회(IOC)의 본부를 비롯하여 국제 양궁 연맹 등 여러 스포츠 국제 연맹들이 로잔에 본부를 두고 있다. 언덕 위에 자리한 웅장한 대성당과 아담하고 한적한 구시가지의 풍경이 어우러지는 아름다운 곳이다.

인포메이션 센터 로잔 시내에는 세 곳의 관광 사무소가 위치한다. 숙박, 식당 등 관광 전반의 정보를 안내한다.
www.lausanne-tourisme.ch

■ 기차역
주소 Place de la Gare 9, 1003 시간 6~8월 매일 09:00~19:00, 9~5월 매일 09:00~18:00

■ 우쉬 메트로 역
주소 Place de la Navigation 6 1006 시간 6~8월 매일 09:00~19:00, 9~5월 매일 09:00~18:00

■ 로잔 대성당
주소 Place de la Cathédrale, 1014 시간 4, 5, 9월 월~토 09:30~13:00, 14:00~18:30, 일 13:00~17:30 / 6~8월 월~토 09:30~18:30, 일 13:00~17:30 / 10~3월 월~토 09:30~13:00, 14:00~17:00, 일 14:00~17:00 / 12월 24~25일, 31일, 1월 1일 14:00~16:00

로잔의 교통

로잔과 가장 가까운 공항은 제네바 공항이다. 로잔은 제네바뿐 아니라 다른 스위스 도시에서 기차로 쉽게 도착할 수 있다. 다른 큰 도시 간 이동 시에 대부분 로잔을 경유하기 때문에 일정에 따라 미리 기차 노선을 확인해 보고, 로잔에 숙소를 잡고 이동하는 것도 방법이다. 제네바는 IR 열차로 35분, 취리히는 IC 열차로 2시간 10분 정도 걸린다.

로잔 기차역 Lausanne Gare

역 안에는 약국과 서브웨이 샌드위치 가게, 슈퍼 등 20여 개의 상점이 있다.

주소 Place de la Gare 9, 1003 홈페이지 www.sbb.ch/en/station-services/railway-stations/lausanne-station.html

로잔 메트로 Métro de Lausanne

도시 철도가 놓인 스위스 도시 중 가장 작은 로잔의 메트로 노선은 M1, M2 단 두 개이다. 시내 대부분은 도보로 이동이 가능하고, 우시 항구 쪽으로 갈 때 메트로를 이용해도 좋다.

트롤리 버스 Réseau de Trolleybus de Lausanne

1932년부터 운행 중인 로잔 일대의 트롤리 버스는 중국 상해와 미국 필라델피아의 뒤를 이어 세계에서 가장 역사가 오래된 트롤리 버스라고 한다. 대부분의 로잔 명소는 걸어서 돌아보거나 메트로 2개 노선으로 충분히 찾아갈 수 있어 여행자들의 이용 빈도는 낮은 편이다.

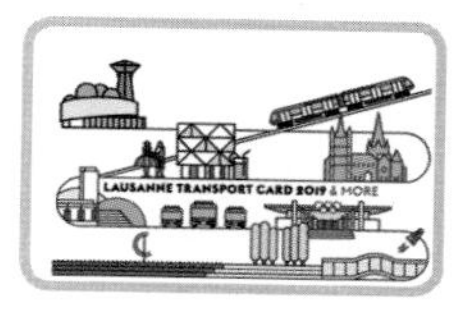

로잔 교통 카드 Lausanne Transport Card

로잔에서 숙박하는 경우 호텔에서 발급해 준다. 숙박 기간 동안(최대 15일까지) 로잔의 대중교통을 무료로 이용할 수 있다. 로잔 대성당, 올림픽 박물관 등 여러 명소의 입장료 할인 혜택도 받을 수 있다.

모빌리스 〈그랑 로잔〉 데이 트래블 카드 Mobilis «Grand Lausanne» Day Travel Card

로잔에 세 시간 이상 머물며 대중교통 수단을 3회 이상 이용한다면 제값을 하는 1일권이다. 정류장이나 역 매표소와 티켓 판매기에서 구입 가능하다.

요금 1일권 성인 CHF8.60, 학생과 65세 이상 CHF6.90 / 1회권(1존, 1시간 유효) 성인 CHF3, 6~16세 CHF2.40 홈페이지 www.mobilis-vaud.ch

로잔

연중 행사와 축제

페스티벌 드 라 시테

©LT_www.diapo.ch

4월 컬리 재즈 페스티벌 Cully Jazz Festival

로잔에서 10km 떨어진 컬리에서 열리는 봄의 재즈 축제로, 140개 이상의 콘서트와 20개의 재즈 관련 이벤트가 열린다. 세계 각지에서 유명한 재즈 뮤지션들이 작은 호반 도시 컬리를 찾고, 매년 5만 명 이상의 관객이 몰린다.

cullyjazz.ch/fr

©Montreux-Vevey Tourisme

5월 로잔 카니발 Lausanne Carnival

로잔에서 가장 규모가 큰 축제 중 하나로 전통 스위스 밴드 음악인 구겐뮤직Guggenmusik과 함께 야외 푸드코트, 음악 공연, 카니발 퍼레이드 등 다양한 행사가 3일간 열린다. 구겐 밴드 공연은 매일 있다.

www.carnavaldelausanne.ch

7~8월 라보 와인 축제 Fête des Vignerons

로잔을 중심으로 하는 레만호 북안 지역은 경사지를 이용한 포도 재배가 활발하여 이것으로 빚는 백포도주가 유명하다. 한 세기에 네 번씩 열리는 라보 Lavaux 지역 와인 축제는 18세기부터 지켜온 전통으로 라보 지역 와이너리 주인 연합Confrérie des Vignerons이 주최한다. 와인 제조업을 홍보하고 발전시키려는 데 목적이 있으며 특히 유네스코 세계문화유산에 등재된 라보 와이너리 일대에 주목한다. 브베의 시장 광장에서 콘서트, 시음회 등 주요 행사가 열리며 2019년 축제 후 다음 일정은 한참 지나야 경험할 수 있을 것이다. 1999년, 1977년, 1955년에 축제가 열린 바 있다.

www.fetedesvignerons.ch/en

©confreriedesvignerons

7월 **페스티벌 드 라 시테** Festival de la Cité

매년 7월 몽 헤포 공원Parc de Mon-Repos에서 일주일간 열리는 무료 문화 축제이다. 서커스, 스트리트 아트, 음악 공연, 무용, 연극 등 지역 문화 발전을 도모하는 다양한 행사가 열린다. 전통적인 극에서 벗어난 독특한 콘셉트의 이벤트들이 매년 새롭게 추진된다.

www.festivalcite.ch

9월 **라벨 스위스** Label Suisse

로잔 시내 중심부에서 무료로 진행하는 멋진 가을 음악 축제다. 클래식과 포크 음악, 재즈, 현대적인 팝 등 장르를 자유롭게 넘나들며 스위스에서 흥하는 다양한 음악을 감상할 수 있다. 로잔 사람들의 흥을 볼 수 있는 즐거운 3일간의 축제로, 실력있는 신인 아티스트를 발굴하는 장이기도 하다.

labelsuisse.ch

9월 **로잔 풀리 박물관의 밤** La Nuit des Musées

로잔과 풀리Pully에 위치한 25개 이상의 박물관이 밤새 문을 연다. 주최측에서 여러 개의 루트를 만들어 취향에 따라 도시를 누비며 아침이 올 때까지 전시를 연이어 볼 수 있도록 한다. 9월이 되면 시내 곳곳에서 나누어 주는 팸플릿이나 관광청 홈페이지를 참조하자.

www.lanuitdesmusees.ch

11~12월 **로잔 빛 축제** Lausanne Lumières

겨울이 되면 로잔 시내를 더욱 환하고 아름답게 밝히는 조명이 설치된다. 15명 정도의 현대 조명 예술가들이 참여하여 강렬하고 인상적인 작품들을 도시 곳곳에 만들어 둔다. 시적인 작품, 동상처럼 생긴 작품, 형태를 알 수 없는 난해한 작품 등 다양한 볼거리로 발걸음을 붙잡는다.

www.festivallausannelumieres.ch

©Festival Lausanne Lumieres

12월 **크리스마스 런** Christmas Run

로잔에서도 12월이면 시내의 여러 성당 앞 광장들을 중심으로 크리스마스 마켓이 선다. 특별히 12월 중순 하루 열리는 크리스마스 런을 구경할 수 있다면 행운! 수백 명의 참가자들이 산타클로스 복장을 하고 시내를 뛴다. 성인, 아동 경주를 따로 진행하며 네 코스가 마련되어 있어 산타 무리들이 온 도시를 누비는 유쾌한 광경을 볼 수 있다. 오후 6시에 출발하여 밤길을 달린다.

www.midnightrun.ch

올림픽의 도시 로잔에 처음 갔을 때 기대 이상으로 좋았던 기억이 있다. 일출과 일몰이 아름다운 호숫가 주변으로 자리한 작은 시내에는 오래된 성당과 동네 맛집이 있다.

10:00 언덕 위에 자리한 **로잔 대성당**에 올라 시내를 구경한다.

11:00 **블랙버드 카페**에서 여유롭게 브런치를 즐긴다.

12:00 시내 중심부의 쇼핑 대로를 걸으며 로잔의 분위기를 느껴 본다.

13:00 우쉬 항구를 따라 레만 호수를 감상한 후 **올림픽 박물관과 엘리제 박물관**을 관람한다.

15:30 **몽 헤포 공원**에서 여유롭게 시간을 보내고, 보고 싶은 전시가 있다면 **현대 디자인 미술관**이나 조용한 **소바벨랑 공원과 탑**에서의 커피 한잔도 좋다.

17:00 **에르미타쥬 재단**의 전시를 감상한다. 로잔 시내에는 구두 박물관Musée de la Chaussure(shoemuseum.ch), 다듬지 않은 거친 형태의 미술, 아르 브뤼 컬렉션Collection de l'Art Brut(artbrut.ch), 발명 박물관Espace des inventions(espace-des-inventions.ch), 풀리 미술관Musée d'art de Pully(museedartdepully.ch)과 작은 갤러리 등 흥미로운 전시관이 많으니 1박 이상 머물러도 볼거리가 넘쳐난다.

19:30 **잉글우드**의 햄버거와 맥주로 저녁 식사를 한다.

20:30 해 저문 **우쉬 항구**를 산책하며 고요한 로잔의 밤을 즐긴다. 이곳에서 보는 호수의 전망이 정말 아름답다. 스위스의 여러 호반 도시와는 또 다른 호젓함을 느낄 수 있다.

로잔
에르미타쥬 재단
Fondation de l'Hermitage
Fondation Claude Verdan
– Musée de la main
Cult Club
쇼데롱 지역철도 역
Chauderon
테로 가 Rue des Terreaux
제네브 가 Rue de Genève
로잔 역사 박물관
Musée Historique Lausanne
로잔 대성당
Lausanne Cathedral
현대 디자인 미술관
mudac
잉글우드
Inglewood
호텔 데 보야제
Hôtel des Voyageurs
블랙버드 카페
Blackbird Café
Coop
슈퍼마켓
Vigie
로잔-플롱
Lausanne-Flon
성트랄 가 Rue Centrale
Clinique Cecil
블론델
Blondel
부그 가 Rue de Bourg
호텔 드 라 페
Hôtel de la Paix
몽 헤포 공원
Parc de Mon Repos
로잔 오페라 극장
Lausanne Opera
국제 수영 연맹
Federation
Internationale de
Natation(FINA)
로잔 기차역
Lausanne Gare
Café de Grancy
밀렁 공원
Parc de Milan
Hôtel Royal
Savoy Lausanne
엘리제 박물관
Musée de l'Elysée
올림픽 박물관
Musée Olympique
인포메이션 센터
Lausanne Tourisme
Parc Olympique
샤토 두시
Château d'Ouchy
Le Denantou
페리 터미널
우쉬 항구
Port d'Ouchy
Maupas
Chemin des Cèdres
Rue Saint-Roch
Rue Pré-du-Marché
Rue du Valentin
Rue de la Barre
Rue Dr César-Roux
Rue Saint-Martin
Rue du Bugnon
Av. Montagibert
Avenue Jules Gonin
Rue Marterey
Avenue de Béthusy
Rue Sainte-Beuve
Avenue Mon-Repos
Rue Etraz
Av. Villamont
Rue du Petit-Chêne
Rue du Midi
Ch. de Mornex
Avenue Louis-Ruchonnet
Place de la Gare
Avenue de la Gare
Qv. William-Fraisse
Rue du Simplon
Boulevard de Grancy
Rue du Crêt
Av. Edouard Dapples
Avenue Auguste-Tissot
Avenue Tissot
Ch. du Treyblanc
Avenue de Florimont
Av. Eglantine
Chemin Messidor
Ch. du Trabandan
Avenue des Alpes
Avenue des Acacias
Avenue des Tilleuls
Chemin de Chandieu
Avenue Beauregard
Avenue de Cour
Avenue de Montchoisi
Ch. des Pateyres
Chemin Vermont
Avenue de l'Elysée
Avenue de Servan
Chemin de Montolivet
Avenue du Grammont
Avenue Edouard-Rod
Chemin des Mouettes
Av. d'Ouchy
Avenue des Jordils
Rue du Liseron
Rue du Lac
Place du Port
Av. de Dunantou
Chemin de la Métairie
Quai d'Ouchy

올림픽 박물관 Musée Olympique

MAPECODE 41201

4년마다 열리는 세계의 축제에 대한 모든 것

1896년 아테네 올림픽부터 현대 올림픽에 이르기까지 올림픽의 역사를 시대별로 전시해 놓았다. 후안 안토니오 사마란치Juan Antonio Samaranch 전 IOC 위원장이 추진하여 1993년 개관했다. 동계 올림픽, 패럴림픽과 관련한 전시도 마련되어 있다. 사진과 영상 자료가 9만여 점에 달해 올림픽의 기원부터 발달 과정과 개막식, 폐막식, 종목, 마스코트, 경기를 빛낸 선수들 등 올림픽과 관련한 것이라면 무엇이든 자세하게 볼 수 있다. 1988년 서울 올림픽과 2018년 평창 동계 올림픽의 기록도 찾아보자. 박물관으로 올라가는 계단에는 세계 각국의 올림픽 성화 봉송자들의 이름을 새겨 놓았는데, 김연아 선수의 자랑스러운 이니셜도 볼 수 있다. 올림픽 종목들을 표현한 동상들이 세워진 아름다운 정원은 호수를 정면으로 면하고 있다. 큰 기념품 상점도 있으니 구경해 보자.

교통 로잔 기차역에서 메트로 M2 타고 Jordil 역 하차, 11분 전화 +41 216 216 511 시간 5~10월 중순 매일 09:00~18:00 / 10월 중순~4월 화~일 10:00~18:00 요금 성인(17세 이상) CHF18, 6~16세 CHF10, 65세 이상 CHF16, 학생/장애인 CHF12 홈페이지 www.olympic.org/museum

올림픽의 도시, 로잔

올림픽 카운트다운 시계

1세기 전 피에르 드 쿠베르탱Pierre de Coubertin이 로잔에 IOC(올림픽 위원회, International Olympic Committee) 본부를 세우면서 로잔은 지금까지 올림픽의 수도 역할을 해오고 있다. IOC 설립 100주년을 기념하던 1994년에 올림픽 수도 인증을 받은 자타 공인 올림픽의 도시이다. IOC 본부를 비롯하여 국제 스포츠 중재소 등 중요한 국제 스포츠 기관들의 본부가 모여 있다. 생태학적인 원칙을 적용하여 올림픽 주최지를 선정하는 올림픽 개최 도시 세계 연합World Union of Olympic Cities 공동 창립 도시이기도 하다. 우쉬 항구와 샤토 두쉬 호텔 사이에는 다음 올림픽 경기까지의 시간을 카운트다운하는 시계가 세워져 있고, 메트로 역이나 시내 곳곳에는 올림픽 관련한 정보를 안내하는 알림판이 붙어 있어 올림픽의 도시로서의 면모를 보여 준다.

로잔은 또한 생활 스포츠가 매우 활성화된 올림픽의 수도이다. 호수에서는 카약, 웨이크보드, 워터 스키, 비치 발리볼, 패들보드 등 여러 가지 수상 스포츠로 여름의 로잔을 즐기고, 겨울에는 1시간만 이동하면 프랑스와 스위스 최고의 스키 슬로프를 찾아갈 수 있다. 네 개의 아이스링크를 포함하여 배드민턴, 테니스, 컬링, 스쿼시, 볼링 등 실내 스포츠 센터들도 많다. 2020년 1월 열리는 동계 유스 올림픽 개최지로 선정되었고, 세계 체조 대회, 투르 드 프랑스 등 다양한 스포츠 경기도 해마다 열린다.

로잔의 쇼핑 대로

성트랄 광장을 중심으로 뻗어 있는 대로

MAPECODE 41202

성트랄 광장Place Centale에서 성트랄 가Rue Centrale와 성트랄 가와 나란한 부그 가Rue de Bourg에 에르메스, 루이 비통 등 명품 브랜드 상점들과 우리에게 익숙한 인터내셔널 브랜드들의 상점들이 모여 있다. 프랑스 서점, 음반, 문구점인 프낙FNAC, 종합 쇼핑몰 성트르 메트로폴Centre Métropole Lausanne - Centre Commercial, 플라잉 타이거 코펜하겐Flying Tiger Copenhagen 등은 플롱Flon 메트로 역과 쇼데홍Chauderon 지역철도 역 사이의 제네브 가Rue de Genève, 테로 가Rue des Terreaux에 주로 위치한다. 이 주요 대로로부터 양옆으로 뻗어 나가는 작은 골목에도 쿱Coop이나 매너Manor 같은 체인 슈퍼마켓, 대형 종합몰이 있다. 시내 중심부에 쇼핑 구역이 있어 많이 이동하지 않고 신나게 쇼핑을 할 수 있으니 대성당 등 랜드마크를 돌아보고 쇼핑 거리를 구경하는 시간도 따로 빼놓는 것이 좋다.

교통 로잔 플롱(Lausanne Flon) 또는 베시에스(Bessière), 우스(Ours) 메트로 역 주소 1000, 1003 Lausanne

로잔 대성당 La Cathédrale de Lausanne

MAPECODE 41203

구시가지 언덕 위에 세워진 12세기 고딕 양식의 건축물

로잔의 상징과도 같은 웅장한 대성당은 스위스에서 손꼽히는 고딕 양식의 건축물이다. 원래 가톨릭 성당으로 세워졌으나 16세기 종교 개혁을 거치면서 개신교 교회가 되었다. '사도의 입구'라 불리는 남쪽 성당 입구는 성서 속 인물들이 섬세하게 조각되어 있고, 내부로 들어가면 스테인드글라스를 볼 수 있는데, 고딕 양식의 아름다움이 고스란히 드러난다. 설계만 10년이 걸렸다는 파이프 오르간은 무려 7천 개의 파이프로 구성되었으며, 무게가 40톤에 달한다. 디자이너가 설계한 오르간으로는 세계 최초라고 한다. 200개가 넘는 계단을 올라 성당의 종탑에 오르면 멋진 전망을 볼 수 있다. 로잔 시내와 호수, 유명한 라보 일대의 포도밭이 보인다.

교통 로잔 기차역에서 메트로 M2 타고 Riponne-M. Béjart 역, 8분 주소 Place de la Cathédrale, 1005 Lausanne 전화 +41 213 167 160 시간 4~9월 09:00~19:00, 10~3월 09:00~17:30 홈페이지 www.cathedrale-lausanne.ch

엘리제 박물관 Musée de l'Elysée

특별한 사진 전시관

MAPECODE 41204

스위스 작가와 세계 여러 나라의 작가들의 작품을 전시하는 현대 사진 전시관이다. 오래된 맨션 건물을 사용하여 고전적인 매력과 현대적인 세련됨이 교차하는 독특한 느낌의 박물관이다. 2~3개월 단위로 특별전만을 선보이며 전시와 전시 사이에는 문을 닫고 다음 전시를 준비하니 홈페이지에서 전시 일정을 확인 후 방문하자. 주로 특정 작가의 작품을 조명하는 주제의 전시를 연다. 아이들과 학생들을 위해 재미있는 원데이 클래스나 워크숍도 진행한다. 카페와 기념품 상점도 딸려 있다. 매달 첫 번째 토요일 오후 네 시에는 무료로 1시간 동안 가이드 투어를 진행한다. 2020년 9월부터 2021년 가을까지 약 1년간 보수 공사가 예정되어 있으며 2019년 가을부터 공사 전까지는 전시를 무료로 개방한다.

교통 로잔 기차역에서 메트로 M2 타고 Délices 역, 8분 주소 Avenue de l'Elysée 18, 1006 전화 +41 21 316 99 11 시간 화~토 11:00~18:00 홈페이지 www.elysee.ch

현대 디자인 미술관 MUDAC

현대 디자인과 응용 미술 전시관

MAPECODE 41205

2000년 개관한 비교적 신생 박물관으로 디자인과 응용 미술이라는 장르에 한정된 소규모 특별 전시들을 선보인다. 대성당 바로 앞에 있어 접근성이 좋다. 일상과 인생에 대한 호기심, 예리하고 기민한 접근 방식을 기반으로 한 관점으로 큐레이팅을 하는 것이 특징이다. 연간 5~8개의 전시가 있으며 유망한 스위스 작가들에게 작품 활동에 대한 전권을 위임하여 협업 프로젝트를 진행하기도 한다. 대화와 상호 교류의 장이 되는 것을 목적으로 하는 이 미술관은 서울과 파리를 포함하여 세계 각지에서 전시를 열기도 하였다. 공연 예술에도 관심을 두어 앞으로 더 다양한 형태의 예술을 향유하는 장으로 거듭날 예정이라고 한다.

교통 로잔 기차역에서 메트로 M2 타고 Bessières 역, 8분 주소 Place de la Cathédrale 6, 1005 전화 +41 21 315 25 30 시간 화~일 11:00~18:00 (7~8월 매일 11:00~18:00) / 12월 24일, 25일, 31일, 1월 1일 휴관 요금 성인 CHF10, 학생과 65세 이상 CHF5 / 매달 첫 번째 토요일 무료, 16세 미만 무료 홈페이지 mudac.ch

에르미타쥬 재단 Fondation de l'Hermitage

MAPECODE 41206

호수에 면한 분홍빛 건물의 전시관

넓은 정원이 딸린 언덕 위의 우아한 맨션 건물을 사용하는 미술 전시관이다. 19세기 로잔 건축물을 보존하여 대중에게 공개하는 것과 아름다운 미술 작품들을 큐레이팅하여 선보이자는 목적을 가지고 재단이 설립되어 지금의 박물관이 탄생하였다. 지하에는 중국 도자기 영구 전시를 진행하며, 1년에 2~3번 특별 전시를 기획한다. 세계적인 화가들의 작품을 주로 다룬다. 자주 에르미타쥬 전시에 등장하는 화가로는 드가와 고갱이 있다. 옆 건물에서 레스토랑도 운영하는데 맛있기로 소문이 나 미식 관련 행사도 자주 열린다.

교통 로잔 기차역에서 메트로 M2 타고 Riponne-M. Béjart 역, 19분 주소 Route du Signal 2, 1018 전화 +41 213 205 001 시간 화, 수, 금~일 10:00~18:00, 목 10:00~21:00 요금 성인 CHF22, 10~17세, 학생 CHF10, 9세 이하 무료 / 목요일 18:00~21:00 18세 이상 CHF11, 10~17세 CHF5, 9세 이하 무료 홈페이지 fondation-hermitage.ch

몽 헤포 공원 Parc de Mon Repos

MAPECODE 41207

로잔의 허파

19세기 조성된 조용한 공원으로 로잔 사람들이 가장 좋아하는 공원이다. 신고딕 양식의 탑, 폭포, 새장, 식물원 등 다양한 자연미를 볼 수 있다. 실내 수영장, 카페, 놀이터도 있고, 공원 중앙에 있는 빌라 건물은 1922~1967년 동안 IOC 본부로 쓰이기도 했다. 로잔의 주요 축제들이 열릴 때 여러 이벤트를 여는 장소이기도 하다. 산책, 피크닉, 명상, 동식물 관찰, 가족 나들이 등 로잔 시민들의 다양한 휴식을 가능하게 해 주는 공간이다.

교통 로잔 기차역에서 메트로 M2 타고 Ours 역, 11분 주소 1005, Lausanne 전화 +41 21 315 57 15

소바벨랑 공원과 탑 Parc de Sauvabelin, Tour de Sauvabelin

휴식이 있는 호젓한 공원

MAPECODE 41208

로잔 사람들이 무척 애정하는 도시 외곽의 공원이다. 메트로를 타고 금방 찾아갈 수 있지만 도심의 바쁜 분위기와는 완전히 다르다. 작은 호수에 오리가 헤엄치고 꽃이 만발하고 나무가 빼곡한 자연 속 공간이다. 아이들을 위한 놀이터, 산책로, 보트 선착장, 작은 농장이 있어 가족, 연인, 친구들 모두 주말이면 즐겨 찾는다. 가장 인기 있는 장소는 이 공원의 목재 탑이다. 2003년 로잔 도시 개발 연합(USDL)이 건축한 이 탑의 계단에는 건축에 도움을 준 시민과 여러 단체들의 이름이 새겨져 있다. 맑은 날에는 호수 건너편까지 희미하게 보이는 높이 35m의 탑은 나선형으로, 302개의 계단을 걸어 꼭대기에 오를 수 있다.

교통 로잔 기차역에서 메트로 M2 타고 Lausanne, Sallaz역, 25분 주소 1018 Lausanne 전화 +41 213 154 274 시간 공원 24시간 / 탑 11~2월 06:30~17:00, 3~10월 05:45~21:00 / 악천후 시 안전 문제로 탑을 닫을 수 있음 요금 무료 홈페이지 www.tour-de-sauvabelin-lausanne.ch

우쉬 항구 Port d'Ouchy

MAPECODE 41209

보석처럼 빛나는 호수를 따라 걸어 보자

로잔의 부촌 우쉬 지역은 끝이 보이지 않는 호수를 면하고 있다. 꽃과 나무가 무성하게 자라 있고, 사이클을 타거나 조깅을 하는 사람들이 밤낮으로 즐겨 찾는 긴 호숫가 길이 조성되어 있다. 올림픽 박물관을 보기 위해 우쉬 메트로 역을 찾으면 역에서 나와 바로 항구가 보이니 시간을 여유 있게 두고 항구를 따라 걷다가 박물관까지 걸어가는 것을 추천한다. 맑은 날 햇살에 반짝이는 호수가 무척 예쁘다. 반지름 20m의 반달 모양의 작품인 에올Eole이 호수에 설치되어 있는데, 멀리서 보는 실루엣이 정말 예뻐서 로잔을 대표하는 포토 스팟 중 하나가 되었다.

교통 로잔 기차역에서 메트로 M2 타고 Ouchy-Olympique 역, 8분 주소 1006, Lausanne

©LT_Laurent Kaczor

블랙버드 카페 Blackbird Café

MAPECODE 41211

로잔 최고의 브런치 카페

부지런한 아침형 인간들을 위한 카페! 아침 일찍 열고 브레이크 타임 없이 이른 오후까지 영업하다 문을 닫기 때문에 맛있는 메뉴들을 먹으려면 오전에 방문하는 것이 좋다. 에그 스크램블, 와플, 아보카도 오픈 샌드위치 등은 양이 푸짐하고 재료도 무척 신선하고, 서비스도 훌륭하다. 스페셜티 커피 여러 종류를 판매하고 있어 커피 맛도 좋다. 미리 만들어 두는 콜드 샌드위치를 포장해도 좋고, 2층 자리로 올라가 여유롭게 브런치를 즐기는 것도 좋다. 메트로에서 내리자마자 코너를 돌면 보이고 다리만 건너면 대성당이라 유동 인구가 많은 좋은 자리에 위치하여 늘 붐빈다.

교통 로잔 기차역에서 메트로 M2 타고 Bessières 역, 6분 주소 Rue Cheneau-de-Bourg 1, 1003 전화 +41 21 323 76 76 시간 월~금 07:30~15:00, 토 08:00~16:00, 일 09:00~15:30 요금 플랫 화이트 CHF5.20, 에그 베네딕트 CHF19.50 홈페이지 blackbirdlausanne.com

잉글우드 Inglewood

MAPECODE 41212

건강하고 맛있는 햄버거

2011년 오픈한 후 선풍적인 인기를 끌고 있는 햄버거 가게이다. 친절하고 지역 식재료를 애용하며 훌륭한 품질의 버거 가게를 꿈꾸었던 20대 초반의 두 형제가 문을 연 젊고 활기찬 분위기의 버거 겸 맥주 펍이다. 로잔 인근에서 나는 식재료만 사용하고 버거 종류가 굉장히 다양하다. 매달 '이달의 버거'를 선정하여 추천하는데 메뉴 선택이 어렵다면 추천 메뉴를 먹어 보는 것도 좋다. 모든 햄버거는 감자튀김과 샐러드와 함께 서빙되며, CHF9를 추가하면 패티를 한 장 더 넣어 더블로 사이즈업 할 수 있다. 채식주의자들을 위해 베지테리안 스테이크로 교체도 가능하다. 포장하면 샐러드를 빼고 대신 감자튀김을 듬뿍 담아 준다. 제네바에 본점을 포함한 두 지점, 로잔에 두 지점, 시온에 지점이 하나 있다.

교통 로잔 기차역에서 메트로 M2 타고 Riponne-M. Béjart 역, 5분 주소 Rue Saint-Laurent 14, 1003 전화 +41 213 236 388 시간 월~토 11:30~14:15, 18:30~21:30 요금 클래식 B 버거 CHF15.90 홈페이지 inglewood.ch

블론델 Blondel

MAPECODE 41213

발 디딜 틈 없는 인기 초콜릿 가게

1850년 로잔에 첫 가게를 낸 고급 쇼콜라 전문점으로 창립자 에이드리안 블론델의 이름을 딴 이 가게는 한때 윈스턴 처칠에게도 초콜릿을 납품했던, 유럽에서 유명한 초콜릿 명가이다. 나이키와 초콜릿 에어맥스를 제작하는 등 여러 대형 브랜드와도 협업하고, 19세기 레시피를 아직도 사용하지만 트렌드를 앞서가는 독특한 쇼콜라티에이다. 블론델은 100년 넘게 같은 주소에서 달콤한 트러플과 가나슈, 블록 초콜릿을 만들고 있다. 가게가 좁아서 문을 열고 들어서면 길게 한 줄로 선 사람들의 뒷모습이 바로 보일 정도지만 신속하고 친절한 직원들이 빠르게 응대해 준다. 기다리는 동안 블론델의 아주 많은 초콜릿을 눈으로 훑으며 골라 보자. 과일 캔디 젤리도 아주 맛있다.

교통 로잔 기차역에서 메트로 M2 타고 Bessières 역, 8분 주소 Rue de Bourg 5, 1003 전화 +41 21 323 44 74 시간 월 11:00~18:00, 화~금 09:30~18:30, 토 09:30~18:00 요금 블록 초콜릿 100g CHF10~ 홈페이지 blondel.ch

MAPECODE 41214

샤토 두쉬 Château d'Ouchy

항구 앞에 있는 동화 속 성과 같은 5성 호텔

12세기 로잔의 주교가 지은 아름다운 중세 성을 19세기 후반 신고딕 양식으로 보수한 이래로 스위스 최고급 호텔로 운영하고 있다. 환상적인 호숫가 뷰를 갖추었고, 개별 객실이 넓고 쾌적하다. 우아한 아이보리톤의 인테리어와 채광 좋은 창문, 품질 좋은 침구와 매트리스 덕분에 바쁜 하루를 마치고 숙면을 취할 수 있다. 레스토랑과 바도 훌륭하여 호텔 안에서의 식사도 추천한다. 야외 풀과 스팀룸, 사우나도 갖추고 있으며 웨딩 등 여러 이벤트를 진행할 수 있는 공간도 있다. 호텔에서 나와 길만 건너면 메트로 역이 나타나 교통편도 매우 훌륭하다. 기차를 타고 로잔에 도착해서도 바로 메트로로 환승하여 이동이 수월하다. 로잔 일대에서 가장 추천할 만한 숙소로, 레만 호숫가에서의 잊지 못할 밤을 보내고 싶다면 꼭 묵어 가자. 체크인 15:00, 체크아웃 12:00.

교통 로잔 기차역에서 메트로 M2 타고 Ouchy-Olympique 역, 8분 주소 Place du Port, 1006 전화 +41 213 313 232
요금 슈페리어룸 CHF235, 디럭스룸 CHF275 홈페이지 www.chateaudouchy.ch

호텔 드 라 패 Hôtel de la Paix

MAPECODE 41215

시내 중심부에 위치한 클래식한 호텔

1910년부터 가족이 운영하는 4성 호텔로, 소박하고도 믿음직스러운 곳이라는 모토를 가지고 대를 이어 성업 중이다. 오래 쌓아온 신뢰로 반복해 방문하는 손님들이 많다. 세심한 서비스에 대한 후기가 좋다. 신속 정확한 스태프들 덕분에 비즈니스 투숙객들의 비중도 높은 편이다. 톤이 다운된 세련된 인테리어의 객실들은 아늑하고 편안하다. 호텔 내에 레스토랑과 편안한 비스트로 바를 갖추고 있다. 체크인 15:00, 체크아웃 11:00.

교통 로잔 기차역에서 메트로 M2 타고 Bessières역, 8분 주소 Avenue Benjamin-Constant 5, 1003 전화 +41 21 310 71 71 요금 더블룸 CHF168 홈페이지 www.hoteldelapaix.net

호텔 데 보야제 Hôtel des Voyageurs

MAPECODE 41216

기차역과 가까운 부티크 호텔

2015년 레노베이션하여 깔끔한 부티크 호텔로 아르데코풍의 건물을 사용한다. 이름처럼 여행자들을 위한 호텔이다. 객실, 스위트는 총 35개로 화이트톤의 인테리어와 원목 가구의 조화가 모던하고 깨끗하다. 현대적이고 깔끔한 인테리어의 객실이 젊은 여행자들에게 인기가 많고 조식 뷔페도 평이 좋다. 도심 한복판에 있지만 보행자 구역에 있어 시끄럽지 않다. 렌터카로 여행하는 투숙객들은 유료로(1박 CHF15) 근처 주차장을 이용할 수 있다. 체크인 14:00, 체크아웃 11:00.

교통 로잔 기차역에서 도보 10분 주소 Rue Grand-Saint-Jean 19, 1003 전화 +41 21 319 91 11 요금 더블 클래식룸 CHF205 홈페이지 voyageurs.ch

Zermatt
MATTERHORN
BLAUHERD
© Zermatt Bergbahnen

체르마트

스위스에서 스키를 탈 지역을 딱 한 곳만 골라야 한다면 체르마트를 권한다. 스위스 남부의 이 멋진 스키 타운에서 10km만 가면 이탈리아가 나타나고, 겨울에만 약 2만 명의 사람들이 찾는 알프스의 진주라고 할 수 있다. 많은 사람들로 붐빈다고 해도 산 중턱 마을의 평화로운 분위기는 일 년 내내 사라지지 않는다. 마테호른 봉우리를 보며 즐기는 웅장한 자연 속 스키 슬로프가 유명하여 겨울 시즌에 가장 인기가 있지만, 여름에 즐기는 하이킹 장소로도 사랑받고 있다. 대부분의 체르마트 주민들은 독일어를 사용하는 가톨릭 신자이고, 체르마트 어디에서도 보이는 체르마트의 때묻지 않은 자연 때문인지 여유롭고 친절하다. 통나무 샬레를 짓고 오래도록 머물고 싶은 곳이다.

인포메이션 센터 스키 패스, 곤돌라 티켓 등을 판매하고, 숙소 추천과 일정 상담을 돕는다. 무선 인터넷과 iPad도 무료로 사용이 가능하다.

주소 체르마트 기차역, Bahnhofplatz 5, 3920 전화 +41 279 668 100 시간 월~토 08:30~12:00, 13:30~18:00 / 일 09:30~12:00, 16:00~18:00 홈페이지 www.zermatt.ch

체르마트의 교통

체르마트로 이동 시에는 주로 기차를 이용한다. 제네바와 취리히에서 기차를 타고 비스프 역까지 간 후 환승하여 총 3시간 30분~4시간 정도가 걸린다. 자동차로 이동하는 여행자들도 있지만 시내 주차가 되지 않기 때문에 권하지 않는다.

체르마트 기차역 Bahnhof Zermatt

역에는 로커와 관광 사무소가 있고, 역 바로 앞에서부터 시내가 펼쳐져 숙소와 식당을 찾는 것이 용이하고, 스키 렌탈숍과 상점들도 많다. 대형 호텔들은 픽업 서비스를 제공하기 때문에 역 앞에서 호텔 로고를 달고 있는 소형 카트나 마차를 볼 수 있다.

체르마트는 인기 관광 도시이지만 기차 직행편은 없다. 비스프Visp라는 작은 도시를 경유해서 들어오는 것이 대부분이다. 어느 도시에서 출발하든 비스프를 경유하여 체르마트로 오기 때문에 비스프-체르마트 구간은 꼭 예약을 하는 것이 좋다. 1등석 업그레이드를 하면 빈 좌석이 있을 확률이 더 높다.

주소 MGB Bahnhof Zermatt, 3920 전화 +41 27 927 74 74 홈페이지 www.matterhorngotthardbahn.ch

- 취리히 - 체르마트 비스프 경유 약 3시간 30분
- 몽트뢰 - 체르마트 비스프 경유 약 2시간 40분
- 제네바 - 체르마트 비스프 경유 약 3시간 50분
- 인터라켄 - 체르마트 비스프, 슈피츠 경유 약 2시간 20분

시내 교통

체르마트는 대중교통이 금지된 보행자 전용 도시이다. 도시 안에서는 전기 카트만 허용한다. 도시 중심의 큰 대로 반호프스트라세Bahnhofstrasse 양옆으로 상점과 숙소, 식당들이 위치한다. 숙소에서 스키를 타러 곤돌라나 리프트를 타러 가는 길도 그리 멀지 않다.

027 967 14 14

체르마트

연중 행사와 축제

언플러그드 ©Rob Lewis

1월 호루 트로피 Horu Trophy

©Pascal Gertschen

1월 셋째 주에 열리는 야외 컬링 토너먼트이다. '얼음 위의 체스'라 불리는 컬링은 중세 시대 스코틀랜드에서 처음 시작되어 영국, 미국, 캐나다를 거쳐 유럽 본토로 들어와 스위스의 인기 스포츠로 자리잡았다. 네 명으로 이루어진 최대 76개의 팀들이 참가한다. 체르마트의 란들러(Ländler: 스위스 아코디언 음악) 그룹이 공연을 하고 주말에 바비큐 행사도 열린다.

4월 체르마트 언플러그드 Zermatt Unplugged

봄의 어쿠스틱 음악 축제. 2007년 '싱어송라이터 축제'라는 이름으로 처음 열린 이벤트로 체르마트를 대표하는 축제 중 하나가 되었다. 매년 4월 초 화~토요일 동안 열린다. 체르마트 시내 13곳에서 콘서트가 열리고 2014년부터는 산봉우리 세 곳에서도 공연이 있다. 팝업 밴드와 레지던스 밴드의 총 80여 개의 언플러그드 공연을 감상할 수 있다.

zermatt-unplugged.ch/en

7월 고르너그라트 체르마트 마라톤 Gornergrat Zermatt Marathon

©Stinn

알프스 일대에서 가장 전망이 좋은 마라톤 코스로 유명하다. 세인트 니클라스St. Niklaus(1,116m)에서 시작하여 리펠베르크Riffelberg(2,582m) 봉에서 끝나고, 고르나그라트Gornergrat(3,089m) 정상까지 뛰는 코스도 있다. 총 1,469m 고도를 아우르고, 그만큼 엄청난 전경을 감상하며 달릴 수 있다. 마라톤 기간에는 마테호른 고타드 반 열차가 마라톤 코스를 따라 천천히 달리는 프로그램을 판매하기도 한다.

www.zermattmarathon.ch

8월 민속 페스티벌 Folklore Festival

©Pascal Gertschen

1969년 처음 열린 문화 행사로 스위스의 여러 민속 단체들이 음악, 의복, 무용 등을 뽐낸다. 약 천 명이 참가하여 반호프슈트라세를 지나는 퍼레이드가 이 축제의 하이라이트이다. 요들 미사를 드리는 등 쉽게 볼 수 없는 스위스의 오랜 전통과 고유한 문화를 엿볼 수 있다.

9월 양치기의 축제와 울리의 생일 Schäferfest

9월의 두 번째 주말 개최하는 양치기의 축제. 체르마트 근교인 퓌리Furi와 슈바이그마텐Schweigmatten에서 열린다. 다양하고 푸짐한 음식을 나누어 먹고 야외 예배를 드리고 재미있는 경기나 게임을 한다. 체르마트의 마스코트인 울리의 생일 파티도 함께 한다. 울리는 해마다 전문가들이 선정하는 아름다운 까만 코를 가진 양이다.

9월 체르마트 뮤직 페스티벌 & 아카데미 Zermatt Music Festival & Academy

©Zermatt Festival

체르마트 주변 아름다운 전망의 작은 마을과 봉우리를 선정하여 클래식 음악 공연을 한다. 베를린 필하모닉의 주축 멤버들이 모인 베를린 샤룬 앙상블 Berlin Scharoun Ensemble 공연이 가장 인기가 많다. 공연 표는 체르마트 관광 사무소에서 예매할 수 있다. 주말 패스나 축제 패스처럼 통합권도 있다.

www.zermattfestival.com

10월 테이스트 오브 체르마트 Horugüet, Taste of Zermatt

©Thilo Larsson

스위스에서 가장 많은 유명 셰프들이 밀집해 있는 지역으로 꼽히는 체르마트에서 맛의 축제는 필수이다. 스위스에서 가장 많은 미슐랭 별을 보유한 지역답게 음식과 관련한 다양한 이벤트가 있다. 퐁듀를 먹으며 곤돌라를 타볼 수 있고, 70분 동안 체르마트-트로크너 스테그Trockener Steg 케이블카 안에서 아침 식사를 할 수도 있다. 유명 셰프들이 요리하는 키친 파티도 있으며 10월 첫 토요일에는 음식을 테마로 한 하이킹인 호루게트Horugüet도 진행한다. 스위스 여러 지역 특식을 하는 여섯 개의 식당을 지나는 코스이다.

www.tasteofzermatt.ch/en
www.horuguet.ch

12월 체르마트 패션

12월 중 한 주의 주말 동안 체르마트는 패션의 메카가 된다. 최신 음악과 라이프 스타일 트렌드를 반영한 다양한 패션 이벤트가 열린다.

www.zermatt.fashion

©Marc Kronig

체르마트의 환상적인 자연 경관을 산과 하늘에서 감상할 수 있다. 샬레에서 조용히 휴식을 즐겨도 좋고, 다양한 레포츠를 즐기기에도 안성맞춤인 곳이다.

DAY 1

08:00 가능한 이른 기차편을 타고 체르마트에 도착해야 첫 날을 시내에서만 보내지 않고 봉우리에 오를 수 있다. 얼리 체크인을 하거나 이것이 어려울 경우 짐만 보관하고 스키 장비만 가지고 이동한다. 여권이 있어야 장비 대여가 가능한 경우가 대부분이니 여권도 지참할 것.

10:00 체르마트에 처음 오는 사람들과 스키/보드 초보자들에게 추천하는 **수네가** 슬로프를 선택하여 **마테호른**의 전망과 눈을 즐긴다.

13:00 슬로프 중간에 위치하여 스키어/보더들만 즐길 수 있는 특별한 식당 **쉐 브로니**에서 점심 식사를 한다.

17:30 시내로 내려와 **산악가들의 묘지**와 **성 모리셔스 성당**에 간다.

19:00 **카페 듀 퐁**에서 따뜻한 뢰스티나 퐁듀로 저녁 식사를 한다. 다음 날도 봉우리에 오를 예정이라면 일찍 숙소로 돌아가고, 그렇지 않다면 **조셉스 재즈 클럽**에서 라이브 음악과 와인을 즐겨도 좋다.

+ 소문난 맛집들은 예약을 해두는 것이 좋다. 체르마트 도착 전에 할 수 없었다면 도착해서 다음 날 점심이나 저녁 일정이라도 예약할 것.

DAY 2

10:00 **에어 체르마트**, 헬기를 타고 체르마트를 즐긴다.

12:00 **르 슈바이처호프 키친**에서 맛있는 점심을 먹는다.

13:00 반호프슈트라세를 따라 걸으며 쇼핑도 하고, 주변 구경을 한 후 **마테호른 글래시어 파라다이스**나 **고르너그라트**에서 오후를 보낸다. 스키가 내키지 않는다면 수네가로 오르는 하이킹을 해도 좋다.

19:30 **브라운 카우**에서 맥주와 함께 즐거운 저녁 식사를 한다.

+ 역 앞에서 쭉 이어지는 반호프스트라세를 따라 걸으면 양옆으로 스키복, 시계, 패션 잡화 상점과 카페, 식당들이 빼곡히 들어서 있다.

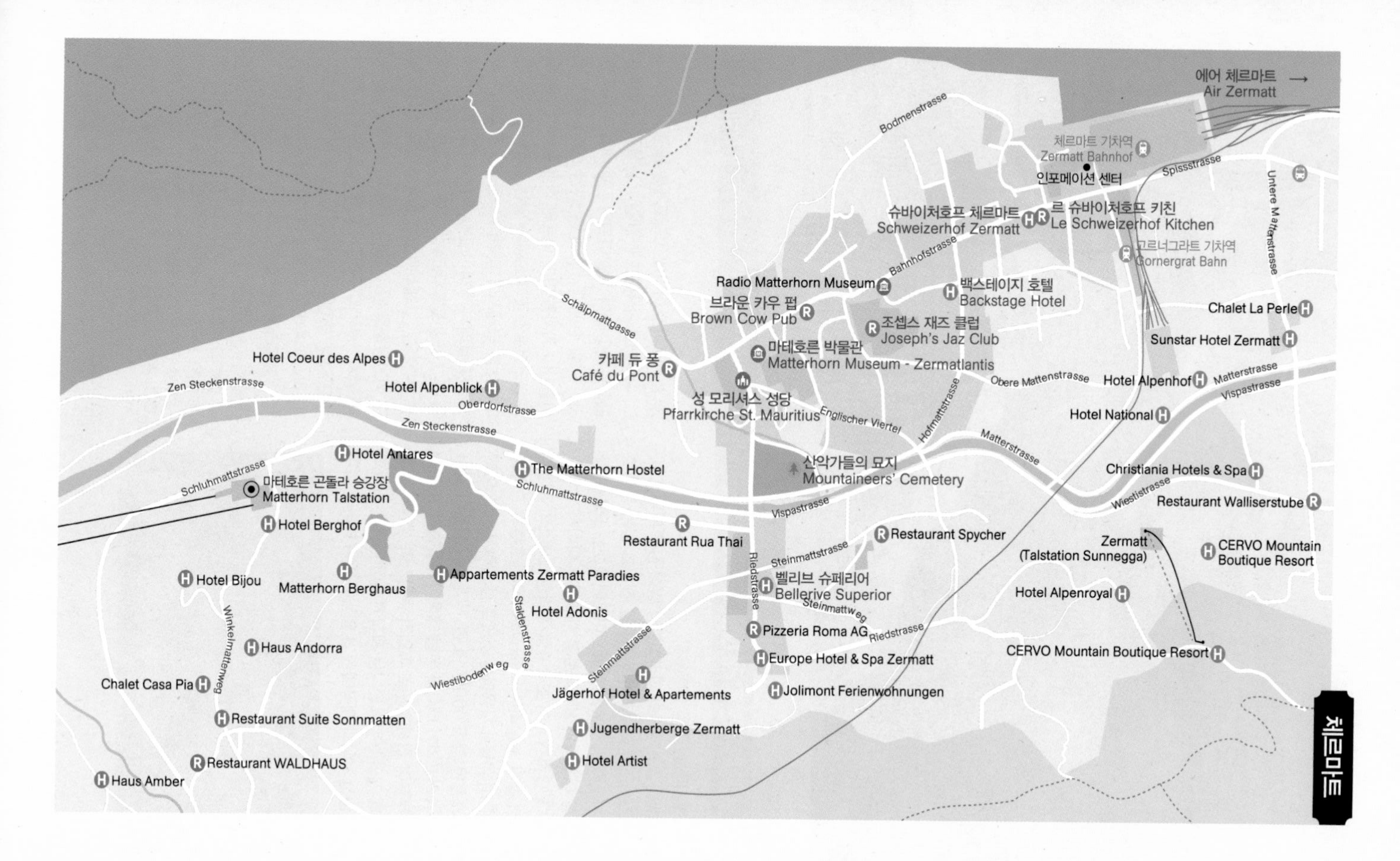
체르마트
에어 체르마트 Air Zermatt
체르마트 기차역 Zermatt Bahnhof
인포메이션 센터
슈바이처호프 체르마트 Schweizerhof Zermatt
르 슈바이처호프 키친 Le Schweizerhof Kitchen
고르너그라트 기차역 Gornergrat Bahn
Radio Matterhorn Museum
백스테이지 호텔 Backstage Hotel
브라운 카우 펍 Brown Cow Pub
조셉스 재즈 클럽 Joseph's Jaz Club
마테호른 박물관 Matterhorn Museum - Zermatlantis
카페 듀 퐁 Café du Pont
성 모리셔스 성당 Pfarrkirche St. Mauritius
산악가들의 묘지 Mountaineers' Cemetery
마테호른 곤돌라 승강장 Matterhorn Talstation
Chalet La Perle
Sunstar Hotel Zermatt
Hotel Alpenhof
Hotel National
Christiania Hotels & Spa
Restaurant Walliserstube
CERVO Mountain Boutique Resort
Zermatt (Talstation Sunnegga)
Hotel Alpenroyal
CERVO Mountain Boutique Resort
Restaurant Spycher
벨리브 슈페리어 Bellerive Superior
Pizzeria Roma AG
Europe Hotel & Spa Zermatt
Jolimont Ferienwohnungen
Restaurant Rua Thai
The Matterhorn Hostel
Hotel Coeur des Alpes
Hotel Alpenblick
Hotel Antares
Hotel Berghof
Appartements Zermatt Paradies
Hotel Adonis
Jägerhof Hotel & Apartements
Jugendherberge Zermatt
Hotel Artist
Hotel Bijou
Matterhorn Berghaus
Haus Andorra
Chalet Casa Pia
Restaurant Suite Sonnmatten
Restaurant WALDHAUS
Haus Amber
Bodmenstrasse
Spissstrasse
Untere Mattenstrasse
Bahnhofstrasse
Schälpmattgasse
Obere Mattenstrasse
Matterstrasse
Vispastrasse
Zen Steckenstrasse
Oberdorfstrasse
Englischer Viertel
Hofmattstrasse
Schluhmattstrasse
Wiestistrasse
Steinmattstrasse
Riedstrasse
Steinmattweg
Staldenstrasse
Wiestibodenweg
Winkelmattenweg

©Zermatt Bergbahnen

마테호른 글래시어 파라다이스 Matterhorn Glacier Paradise

녹지 않는 얼음 산봉우리

높이 4,478m의 피라미드형 빙식 첨봉 마테호른. 스위스와 이탈리아의 국경을 접하고 있는 몬테로사 산맥의 주봉으로, 체르마트에서 보는 모습이 가장 아름다워 체르마트를 대표하는 이미지가 되었다. 달콤한 누가 조각이 콕콕 박힌 스위스의 유명한 초콜릿 토블러론Toblerone이 마테호른의 모양을 본떠 심볼로 사용하는 것으로 잘 알려져 있다. 마테호른은 약 5,000만 년 전 거대 지각 운동이 일어나 아프리카 대륙과 유럽 대륙이 충돌하여 그 충돌 부분이 접히고 위로 떠밀려 올라가며 생성되었다. 네 개의 능선이 만나는 지점에 솟아 있으며, 각각의 능선 사이의 계곡에 눈과 얼음이 쌓여 빙하가 생겨났다. 체르마트 어디에서도 고개를 들면 바로 보이고, 여름에도 겨울에도 한결 같이 눈에 덮인 새하얀 모습을 하고 있다. 체르마트의 진짜 매력은 산을 올라야 느낄 수 있다. 하이킹을 하건 스키를 타건 케이블카나 기차를 타고 오르건 산에 올라야 시내에서 올려다보았을 때 느낄 수 없는 절경이 드러난다. 마테호른 글래시어 파라다이스권을 구입하여 마테호른 글래시어 라이드Matterhorn Glacier Ride를 타고 45분을 달려 해발 고도 3,883m의 전망대를 구경하고, 글래시어 팰리스에서 얼음 조각과 얼음 미끄럼틀을 볼 수 있다. 유럽에서 가장 높은 곳에 위치한 시네마 라운지도, 레스토랑과 숙박 시설도 있다. 숙련된 산악인들을 위한 브라이트호른Breithorn 투어도 따로 마련되어 있어 4,000m 레벨의 봉우리를 등반할 수 있다.

전화 +41 279 660 101 요금 글래시어 파라다이스 티켓 CHF87(마테호른 글래시어 파라다이스 편도/왕복 티켓, 글래시어 팰리스 입장권, 전망대 입장권, 시네마 라운지와 스노우 튜빙 런 사용권, 3S 인포큐브 입장, 자전거, 로컬 버스 이용 포함) 홈페이지 www.matterhornparadise.ch/en

에어 체르마트 Air Zermatt

아드레날린이 솟구치는 짜릿한 헬기 라이드

MAPECODE 41221

헬리콥터로 알프스를, 마테호른 위를 날아 구경할 수 있다. 이 일대가 워낙 험준하여 헬기 구조대가 오래 전부터 활동하고 있었는데, 최근에는 여행자들을 위해 이 헬기들이 투어 서비스도 함께 진행하게 되었다. 매일 같이 이 일대를 비행하는 숙련된 파일럿이 영어, 독일어를 섞어 설명해 주는데, 사실 프로펠러 소리가 너무 커서 잘 들리지도 않고, 눈앞에 펼쳐지는 멋진 광경을 보기에도 비행하는 20여 분이 너무 짧게 느껴지니 언어 걱정 없이 하늘을 날면 된다. 좀 더 멀리 가는 30분, 40분 프로그램과 모험가들을 위한 헬리 스킹, 택시 라이드 프로그램도 마련되어 있다. 바람의 상황에 따라 꽤 많이 흔들리기도 하니 예민한 사람이라면 멀미약을 미리 먹는 것도 좋다.

교통 체르마트 기차역에서 도보 12분 주소 Heliport Zermatt, Spissstrasse 107, 3920 전화 +41 279 668 686 시간 08:00~17:30 요금 마테호른 스탠다드 20분 CHF220/1인, 마테호른 스페셜 30분 CHF320/1인, 마테호른 스페셜 XL 40분 CHF420/1인 홈페이지 www.air-zermatt.ch/wordpress/en

유럽에서 가장 높은 위치의 스키 슬로프가 있는 체르마트는 스키어들의 천국이다. 여러 가지 다양한 경사와 모양의 슬로프를 찾을 수 있다. 체르마트에서만 겨울 내내 스키를 타도 질리지 않는다. 시내 숙소에서 몇 걸음만 걸으면 스키 리프트를 탈 수 있어 겨울 레저를 즐기기에 최적화되어 있다.

중앙의 마테호른 파라다이스(마테호른 전망대)가 기준이 되어 왼쪽은 스위스이고, 오른쪽은 이탈리아이다. 이탈리아 쪽 슬로프가 비교적 더 어려운 코스이다. 이탈리아 쪽으로 넘어가면 체르비니아Cernivinia와 발투르넨체Valtournenche를 비롯한 160km의 슬로프들이 어깨를 나란히 하고 있다. 고급 레벨의 스키어들은 스위스와 이탈리아 슬로프를 둘 다 타보는 것이 좋다. 화폐는 스위스프랑 사용이 가능하지만 유로를 쓰는 것이 더 환율이 좋다. 마테호른을 보기에는 스위스 슬로프가 더 전망이 좋다. 체르마트의 인기 슬로프는 크게 세 개를 꼽을 수 있다.

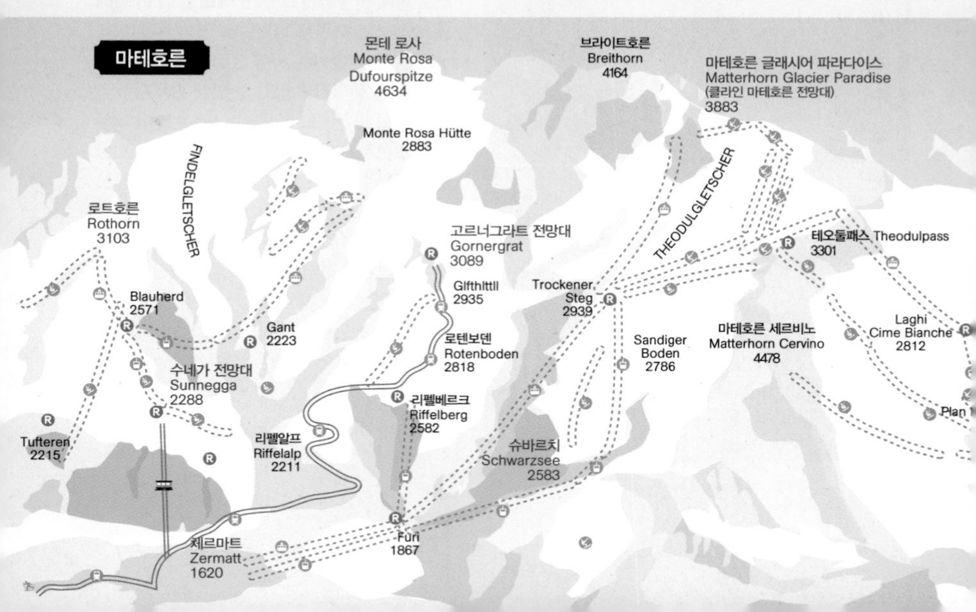

마테호른 글래시어 파라다이스/슈바르치 Matterhorn glacier paradise/Schwarzsee

3,500m 높이로 가장 높은 스키 포인트이다. 최정상까지 리프트 세 개를 타고 올라가야 한다. 높이는 대단하지만 초보자 코스도 있고, 여름에도 스키를 탈 수 있다. 슈바르치는 가족 여행자들이 특히 좋아한다. 경사가 완만하고 썰매 등 다양한 레포츠가 있다.

©Zermatt Bergbahnen

Tip 스키를 타는 경우 주의할 것

홈페이지와 앱

마테호른 홈페이지에서 실시간 리프트 오픈 상태, 슬로프별 오픈 시간, 라이브 웹캠 등을 첫 화면 오른쪽 상단에서 바로 확인할 수 있고, 체르마트 시내 스키 렌탈 숍 목록 등 관련 정보를 모두 안내한다. 앱으로 다운받아 더 편하게 사용할 수도 있다.

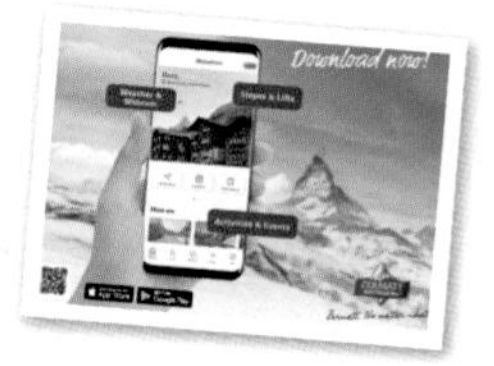

장비 대여

장비(스키, 부츠, 폴 또는 보드) 대여는 렌탈 숍마다 다르고 할인 행사를 하는 곳도 있지만 대략 하루 7만 원 정도이다. 옷까지 빌리면 가격이 상당하니 옷은 가져가는 것이 좋다. 대여할 때는 신분증이 반드시 있어야 하니 여권을 소지하고 간다.

여행자 보험

해발 2,800m 이상 빙하 지역에서 스키, 보드를 타는 경우 라인 또는 폴로 표시된 슬로프 이외의 곳에는 절대 가서는 안 된다. 크레바스(빙하가 갈라져 만들어진 깊은 낭떠러지)가 워낙 방대하여 패트롤이 주기적으로 순회하지만 사고 시 발견이 늦어질 수 있다. 구조 활동, 의료 치료가 필요할 수 있으니 여행자 보험은 필수이다.

수네가/로트호른 파라다이스 Sunegga/Rothorn Paradise

체르마트 시내에서 5분 정도면 도착하는 낮은 슬로프로 초보자들을 위한 코스이다. 여름에는 레이지 Leisee 호수 구경을 하며 걷기 좋다. 패밀리 놀이 공원도 작게 마련되어 있다. 스키를 타지 않고도 충분히 즐길 수 있어 일회권(CHF14)으로 올라갔다가 걸어 내려오기도 한다.

고르너그라트 Gornergrat

겨울 하이킹 코스로 인기가 좋다. 〈뭉쳐야 뜬다〉에 소개되었던 4,000미터급 봉우리 스물 아홉 개의 병풍 파노라마로 유명하다. 1898년 운행을 시작한, 스위스에서 가장 오래된 전기 톱니바퀴 열차 고르너그라트 반Gornergrat Bahn을 타고 올라갈 수 있다. 터널, 숲, 계곡, 호수를 모두 지난다. 체르마트 기차역 앞 마테호른 고타르드 반Matterhorn Gotthard Bahn 기차역에서 탑승한다. 정상까지 약 35분 정도 소요된다. 호텔과 식당이 있다.

www.gornergratbahn.ch

❖마테호른에서 하이킹 즐기기

온 세상이 하얀 눈으로 뒤덮인 설경을 보며 걷는 겨울 하이킹도 좋고, 초록빛 자연과 만년설의 감동이 있는 여름의 하이킹도 특별하다. 만약 겨울이라면 관광청 홈페이지와 현지 인포메이션 센터를 통해 당일 하이킹이 가능한 루트를 확인하고 출발하자. 기후 상황에 따라 성수기에도 이용이 불가능한 경우가 있기 때문이다. 가장 인기 있는 하이킹 루트는 수네가-로트호른 그리고 고르너그라트 전망대이다. 만년설이 쌓여 있기 때문에 여름에 찾아도 겉옷을 챙겨가야 한다. 고르너그라트의 경우 산악 열차를 타고 올라가는데, 한 정거장 미리 내려 로텐보덴에서 걸어 내려가도 좋다. 하이킹 시 날에 따라 승무원이나 인포메이션 직원이 주의를 줄 경우에는 무리해서 강행하지 말고, 조심하는 것이 좋다.

❖스키 패스 이용하기

체르마트에 스키를 타러 오는 것이 목적인 사람들이 굉장히 많고, 2~3년 전만 해도 융프라우보다 가격이 높았지만 지금은 비슷하거나 조금 더 저렴한 수준으로 조정되어 날이 갈수록 그 인기가 높아지고 있다. 스위스 슬로프만 제대로 타려고 해도 3박 4일은 필요할 정도니 레벨과 체류 기간을 잘 계산하여 패스를 구입하자. 도착해서 사도 되지만 홈페이지로 온라인 구입하면 5% 정도 할인받을 수 있다.

※21일권까지 개별 일자로 선택 가능하고, 그 후 1달, 시즌, 연간 패스가 있다.
※하프 페어, GA 또는 스위스 패스 소지자 25~50% 할인, 아동(9~15세) 50% 할인, 16~19세 15% 할인, 9세 미만 무료, 토요일에는 16세 미만 무료이다.
※가격은 비성수기/성수기에 따라 약간의 차이가 있다.

체르마트 스키 패스 Zermatt Ski Pass

마테호른의 스위스 쪽 봉우리를 자유롭게, 제한 없이 모두 이용할 수 있다. 수네가-로트호른, 고르너그라트와 슈바르치-마테호른 글래시어 파라다이스 지역을 말한다. 이 지역의 버스와 퓌르그사텔Furggsattel 글래시어 리프트, 수네가의 울리스 비기너 파크Wolli's Beginners Park 사용을 포함하는 패스이다.

요금 1일 CHF87

인터내셔널 스키 패스 Internatinoal Ski Pass

체르마트 스키 패스 지역에 이탈리아 알프스 슬로프(브러윌-체르비니아Breuil-Cervinia)를 추가로 이용할 수 있다. 마테호른 스키 파라다이스의 모든 리프트와 열차를 무료로 제한 없이 사용 가능하다. 이 지역의 버스와 퓌르그사텔Furggsattel 글래시어 리프트, 수네가의 울리스 비기너 파크Wolli's Beginners Park 사용을 포함하는 패스이다.

요금 1일 CHF116

비기너스 스키 패스 Beginners Ski Pass

초보자들에게 적합한 수네가-블라우허드 Sunnegga-Blauherd 지역만 사용 가능한 패스이다. 수네가 푸니쿨라, 수네가-블라우허드 콤비 케이블카, 레이지Leisee 셔틀, 아이스플루 체어리프트Eisfluh Chairlift, 핀델른 체어리프트Findeln Chairlift, 울리스 비기너 파크Wolli's Beginners Park 사용을 포함하는 패스이다.

요금 1일 CHF57

피크 패스 Peak Pass

체르마트에서 가장 인기 있는 세 개의 산을 모두 오를 수 있는 패스로 마테호른 글래시어 파라다이스, 로트호른, 슈바르치와 고르너그라트 리프트와 열차를 무제한으로 이용할 수 있다. 글래시어 팰리스 입장권과 로컬 버스 사용도 포함되어 있다.

요금 1일 CHF145

다양한 티켓

소개한 패스 외에도 1일권보다 CHF10~15 정도 저렴한 1/2일권(12:15~), 오후 티켓, 6일권부터 시작하는 이탈리아 발 다오스타Val d'Aosta까지의 슬로프를 포함하는 패스(6일 성인 CHF463), 마테호른 글래시어 파라다이스를 구경한 후 케이블카를 타고 리펠베르크Riffelberg로 이동하여 고르나그라트 열차를 타고 체르마트로 돌아오는 피크2피크Peak2Peak 패스(1일 CHF140) 등 여러 조합으로 묶은 다양한 티켓들이 있다. 시간을 조금 투자하고 각 산의 특징을 비교하면 경제적인 패스를 찾아 이용할 수 있다. 보통은 체르마트나 인터내셔널 패스를 구입한다.

마테호른 박물관 Matterhorn Museum

MAPECODE 41222

체르마트와 마테호른이 더 궁금하다면

체르마트 시가지 한가운데 위치한, 뾰족한 유리 피라미드처럼 생긴 건물이 바로 마테호른 박물관이다. 알프스 전역의 역사와 현재 알프스와 체르마트의 모습을 다양한 매체를 통해 보여 준다. 매년 약 4만 명의 방문객들이 이곳을 찾는다. 체르마트의 역사, 마테호른 등정의 역사 그리고 마테호른에서 발굴된 다양한 화석과 같은 고고학 유물과 고산 동식물 등의 자료도 전시한다. 19세기 자료가 압도적으로 많은데, 이때는 마테호른에 등반하는 7명 중 4명이 목숨을 잃을 정도로 위험천만했던 봉우리였기에 그 악명에 도전하는 사람도 많았다고 한다. 산악 가이드의 집을 재현한 모형과 최초의 마테호른 등반가 윔퍼의 집 모형이 가장 인기가 많은 전시품이다. 알프스 등산의 선구자이자 1965년 마테호른의 북쪽 길을 혼자 6일만에 등반한 월터 보나티Walter Bonatti에 대한 특별 전시도 있다. 방문객들의 질문을 해결하기 위해 두 명의 전문가 스태프들이 항시 상주한다.

교통 체르마트 기차역에서 도보 7분 주소 Kirchplatz, 3920 Zermatt 전화 +41 279 674 100 시간 매일 15:00~18:00 요금 성인 CHF10, 65세 이상 · 학생 CHF8, 10~16세 CHF5 / 스위스 뮤지엄 패스 소지자, 스위스 패스, 스위스 플렉시 패스, 스위스 유스 패스 소지자 무료 홈페이지 www.zermatt.ch/en/museum

산악가들의 묘지 Mountaineers' Cemetery

MAPECODE 41223

용기와 기상이 잠들어 있는 곳

마테호른은 평균 경사가 무려 45도인 암벽이 1,500m 높이로 솟아 있다. 4,000m가 넘는 알프스의 여러 높은 봉우리 중에서 마지막으로 등정된 곳으로, 1865년 영국 탐험가 에드워드 윔퍼Edward Whymper가 정복한 이래 마테호른 등정 시도가 점점 증가하여 매년 3천 명의 산악인이 마테호른에 도전한다. 여름 시즌에는 하루 150명이 산을 오른다. 등반 중 목숨을 잃는 사람이 매년 15명이나 되고, 연간 평균 1,200명이 구조를 받아 하산하지만 점점 더 많은 산악인들이 마테호른을 오르기 위해 체르마트를 찾는다. 산으로 떠났다가 다시 돌아오지 못한 목숨들이 묻힌 이 묘지에는 약 50여 개의 묘가 있으며 대부분의 것은 19세기의 무덤이다. 그중 토그발더Taugwalder 부자의 묘는 예외적으로 등정 중 추락사한 산악가들이 아니라 마테호른을 정복하고 무사히 내려와 사망 후 묻힌 것이다. 이 부자가 최초의 마테호른 등정가인 윔퍼의 가이드였기 때문이라고 한다. 안타깝게도 윔퍼와 함께 산을 올랐던 일행 중 네 명이 추락사하여 토그발더 부자와 윔퍼만 안전하게 체르마트로 되돌아왔다. 19~20세기 여자 산악가 중 가장 유명한 인물인 엘레노어 놀-하젠클레버Eleonore Noll-Hasenclever도 여기에 묻혔다.

교통 체르마트 기차역에서 도보 7분 주소 Englischer Viertel 8, 3920 전화 +41 279 672 314 시간 항시 열려 있음 요금 무료 홈페이지 www.zermatt.ch/en/Media/Attractions/Mountaineers-cemetery

성 모리셔스 성당 Pfarrkirche St. Mauritius

MAPECODE 41224

은은한 종소리가 아름다운 작은 예배당

스위스 다른 지역들보다도 체르마트 주민들의 신앙은 유독 신실하다. 그래서 체르마트를 대표하는 성당인 성 모리셔스 성당 주변에는 늘 사람들이 있다. 미사가 열리는 일요일에는 성당의 480석이 꽉 찬다. 13세기부터 활발했던 작은 예배당으로, 세월이 지나며 여러 번의 보수를 거쳐 마지막으로 공사한 것은 성당의 700주년이 되던 1980년이다. 현재도 사용 중인 시계 종탑은 1925년 만들어진 것으로, 종치기가 시간이 되면 나와 긴 줄을 잡고 종을 치는 모습이 인상적이다. 스위스 정부에서는 성 모리셔스 성당의 제단과 세례단의 아름다움을 이유로 이곳을 지역적 중요도가 있는 문화재로 기재하였다. 천장에 그려진 '노아의 방주' 그림도 아름다우니 실내에 들어가면 고개를 들어 보자. 성당은 언제나 열려 있으며 입장료도 물론 무료.

교통 체르마트 기차역에서 도보 7분 주소 Englischer Viertel 8, Kirchplatz, 3920 전화 +41 279 672 314 홈페이지 pfarrei.zermatt.net

르 슈바이처호프 키친 Le Schweizerhof Kitchen

MAPECODE 41231

슈바이처호프 호텔의 로비 레스토랑

칵테일 바와 연결된 오픈 키친으로 그릴과 화덕으로 맛있는 스테이크와 피자를 만든다. 화력이 대단한 그릴과 화덕에 쉴 새 없이 주문받은 고기와 반죽이 들어가는 것을 구경하다 보면 금세 맛있는 식사가 준비된다. 모든 식재료는 셰프들이 발레Valais 지역에서 난 것으로 엄선하여 사용한다. 피자에 사용하는 올리브유와 토마토만 이탈리아에서 공수하여, 진짜 이탈리아 피자 맛을 낸다. 쫄깃한 도우와 진한 토핑의 맛이 일품이다. 서비스도 매끄럽고 호텔에 입장하여 바로 찾을 수 있어 분위기가 캐주얼하고 밝다. 호텔 주인이 본인의 와이너리를 소유한 미식가라서 그런지 와인 리스트가 아주 훌륭하다. 글루텐 프리, 비건 메뉴도 있다.

교통 체르마트 기차역에서 도보 1분 주소 Bahnhofstrasse 5, 3920 전화 +41 279 660 000 시간 매일 11:00~01:00
가격 파스타 CHF25, 마르게리타 피자 CHF23 홈페이지 www.schweizerhofzermatt.ch/en/restaurant-zermatt

쉐 브로니 Chez Vrony

MAPECODE 41232

스키를 타다 즐기는 시원한 맥주 한잔

광활한 체르마트 스키 슬로프는 너무나 길다. 스키를 즐기다 허기가 지거나 갈증이 나면 오두막 같은 정겨운 쉐 브로니에 들러 따뜻한 식사와 맥주 한잔을 마셔 보자. 눈앞에 펼쳐진 설경과 손을 뻗으면 닿을 것만 같은 마테호른을 보고 있노라면 흔히 먹던 음식도 더 맛있다. 해발 2,100m에 위치한 이 식당은 1900년에 지은 샬레에서 백 년 이상 한 가문이 대를 이어 운영해 온 곳이다. 미슐랭 플레이트를 받은 검증된 맛집으로 맥주뿐 아니라 여러 종류의 와인과 전통 스위스 요리, 지중해풍 메뉴가 마련되어 있다. 아침 식사와 가벼운 스낵류도 판매한다. 알프스 풀을 먹고 자란 가축에서 얻은 유기농 식재료를 사용한다. 직접 만든 소시지와 치즈는 영양 만점에 맛도 최고이다. 고도가 높으면 알코올에 더 잘 취하니 술이 약한 사람은 사고가 나지 않도록 조심하도록 한다. 이곳에서 마신 맥주의 맛은 결코 잊을 수 없다.

교통 수네가 슬로프에서 도보 10분 주소 Findeln, 3920 전화 +41 279 672 552 시간 동절기 매일 09:00~16:00 가격 초리조 토마토 스파게티 CHF25 홈페이지 www.chezvrony.ch

MAPECODE 41233

카페 듀 퐁 Café du Pont

따뜻하고 든든한 스위스 가정식

체르마트에서 가장 오래된 식당인 카페 듀 퐁은 이 지역에서 가장 맛있는 퐁듀를 선보인다고 자신한다. 다른 식당들에 비해 가격도 저렴한 편이고 시내 한가운데 있어 접근성도 좋다. 퐁듀 외에도 스위스 전통 요리인 뢰스티와 라클렛도 추천하는 메뉴이다. 빨간 체크 무늬 커튼과 밝지 않은 조명이 숲속 오두막 같은 분위기를 연출한다. 하루 종일 스키를 타고 내려와 지치고 차가운 몸으로 식당에 들어서는 순간 온몸을 휘감는 고소한 치즈 냄새와 친절한 직원들의 웃음에 따뜻해진다. 크레페나 스프 등 간식을 먹으러 가도 좋다. 맥주도 맛있으니 잊지 말고 식사와 곁들여 보자.

교통 체르마트 기차역에서 도보 8분 주소 Oberdorfstrasse 7, 3920 전화 +41 279 674 343 시간 매일 09:00~23:00 요금 라클렛 CHF18.50, 뢰스티 CHF17 홈페이지 www.restaurant-dupont.ch

MAPECODE 41234

조셉스 재즈 클럽 Joseph's Jazz Club

로맨틱한 저녁 식사와 라이브 공연

체르마트에서 가장 유명한 고급 5성 호텔 몽 세르뱅 팰리스Mont Cevin Palace의 재즈 바이다. 여러 나라에서 초청한 가수와 밴드가 와서 라이브 공연을 펼치고, 체르마트시의 여러 행사를 치르는 무대로 자주 사용된다. 그리 넓지는 않지만 편안하면서도 품격 있는 분위기 때문에 매일 밤 만석이니 인기 있는 공연이 예고되었다면 꼭 예약한다. 공연은 프로그램이 자주 바뀌니 홈페이지에서 확인하자. 식사와 와인도 즐길 수 있는데, 이 호텔의 F&B가 아주 훌륭해서 식사를 하고 재즈 클럽으로 자리를 옮기는 것도 추천한다. 스테이크가 맛있는 그릴 르 세르뱅Grill Le Cervin, 우아한 인테리어의 르 레스토랑Le Restaurant, 미슐랭 원스타 리스토란테 카프리Ristorante Capri 등 6개의 레스토랑 모두 추천할 만하다.

교통 체르마트 기차역에서 도보 5분 주소 Bahnhofstrasse 31, 3920 전화 +41 279 668 888 시간 공연마다 상이 가격 공연마다 상이 홈페이지 www.montcervinpalace.ch/en

브라운 카우 펍 Brown Cow Pub

MAPECODE 41235

음식도 맛있는 스포츠 펍

총 70석이 있는 꽤 규모 있는 맥주 바로, 유니크 호텔 포스트에 있다. 유쾌한 바맨이 솜씨 좋게 생맥주를 따르는 바 위에는 스포츠 경기를 중계하는 대형 TV가 걸려 있어 테니스나 축구, 골프 등 다양한 토너먼트를 보며 모두가 즐겁게 어울린다. 아침 11시까지는 잉글리시 브렉퍼스트를 판매하고, 밤 늦게까지 핫도그, 직접 만드는 스프, 햄버거와 샐러드 등 간단히 식사할 수 있는 메뉴와 안주 메뉴들도 맛있다. 벤 앤 제리 아이스크림과 커피는 포장도 가능하다.

교통 체르마트 기차역에서 도보 6분 주소 Bahnhofstrasse 41, 3920 전화 +41 27 967 19 31 시간 매일 09:00~02:00 (키친 09:00~23:00) 가격 파머스 치킨 샐러드 CHF19, 치즈 버거 CHF18 홈페이지 www.hotelpost.ch/en/bars-clubs

Tip 펍 말고도 같은 유니크 호텔 포스트Unique Hotel Post의 세 레스토랑도 추천한다. 크래프트 맥주와 모듬 안주가 맛있는 P.O.S.T와 피자리아 더 팩토리The Factory 그리고 스위스 요리를 전문으로 하는 포스틀리 스투블리Pöstli Stübli가 있다.

www.hotelpost.ch/en/restaurants

★ 체르마트

슈바이처호프 체르마트 Hotel Schweizerhof Zermatt

MAPECODE 41236

2018년 겨울 새롭게 단장한 호텔

체르마트 기차역 바로 앞의 고급스러운 호텔이다. 벽난로가 있는 멋들어진 입구를 지나면 DJ 부스가 있는 로비 라운지와 슈바이처호프의 자랑인 1층 레스토랑 키친Kitchen의 바비큐 그릴과 화덕, 체르마트에서 가장 긴 칵테일 바가 눈앞에 나타난다. 마차가 주차되어 있는 정원과 그 뒷편의 아이스 링크 뷰의 아기자기한 객실은 층별로 인테리어 콘셉트가 조금씩 다르지만 모두 아늑하다. 현대적인 벽난로가 설치되어 있는 최대 4인 숙박이 가능한 애틱 스위트는 샬레의 전원적인 분위기와 마테호른의 환상적인 전망 그리고 안락하고 편안한 시설을 제공한다. 전 객실에서 스마트 TV 연결, 블루투스 오디오 연결 등 개인 기기들을 연결하여 넷플릭스나 음악 스트리밍을 즐길 수 있다. 키친 레스토랑 외에도 슈바이처호프에는 페루와 아시아 요리에서 영향을 받은 이국적인 라 무냐La Muña와 칵테일 바, 당구대와 서재가 있는 넓고 아늑한 시가 바르 퓨모아Le Fumoir가 있다. 새벽까지 운영하여, 위스키와 페어링하여 시가를 즐기는 손님들의 아지트 역할을 한다. 실내 수영장과 피트니스 센터, 스키 보관함, 대여소도 호텔 안에 있다. 완벽하고 세심한 서비스는 당연하다. 체크인 15:00, 체크아웃 12:00.

교통 체르마트 기차역에서 도보 1분 주소 Bahnhofstrasse 5, 3920 전화 +41 279 660 000 요금 코지룸 CHF360~, 더블룸 CHF460~ 홈페이지 www.schweizerhofzermatt.ch

벨리브 슈페리어 Bellerive Superior

MAPECODE 41237

사우나를 갖춘 편안한 호텔

투숙객들이 필요로 하는 모든 것을 준비해 둔 센스 넘치는 호텔이다. 고층에 있는 남향 객실에는 발코니가 딸려 있으며 iPod 도킹 스테이션, 미니바, TV를 갖춘 전 객실에서 마테호른 전망을 감상할 수 있다. 현지 음식과 갓 짜낸 신선한 오렌지 주스로 구성된 조식도 훌륭하다. 저녁에는 개방형 벽난로가 설치되어 있는 하루의 피로를 말끔히 씻어 낼 라운지 바에서 시간을 보내자. 300여 개가 넘는 DVD 중 보고 싶은 것을 무료로 대여해 볼 수도 있다. 호텔에서 스키 패스 구입도 가능하고 스키 부츠 건조기와 스키 보관소도 갖추고 있다. 투숙객들은 무선 인터넷과 호텔 스파 시설을 무료로 이용할 수 있으며, 24시간 셔틀 서비스를 제공하여 언제 도착해도 역으로 손님을 마중 나온다. 체크인 15:00, 체크아웃 11:00.

교통 체르마트 기차역에서 도보 10분 주소 Riedstrasse 3, 3920 전화 +41 279 667 474 요금 디럭스 더블룸 CHF350 홈페이지 www.bellerive-zermatt.ch

백스테이지 호텔 Backstage Hotel

MAPECODE 41238

훌륭한 식도락과 고급스러운 잠자리

유명 디자이너 하인즈 줄렌Heinz Julen의 감각적인 백스테이지는 현재 체르마트에서 가장 인기가 많은 호텔이다. 가장 기본인 스탠다드 더블룸에도 벽난로와 플랫 스크린 TV, DVD와 CD 플레이어, iPod 도킹 스테이션, 소파 등이 구비되어 있고, 호텔 객실 외에도 아파트와 샬레도 장기 여행자들을 위해 마련해 두었다. 스파와 피트니스 센터 설비도 최신이다. 천지창조를 테마로 한 7개 코스의 스파 마사지 등 비디오, 오디오를 결합한 첨단 기술의 스파 프로그램이 특히 인기가 많다. 백스테이지는 미슐랭 레스토랑 애프터 세븐After Seven과 대형 스크린으로 블록버스터 영화를 보면서 저녁을 먹는 시네 디너Cine Dinner, 백스테이지 카페Backstage Cafe, 라 타볼라타La Tavolata, 베르니사쥬Vernissage 등 F&B가 정말 유명하다. 묵어가지 않더라도 일찌감치 예약을 하지 않으면 객실보다 더 빨리 자리가 동나는 레스토랑에 들러 봐도 좋다. 체크인 15:00, 체크아웃 11:00.

교통 체르마트 기차역에서 도보 3분 주소 Hofmattstrasse 4, 3920 전화 +41 279 666 970 요금 스탠드아트 더블룸 CHF211~, 디럭스 더블룸 CHF357~ 홈페이지 www.backstagehotel.ch

St. Moritz

생모리츠

해발 고도 1,856m 엥가딘(Engadin) 산악 지역에 위치한 최고급 겨울 휴양지로, 유럽 상류층과 유명 인사들이 사랑하는 곳이다. 환하게 빛나는 태양을 심볼로 하는 생모리츠는 산과 호수가 어우러진 경관과 연평균 322일이 해가 나는 환상적인 날씨를 자랑한다. 세계 최초로 크리스마스 전구를 달았던 도시(1878년), 알프스 최초의 골프 토너먼트 주최(1889년), 세계에서 가장 오래된 스키장(1864년)이라는 타이틀을 지닌 곳이기도 하다. 1928년과 1948년 두 번이나 동계 올림픽을 개최한 겨울 스포츠의 메카이고, 무려 기원전 1466년 개발로 추정되는 치유 능력이 있는 미네랄 온천수의 발원지로도 유명하다. 생모리츠의 5성 호텔에서는 미네랄 스파 워터와 알프스 허브가 수천 년 동안 진흙 속에서 발효한 무어머드를 활용한 스파 프로그램을 운영한다. 최고급 휴양지에서 겨울 스포츠와 하이킹, 다양한 이벤트를 즐길 수 있다.

생모리츠의 언어

스위스의 네 가지 문화권 중 로망슈어권에 속하지만, 독일어를 주로 사용한다. 도시명을 로망슈어로는 산 무레찬San Murezzan, 독일어로는 장크트 모리츠Sankt Moritz라 부른다. 영국인들이 부흥시킨 겨울 여행지이며 이탈리아와 가깝고 스키를 좋아하는 프랑스 스키어들이 자주 찾는다.

인포메이션 센터 기차역에 사무소가 하나 있고, 시내에도 관광 사무소가 있다. 도시에서 열리는 다양한 행사 정보와 숙박, 쇼핑, 맛집, 근교 여행, 교통 정보 등 다양한 여행 정보를 제공한다.

■ 시내

교통 생모리츠 기차역에서 버스 1, 9번 타고 5분 또는 도보 10분 주소 Via Maistra 12, 7500 전화 +41 81 837 33 33 시간 12~3월 월~토 09:00~18:30 / 4~5월, 10~11월 월~금 09:00~18:00, 토 10:00~16:00 / 6~9월 월~토 09:00~18:30 / 공휴일은 홈페이지 확인 홈페이지 www.stmoritz.com

생모리츠의 교통

기차

주요 도시에서 기차로 이동한다. 생모리츠 기차역에 내리면 바로 앞에 포스트 버스 정류장이 있으니 시내 이동 시 이용하면 된다. 픽업 서비스가 가능한 호텔도 있어, 역 앞에는 픽업을 나온 호텔 차량도 많다.

생모리츠는 스위스 특급 열차 중 인기 있는 빙하 특급과 베르니나 특급 열차의 발착지이기도 하다. 생모리츠-체르마트를 연결하는 빙하 특급Glacier Express과 쿠어Chur에서 생모리츠를 경유하여 이탈리아 티라노Tirano를 잇는 베르니나 특급Bernina Express이 있다.

생모리츠역 www.sbb.ch/en/station-services/railway-stations/further-stations/station.9253.st-moritz.html

- 취리히-생모리츠 약 3시간
- 인터라켄-생모리츠 약 5시간 10분
- 제네바-생모리츠 약 6시간

자동차

취리히와 밀라노에서는 자동차로 3시간, 뮌헨에서는 4시간 정도 밖에 걸리지 않아 렌터카로 찾아오는 사람들도 꽤 있다.

시내 교통

엥가딘 모빌Engadin Mobil, 엥가딘 버스Engadin Bus, 포스트 버스PostAuto, 라티쉬 반Rhatische Bahn, 오츠버스 생모리츠Ortsbus St. Moritz가 속해 있는 엥가딘 버분드Engadin Verbund가 생모리츠의 대중교통을 주관한다. 시내 안에서는 엥가딘 버스를 이용한다.

홈페이지 www.engadinbus.ch

교통권

1회권(1존)은 16세 이상 CHF3, 6~16세 CHF2.20, 1일권(1존)은 16세 이상 CHF6, 6~16세 CHF4.40이다. 스위스의 다른 도시보다 존이 꽤 촘촘히 나뉘어 있어 보통 버스를 타고 목적지에 따라 운전기사가 알려 주는 요금을 지불하는 경우가 많다.

이동이 잦을 예정이거나 오래 머무는 경우 보증금 CHF10을 내고 충전하여 사용하는 교통카드 이지드라이브EASYDRIVE를 관광 사무소나 매표소에서 구입하여 사용하는 편이 좋다. 이지드라이브 카드 사용 시 원래 요금에서 20% 할인을 받는다. 생모리츠가 속한 엥가딘 지역의 몇몇 호텔과 아파트는 숙박하는 사람들에게 교통권을 주기도 하기 때문에 숙소 예약 시 확인하도록 한다.

엥가딘 패스 Engadin Pass

엥가딘 카드로 대중교통과 주변 산악 지대의 케이블카와 스키 리프트, 일부 라에티안 레일웨이Rhaetian Railway 기차를 이용할 수 있다. 여름에는 13개 교통 시설에서 유효하다. 많은 호텔에서 투숙객들에게 제공하니 예약 전 확인하고 혜택을 받도록 한다.

홈페이지 www.engadin.stmoritz.ch/sommer/en/activities/mountain-adventure/mountains/engadin-pass

생모리츠

연중 행사와 축제

화이트 터프

©Engadin St. Moritz Tourismus_Andy Mettler

1월 스노우 폴로 월드컵 Snow Polo World Cup

©Engadin St. Moritz Tourismus_Andy Mettler

꽁꽁 얼어붙은 호수 위를 폴로 선수들을 태운 말들이 달리고, 호수를 크게 에워싼 군중들은 알프스 산자락과 파란 하늘을 배경으로 펼쳐지는 경기를 감상한다. 개인 집사와 경호원을 두고 비싼 보석과 명품으로 치장한 관객들이 경기만큼이나 주목 받는다.

www.snowpolo-stmoritz.com

1-2월 생모리츠 고메 페스티벌 St. Moritz Gourmet Festival

이 작은 도시 안에 훌륭한 레스토랑들이 정말 많다. 연초에는 세계의 유명 셰프들을 초빙하여 바드루츠 호텔을 중심으로 도시 곳곳에서 고메 축제를 연다.

www.stmoritz-gourmetfestival.ch

2월 화이트 터프 White Turf

1907년 처음 열린 국제 경마 대회로, 스노우 폴로 월드컵처럼 얼어 붙은 생모리츠 호수 위를 말들이 신나게 달린다. 2월 1, 2, 3번째 일요일마다 경기가 있다.

www.whiteturf.ch

3월 올림피아 봅 런 Olympia Bob Run

국제 대회에서 사용되는 것으로는 이제 유일한 천연 아이스 링크에서 봅슬레이, 스켈레톤, 루지 경주 대회를 펼친다. 1904년 첫 대회가 개최되었다.

www.olympia-bobrun.ch

봅슬레이란?

스켈레톤 슬레딩Skeleton Sledding이라고도 부르는 봅슬레이는 북아메리카 인디언들이 겨울에 짐을 운반하던 썰매에서 유래했다. 1882년 다보스-클로스터스 사이 썰매 코스가 생겨나고 1884년 생모리츠에서 첫 경기가 열렸다. 1928년 생모리츠 동계 올림픽 정식 종목으로 채택된 후 그 다음 올림픽부터 중단되었다가 1948년 생모리츠의 두 번째 동계 올림픽 때 다시 정식 종목으로 채택되었다.

7-8월 페스티발 다 재즈 Festival da Jazz

©Engadin St. Moritz Tourismus_Giancarlo_Cattaneo

7월 초부터 한달 동안 열리는 생모리츠 최대 규모의 재즈 축제. 유럽에서 가장 고도가 높은 재즈 클럽에서 연주가 펼쳐진다. 생모리츠의 고급 호텔 쿨름Kulm에서는 라운드 미드나잇Round Midnight 공연이 있고, 메인 무대는 전설적인 재즈 아티스트들이 거쳐 간 드라큘라 클럽Dracula Club에서 열린다.

www.festivaldajazz.ch

7월 영국 클래식 카 미팅 British Classic Car Meeting

©Engadin St. Moritz Tourismus_Andy Mettler

영국 빈티지 자동차들이 모인다. 생모리츠의 5성 호텔 칼튼Carlton에서 열리고, 멋진 정장을 차려 입은 오너들이 엔진 소리를 높이며 애마를 자랑한다. 1980년대 이전에 만들어진 빈티지 자동차들 100여 대가 모이는 장관을 볼 수 있다.

www.bccm-stmoritz.ch

12월-이듬해 3월 크레스타 런 Cresta Run

35kg 무게의 터보건Toboggan에 몸을 맡긴 선수들은 최대 속도 138km/h의 속도로 슬로프를 날듯이 달린다. 영국에서 네 명의 토보간 애호가들이 생모리츠에 이 스포츠를 소개한 것이 계기가 되어 생모리츠에서 가장 사랑받는 동계 스포츠로 꼽힌다. 쿨름 호텔 근처의 생 모리셔스 성당 근처의 출발점에서 출발하는 총 길이 1,214m, 총 고도차 157m의 코스가 있고, 크레스타 클럽하우스에서 시작하여 성당 코스의 1/4 정도 길이의 두 번째 코스가 있다.

www.cresta-run.com/home

생모리츠가 유명한 겨울 여행지가 된 계기

생모리츠를 대표하는 고급 호텔 중 하나인 쿨름Kulm의 창립자 요하네스 바드루트가 우연히 여름 투숙객들에게 제안한 내기가 지금의 생모리츠를 만들었다 해도 과언이 아니다. 바드루트는 1864년 여름 영국인 여행자들에게 겨울에도 또 와서 생모리츠를 즐기라고 권하며 겨울 여행이 즐겁지 않을 경우 호텔이 여행 비용을 부담한다는 조건을 내걸었다. 같은 해 겨울 이들은 돌아와 스키, 승마, 터보건 등 다양한 겨울 레저와 미식으로 행복한 여행을 했다. 이것이 생모리츠 겨울 여행의 시작이 되었고, 생모리츠는 유럽을 대표하는 고급 겨울 여행지가 된 것이다.

©Engadin St. Moritz Tourismus_FilipZuan

오래 전부터 고급 휴양지로 알려진 이곳에선 그 어떤 것을 기대해도 좋다. 작은 시내에서만 시간을 보내도 맛있는 음식과 쇼핑을 즐길 수 있고, 조금만 이동하면 알프스의 정수를 누릴 수 있다.

DAY 1

09:00 생모리츠에는 고급스러운 숙소와 미슐랭 맛집이 있다. **쿨름 호텔**에 체크인하고 저녁 예약을 확인한다. 1월에 생모리츠를 찾는다면 세계 각지 셰프들의 요리를 맛볼 수 있는 흔치 않는 기회인 고메 페스티벌 기간을 맞춰 보는 것도 좋다.

10:00 **코르빌리아-피츠 나이르**로 이동하여 스키를 즐긴다. 하이킹 코스도 좋으니 시내를 벗어나 산에 오른다. 산 곳곳에도 휴게소와 식당이 있어 점심 식사를 하고 오후 폐장 시간까지 신나는 하루를 보낼 수 있다.

19:00 쿨름 호텔의 레스토랑 **더 케이 바이 팀 라우에**The K by Tim Raue에서 저녁 식사를 한다.

21:00 **발타자르**에서 좋은 술 한잔을 즐긴다.

DAY 2

10:00 실스 마리아로 이동하여 숲속을 달리는 **마차**를 탄다.

12:00 **하테커**에서 점심 식사를 한다.

13:30 **생모리츠 호수**를 산책한다. 생모리츠 디자인 갤러리도 가볍게 돌아본다.

14:30 생모리츠의 **기울어진 탑**을 비롯하여 크지 않은 시내를 구경하고 쇼핑을 즐긴다. **콘디토레이 한셀만**에서 차와 엥가딘 지역의 별미인 엥가딘 케이크를 먹을 수 있다.

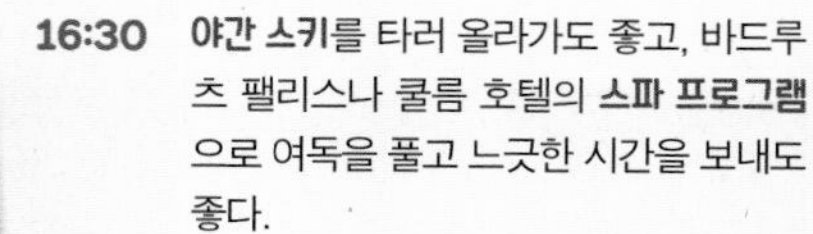

16:30 **야간 스키**를 타러 올라가도 좋고, 바드루츠 팰리스나 쿨름 호텔의 **스파 프로그램**으로 여독을 풀고 느긋한 시간을 보내도 좋다.

19:00 **엥기아디나**에서 로컬 요리로 저녁을 먹고 휴식을 취한다.

23:00 생모리츠 최고의 클럽 **킹스 소셜 하우스**에서 신나는 밤을 보낸다.

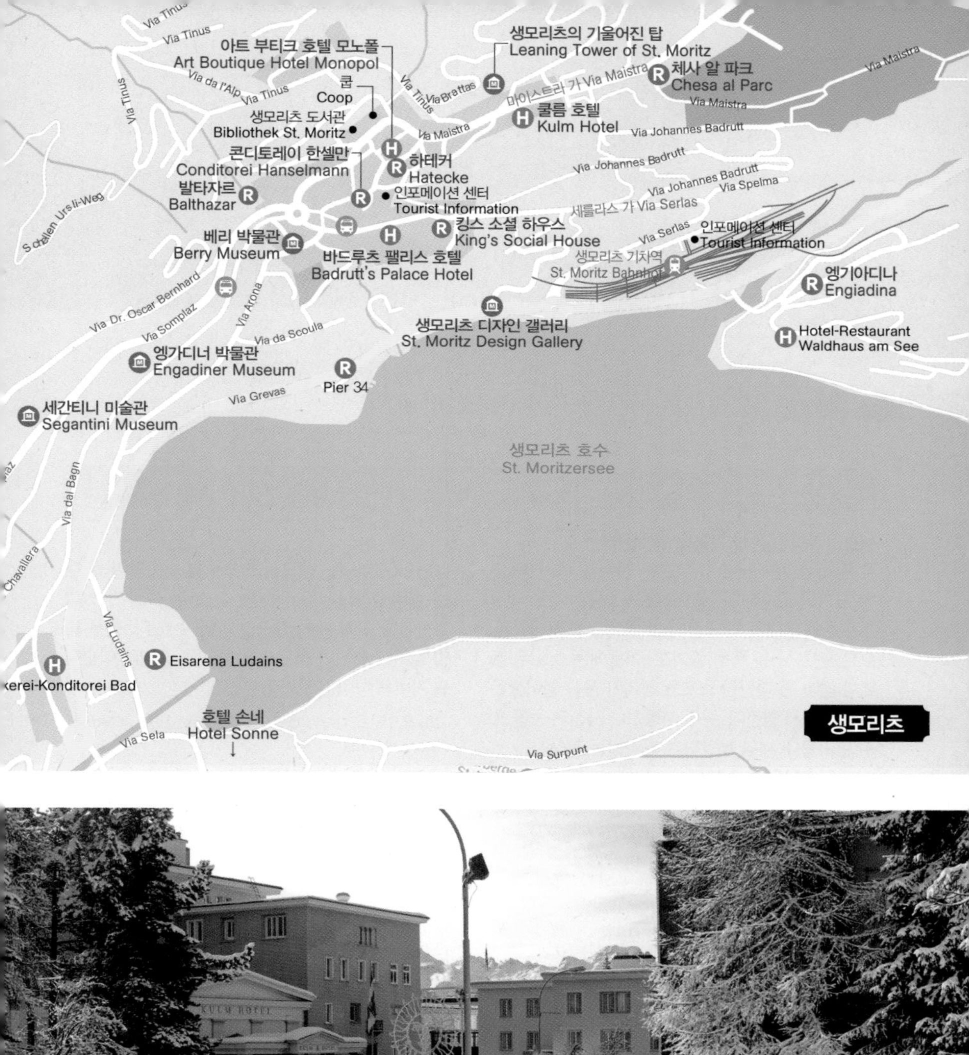

아트 부티크 호텔 모노폴
Art Boutique Hotel Monopol
생모리츠의 기울어진 탑
Leaning Tower of St. Moritz
체사 알 파크
Chesa al Parc
쿱
Coop
생모리츠 도서관
Bibliothek St. Moritz
쿨름 호텔
Kulm Hotel
콘디토레이 한셀만
Conditorei Hanselmann
하테커
Hatecke
발타자르
Balthazar
인포메이션 센터
Tourist Information
마이스트라 가 Via Maistra
세를라스 가 Via Serlas
킹스 소셜 하우스
King's Social House
베리 박물관
Berry Museum
바드루츠 팰리스 호텔
Badrutt's Palace Hotel
인포메이션 센터
Tourist Information
생모리츠 기차역
St. Moritz Bahnhof
엥기아디나
Engiadina
생모리츠 디자인 갤러리
St. Moritz Design Gallery
Hotel-Restaurant
Waldhaus am See
엥가디너 박물관
Engadiner Museum
Pier 34
세간티니 미술관
Segantini Museum
생모리츠 호수
St. Moritzersee
Eisarena Ludains
호텔 손네
Hotel Sonne
Via Tinus
Via da l'Alp
Via Brattas
Via Maistra
Via Johannes Badrutt
Via Spelma
Via Serlas
Via Dr. Oscar Bernhard
Via Somplaz
Via Arona
Via da Scoula
Via Grevas
Via dal Bagn
Via Ludains
Via Sela
Via Surpunt
생모리츠

KULM HOTEL
BUS STOP

생모리츠 호수 St. Moritzersee / Lej da San Murezzan

생모리츠의 여름과 겨울을 함께한다

총 면적 0.78km²로 여유로운 산책을 하기 딱 좋은 크기의 호수이다. 생모리츠의 여름, 겨울 레저 스포츠의 무대가 되어 준다. 여름에는 패러세일링, 요트, 윈드 서핑 등을 즐기고, 겨울에는 스노우 폴로와 경마 등 다양한 스포츠 경기가 꽁꽁 얼어붙은 호수 위에서 열린다. 종종 자동차나 자전거 등을 호수 한가운데 세워 놓았다가 가라앉는 불상사가 있으니 얼어붙은 호수를 안내 없이 가로지르지 말자. 엥가딘 지역에는 생모리츠 호수를 비롯하여 좀 더 큰 실바플라나Silvaplana와 실스Sils 호수가 있어 호숫가를 따라 계속 걸으면 만날 수 있다. 하루 종일 걸어도 추위나 피로도 잊을 만큼 풍경이 아름다워 가벼운 하이킹 코스로 추천한다.

교통 생모리츠 기차역에서 도보 2분 주소 Lake St Moritz, 7500 St Moritz

©Engadin St. Moritz Tourismu

Tip 생모리츠 디자인 갤러리 St. Moritz Design Gallery

역이나 시내에서 호수 산책로로 나가려면 거치는 세를레타Serletta 주차장을 작은 갤러리 공간으로 꾸며 놓았다. 바드루츠 팰리스 호텔에서 호수까지 이어지는 구간에는 31개의 유리 쇼케이스가 진열되어 있으며 생모리츠와 관련된 포스터나 일러스트가 붙어 있다.

교통 생모리츠 기차역에서 도보 2분 주소 Via Grevas 53, 7500 전화 +41 818 344 002 홈페이지 www.stmoritz.com/en/design-gallery

생모리츠 마차

낭만적인 마차 라이딩

호텔이나 관광 사무소를 통해 예약할 수 있는 마차 라이딩은 30분~1시간 편도 일정으로 말이 끄는 마차에 올라 편하고 낭만적으로 시내를 돌아볼 수 있는 프로그램이다. 버스로 30분 정도 근교로 이동해서 시내를 벗어나 발 펙스Val Fex 숲, 발로젝Val Roseg 숲 같은 좀 더 조용하고 고요한 자연 속에서 마차 라이딩을 하는 것도 추천한다. 시간적 여유가 된다면 생모리츠 시내 마차보다 훨씬 더 특별한 경험을 할 수 있다. 특히, 아침 시간에는 마차가 많지 않아 이따금 길 위에서 마주치는, 산자락에 집을 짓고 썰매를 타거나 개를 산책시키러 나온 부지런한 마을 사람들 몇몇을 제외하고는 아무도 없다.

요금 발 펙스 마차 90분 왕복 CHF200 홈페이지 www.engadin.ch/en/horse-drawn-sleigh-rides

세간티니 미술관 Segantini Museum

색채 분리의 대가 세간티니의 전시관

MAPECODE 41241

©Engadin St. Moritz Tourismus_Filip Zuan

고갱, 고흐, 세잔, 뭉크와 함께 모더니즘의 선구자로 알려진 이탈리아 화가 조반니 세간티니Giovanni Segantini(1858~1899)를 기념하는 미술관이다. 1908년 개관하였다. 생애 마지막을 엥가딘 지역에 살았기 때문에 여기 생모리츠에 미술관이 세워졌다. 목가적인 알프스와 인간의 조화를 주제로 그리는 것을 좋아하고 또 잘 그렸던 화가로 유명하다. 자연광이 극단적으로 변화하는 알프스 고원의 특징을 표현하기 위해 스스로 색채 분리의 기법을 연구한 것으로도 잘 알려져 있다. 미술관은 건축가 니콜라우스 하트만Nicolaus Hartmann이 설계한 둥근 모양의 창문이 독특한 돔 양식의 건물에 위치하며 세간티니의 주요 작품들이 전시되어 있다. 미완성작인 '생성, 존재, 소멸la vita, la natura, la morte' 3부작이 알프스 그림들과 함께 대표적인 전시작이다. 2019년 12월까지 레노베이션에 들어가 연말이 되어서야 다시 개관할 예정이다.

교통 생모리츠 기차역에서 버스 9번 타고 12분 주소 Via Somplaz 30, 7500 전화 +41 818 334 454 시간 5월 20일~10월 20일, 12월 10일~4월 20일 화~일 10:00~12:00, 14:00~18:00 요금 성인 CHF10, 16~25세 학생 CHF7 홈페이지 www.segantini-museum.ch

엥가디너 박물관 Museum Engadinais

MAPECODE 41242

생모리츠의 지역적 특징을 볼 수 있는 향토 박물관

리하르트 캄펠Richard Campel이 엥가딘 지방의 전통적인 생활상, 풍속, 역사, 문화에 관한 방대한 자료를 모아 1906년 개관했다. 현재는 주 정부가 운영하는 공공 박물관으로, 민가에 위치하여 21개의 전시실에 과거 생활 공간을 그대로 복원해 전시하고 있다. 신석기 시대부터 이 지역 사람들이 사용하던 가구, 도기, 연장 등을 자세한 설명과 함께 보여 준다. 한 전시실은 로망슈어에 대한 자료만 보여 주고 있다. 2016년 보수를 거쳐 새로 단장하여 재개관했다. 홈페이지에 특별전, 무료 가이드 등 여러 행사 일정을 안내하고 있으니 확인한 후에 방문하면 더욱 풍성한 관람을 할 수 있다.

교통 생모리츠 기차역에서 버스 1, 9번 타고 8분 주소 Via dal Bagn 39, 7500 전화 +41 818 334 333 시간 5월 20일~10월 20일 수~월 10:00~18:00 / 12월 10일~4월 20일 월, 수, 금~일 14:00~18:00, 목 14:00~20:00 / 크리스마스와 1월 1일 휴관 요금 성인 CHF13, 26세 이하 CHF5 / 16세 이하, 스위스 박물관 패스, 스위스 트래블 패스 무료 홈페이지 www.museum-engiadinais.ch

생모리츠 건물을 장식하는 스그라피토 Sgraffito

엥가디너 박물관처럼 건물의 앞면 파사드Façade를 긁어 바탕의 색을 드러나게 하여 꾸미는 것을 스그라피토라 한다. 스그라피노는 생모리츠의 여러 건물에서 쉽게 볼 수 있는 지역적인 특징으로, 회반죽을 색을 칠한 바탕 위에 바르고 마르기 전에 긁어내는 기술을 요한다. 이탈리아에서 처음 개발된 기법으로 이탈리아어로 '긁다'라는 단어에서 유래하였다. 16세기 엥가딘 지역으로 여행을 왔던 이탈리아 공예 장인들에 의해 기술이 전해졌다.

베리 박물관 Berry Museum

MAPECODE 41243

100년된 빌라에 자리한 아담한 미술관

스파 치료 전문 외과 의사 겸 화가였던 피터 로버트 베리Peter Robert Berry(1864~1942)의 작품들을 전시한다. 40여 년에 걸쳐 작업한 베리의 유화, 파스텔과 스케치 작품들의 대부분이 베리 가문의 소유라서 컬렉션을 쉽게 한데 모을 수 있었다. 2004년부터는 방대한 작품들을 좀 더 미술사적으로 세분화하여 전시하기 시작해 해마다 더 좋은 전시를 선보이고 있다. 베리는 여러 분야에 관심이 있었던 관계로 그가 소장했던 책과 편지, 메모, 일기, 음악과 관련된 물건과 지도나 생모리츠의 변천사, 개발과 관련된 자료도 많다.

교통 생모리츠 기차역에서 버스 1, 9번 타고 2분 또는 도보 13분 주소 Via Arona 32, 7500 전화 +41 818 333 018 시간 12월 말~4월 중 화~토 11:00~15:00 / 12월 25일, 1월 1일 휴관 요금 오디오 가이드가 포함된 입장권 성인 CHF15, 12세 이하 무료 홈페이지 www.berrymuseum.com

생모리츠의 기울어진 탑 Torre Pendente di San Maurizio

기울어진 듯 바로인 듯

MAPECODE 41244

쿨름 호텔 맞은편에 서 있는 탑으로 큼직한 건물이나 탑이 많지 않은 생모리츠의 랜드마크 중 하나이다. 1893년 무너져 사라진 성 모리셔스 성당의 일부로 12세기에 지어진 탑이다. 높이는 33m, 기울어진 각도는 5.5도이다. 기울기가 심하지가 않아서 유심히 보지 않으면 똑바로 서 있는 듯하여 쉽게 알아볼 수 없지만 미묘하게 비뚤어진 모습이 이 탑의 매력이다.

교통 생모리츠 기차역에서 버스 1, 9번 타고 7분 또는 도보 15분 주소 Via Maistra 29, 7500 시간 화~일 10:00~18:00

마이스트라가 & 세를라스가 Via Maistra & Via Serlas

생모리츠 쇼핑 대로

MAPECODE 41245 41246

생모리츠는 스위스 명품 쇼핑의 중심이다. 중저가 브랜드를 찾아보기가 힘들다. 쿨름 호텔을 지나는 마이스트라가와 바드루츠 팰리스 호텔을 지나는 세를라스 대로가 생모리츠의 주요 대로이자 상점이 모여 있는 곳이다. 취리히의 반호프슈트라세와 비견되는 생모리츠의 이 거리에서는 한겨울에도 킬힐과 비스포크 구두를 신은 사람들이 양손 가득 명품 쇼핑백을 들고 바쁜 걸음을 옮기는 것을 볼 수 있다. 명품 브랜드와 독특한 편집숍들이 즐비하다. 샤넬, 구찌, 랄프 로렌, 에르메스, 로베르토 카발리, 루이비통, 브루넬로 쿠치넬리, 지미 추, 발렌티노, 보테가 베네타 등 익숙한 명품 브랜드 상점들 외에도 그레이스 켈리가 단골이었다는 젯 셋Jet Set, 질 샌더, 몽클레르, 토즈 등의 브랜드를 판매하는 편집숍 트와 폼므Trois Pommes(troispommes.ch), 람 캐시미어 하우스Lamm Cashmere House(cashmerelamm.ch)도 추천한다.

교통 생모리츠 기차역에서 도보 2분 주소 Via Maistra, Via Serlas, 7500

생모리츠의 봉우리

총 길이 350km에 달하는 산봉우리들이 나란히 있는 생모리츠는 스키 장비를 대여하는 과정이 귀찮고 번거롭다면 하이킹을 해도, 케이블카로 그저 풍경만 감상하러 올라갔다가 내려와도 좋은 곳이다. 생모리츠 봉우리들의 겨울 스키 시즌은 10월 말~5월까지, 보통 아침 9시에 개장하여 오후 4~5시 사이 폐장한다(산마다 상이, 시즌별로 조금씩 차이가 있으니 생모리츠 관광청과 개별 산 홈페이지 확인). 날씨 상황에 따라 오픈이 결정되고 생모리츠 홈페이지에서 실시간 슬로프 오픈 상태를 살펴볼 수 있다. 대부분의 호텔 로비에는 일주일간의 일기 예보를 안내하고, 데스크에 오픈 여부를 물어보는 것도 좋다. 하지만 워낙 연중 맑기로 유명한 곳이라 생모리츠 여행 중 날씨 때문에 슬로프에 오르지 못하는 경우는 거의 없다.

www.mountains.ch

찬타렐라 Chantarella – 코르빌리아 Corviglia – 피츠 나이르 Piz Nair

케이블카를 타고 오르는 정상

접근성이 좋아 인기가 많은 대표 코스이다. 아무도 밟지 않아 지역 사람들은 '화이트 카펫'이라 부르는 말끔히 정리된 슬로프를 제일 먼저 타기 위해 부지런한 사람들은 아침부터 케이블카로 향한다. 생모리츠 도서관 뒷편의 Standseilbahn 역에서 케이블카를 타고 찬타렐라Chantarella에서 코르빌리아Corviglia행(해발 고도 2,486m) 열차로 환승해 꼭대기인 피츠 나이르Piz Nair(해발 고도 3,057m)까지 케이블카를 타고 올라가 볼 수 있다. 물론 찬타렐라나 코르빌리아를 최종 목적지로 하여 더 낮은 높이에서부터 스키를 타거나 서른 개의 장애물이 있는 코르빌리아 스노우 파크Corviglia Snow Park에 가거나 하이킹으로 내려와도 좋다.

꽃이 만발한 하이디의 꽃 트레일Heidi's Blumenweg 같은 하이킹 코스도 잘 마련되어 있다. 노란색 표지판으로 코스를 안내해 놓았다.

코르빌리아는 엥가딘에서 가장 넓은 스키 지역으로 유명하며 두 번의 생모리츠 동계 올림픽에서 알파인 스키 부문을 진행한 바 있다. 1974년과 2003년 월드 챔피언십 경기도 코르빌리아에서 열렸다.

생모리츠-찬타렐라-코르빌리아-피츠 나이르 왕복권
성인(18세 이상) CHF69, 13~17세 CHF46, 6~12세 CHF23

TIP. 7, 8, 9월에는 매달 하루 피츠 나이르에서 일출을 볼 수 있는 특별한 이벤트인 피츠 나이르 선라이즈Piz Nair Sunrise를 진행한다. 해발 고도 3천미터가 넘는 높이에서 해가 뜨는 모습을 구경하고 아침 식사를 하는 것이다. 관광청과 홈페이지를 통해 선착순으로 신청을 받는다. 가격은 CHF98.

코르바치 Corvatsch

스위스의 최장 야간 슬로프

베르니나 산맥의 일부로 실스와 실바플라나 호수가 내려다보이는 경관을 보여 준다. 해발 고도는 3,451m. 여러 개의 빙하가 코르바치산에 위치하며 실바플라나 동편의 주를레Surlej에서 해발 고도 3,303m까지 오르는 대형 케이블카를 타고 이동한다. 하넨시Hahnensee를 지나 생모리츠로 하강하는 슬로프는 무려 9km에 달한다. 스위스의 최장 야간 슬로프도 여기에 있다. 알프스에서 가장 큰 규모로 운영하는 코르바치 파크에서 눈놀이를 하는 것도 좋다.

코르바치 왕복권 16세 이상 CHF60 / 6~15세와 하프 페어, GA 패스 소지자 CHF30 홈페이지 www.corvatsch.ch

디아볼레차 Diavolezza

보름달이 뜨는 낭만적인 야간에 즐기는 스키

베르니나 산맥에 위치한 스키, 보드 상급자를 위한 봉우리이다. 모든 코스가 레드, 블랙이다. 해발 고도는 2,973m. 베르니나를 비롯하여 이스턴 알프스의 여러 산맥들을 볼 수 있으며 케이블카로 이동한다. 가장 인기 있는 코스는 모르테라치Morteratsch로 길이가 10km에 달한다. 매달 보름달이 뜨는 날에는 야간 스키를 진행한다. 은빛 장벽처럼 빛나는 얼음 암벽이 아름답기로 유명하다. 전설에 따르면 이 산에 요정의 여왕이 살았다고 한다. 어느 날 여왕이 여러 사냥꾼들을 유혹해 이들과 함께 사라졌는데, 오랜 시간이 지나 젊은 한 사냥꾼 아랏치Aratsch가 크레바스에 떨어진 채로 발견되었다고 한다. 바람이 세차게 불면 디아볼레차 산맥에서 '아랏치가 죽었다'라는 소리가 들린다는 설이 있어 악마라는 뜻의 이름을 갖게 되었다고 한다.

디아볼레차 왕복권 18세 이상 CHF39, 13~17세 CHF26, 6~12세 CHF13 홈페이지 www.diavolezza.ch

©Engadin St. Moritz_Gian Andri Giovanoli

무오타스 무라글 Muottas Muragl

1열 중앙 좌석의 전망

생모리츠와 사메단Samedan, 폰트레시나Pontresina 사이에 위치한 해발 고도 2,454m의 봉우리이다. 전망이 워낙 좋아 별명이 '1열 중앙 좌석'이다. 겨울 하이킹과 터보건으로 유명하다. 스노우슈 하이킹, 문라이트 야간 하이킹, 화가 세간티니의 발자취를 좇는 세간티니 하이킹 등 다양한 코스가 있다. 생모리츠에서 푼트 무라글역으로 이동하여 여기에서 푸니쿨라를 타고 700m를 등반하여 찾을 수 있다.

홈페이지 www.mountains.ch/en/Mountain-adventure/Mountains/muottas-muragl

Tip 스노우 딜 Snow Deal

생모리츠 스키 이용권은 고정 가격으로 판매하지 않는다는 점이 독특하다. 해당 일자에 얼마나 많은 사람이 표를 구매했는지와 일찍 예매를 하는 얼리버드 혜택을 적용하여 최소 15일 전에 예약하면 30% 할인을 받을 수 있다.

www.engadin.stmoritz.ch/winter/en/snow-deal

★ 생모리츠

하테커 Hatecke

MAPECODE 41251

인기 있는 정육점 겸 식당

신선도 100점의 정육점 겸 식당이다. 지역 농장과 협업하여 신선한 고기를 공수한다. 아침부터 와인과 맥주를 부르는 훌륭한 육류 요리들이 입맛을 돋운다. 부지런한 사람들은 아침 슬로프를 타고 내려와 자리를 잡는, 동네 미식가들도 알고 있는 훌륭한 맛집이다. 장소를 반으로 나누어 한쪽에서는 정육점을 운영하고 다른 한쪽에서는 캐주얼한 분위기의 식당을 운영한다. 빈 자리를 찾기가 어려울 정도로 하루 종일 붐빈다. 식사 시간에는 예약을 권한다. 식당에서 파는 샐러드, 비프 타르타르, 카르파치오, 스테이크, 샌드위치 모두 맛있다. 간단히 즐길 수 있는 샐러드와 샌드위치도 있어 가벼운 식사를 원하는 사람에게도 좋다. 취리히에도 지점이 있다(Usteristrasse 12, 8001).

교통 생모리츠 기차역에서 버스 1, 9번 타고 5분 또는 도보 14분 주소 Via Maistra 16, 7500 전화 +41 818 331 277 시간 월~금 09:00~19:00, 토 10:00~19:00 가격 디 만조 카르파치오 CHF27.50, 소고기 굴라쉬 CHF35.50 홈페이지 www.hatecke.ch

엥기아디나 Engiadina

MAPECODE 41252

식당 가는 길도 로맨틱하다

시내 중심부와 살짝 떨어져 있어 동화 속 오두막집에 들어선 듯 낭만적인 기분이 든다. 식당에 들어서면 알프스산에서 불어오는 찬바람과 대조되는 따뜻한 공기와 맛있는 음식 냄새에 절로 미소가 지어진다. 첫 손님도 단골처럼 맞아주는 친절한 서비스와 너무 멋을 부리지 않은 정직하고 푸짐한 요리로 즐거운 식사를 할 수 있다. 주변 유럽의 여행자에게 사랑을 듬뿍 받는 생모리츠처럼 메뉴에서도 스위스, 이탈리아, 유럽, 동유럽 등 다양한 스타일의 요리를 찾아볼 수 있다. 에스카르고나 비프 라비올리, 여러 종류의 파스타와 더불어 훌륭한 퐁듀도 추천 메뉴이다.

교통 생모리츠 기차역에서 도보 8분 주소 Via Dimlej 1, 7500 전화 +41 818 333 000 시간 매일 10:00~24:00 (키친 오픈 11:00~22:00) / 4월 중순~5월 중순 휴무 가격 비프 타르타르 CHF25.50, 홍합 요리 CHF27, 라비올리 CHF24.50 홈페이지 restaurant-engiadina.ch

체사 알 파크 Chesa al Parc

MAPECODE 41253

이국적인 중국식 퐁듀가 별미

쿨름 호텔의 레스토랑이지만 개별 건물에 따로 있다. 엥가딘 지역 최고의 식당 중 하나로 꼽힌다. 신선한 식재료를 사용하고, 전통적이면서도 현대적인 요소를 가미한 메뉴를 선보인다. 스위스 요리를 주로 하며 화요일 점심에는 베네치아 스타일의 요리, 목요일 점심에는 이탈리안 요리 볼리토 미스토Bolito Misto, 일요일 저녁에는 샤브샤브나 훠궈 스타일로 고기와 야채 등을 팔팔 끓는 냄비에 넣어 익혀 먹는 중국식 퐁듀Fondue Chinoise를 선보인다. 여름에는 테라스 자리를 추천한다. 오후에도 페이스트리 등 디저트를 먹으러 오는 손님들로 바쁘다. 실내외 합쳐 200석 정도의 규모이지만 예약을 하지 않으면 저녁 식사는 어려울 정도로 인기가 많다.

교통 생모리츠 기차역에서 버스 1번 타고 13분 또는 도보 12분 주소 Via Maistra 44, 7500 전화 +41 818 368 273 시간 매일 10:00~22:00 (키친 오픈 12:00~21:30) 가격 슈니첼 CHF45, 치즈 퐁듀 CHF33/1인 홈페이지 www.kulm.com/de/kulinarik/restaurants/chesa-al-parc

발타자르 Balthazar

MAPECODE 41254

생모리츠에서 가장 분위기 좋은 바

감각적으로 꾸민 실내가 인상적인 생모리츠 최고의 바이다. 발타자르만을 위한 커스텀 블렌드를 사용하여 뽑는 에스프레소도 맛있으니 술 생각이 없어도 생모리츠의 저녁을 보내기 좋은 곳이다. 너무 시끄럽지 않고 섬세하게 칵테일을 만드는 바텐더들도 발타자르의 자랑이다. 점심과 저녁 식사 장소로도 유명하여 식사 시간에 맞춰 방문한다면 예약을 추천한다. 캐주얼한 피자부터 오트 퀴진 코스 요리까지 모두를 위한 공간이다. 하지만 발타자르의 진가는 밤이 깊을수록 발한다. 빈티지 와인과 샴페인, 칵테일 메뉴가 훌륭하다. 시가 셀렉션이 훌륭한 시가 룸도 있고, 종종 라이브 공연도 있다.

교통 생모리츠 기차역에서 버스 1, 9번 타고 6분 또는 도보 11분 주소 Via Somplaz 6, 7500 전화 +41 818 321 555 시간 매일 10:00~03:00 가격 그라파 CHF15~, 꼬냑 CHF10~, 포트 와인 그레이엄10 CHF20 홈페이지 www.balthazar-stmoritz.ch

콘디토레이 한셀만 Conditorei Hanselmann

MAPECODE 41255

견과류 케이크와 초콜릿

독일 남부에서 생모리츠로 건너와 제과점을 세운 프릿츠 한셀만Fritz Hanselmann의 후손들이 대를 이어 운영하는 전통적인 제과점 겸 카페이다. 생모리츠에서 가장 인기 있는 빵집이자 카페로 115년 넘게 성업해 온 비결은 오로지 맛이다. 엥가딘 지역의 별미인 고소하고 달콤한 딘 견과류 파이가 대표 메뉴이다. 프랄린, 서양배 빵, 아몬드, 트러플, 마롱 글라세 등 손수 구운 느낌이 물씬 나는 투박하지만 그래서 더 좋은 제과 제품 모두 추천한다. 당뇨 환자를 위한 디저트, 바게트와 식빵도 하루 종일 구워 낸다. 자리를 잡고 앉아 빵이나 차를 먹을 수도 있는데, 호수 전망이 아름다운 창가 자리는 약간의 운이 필요하다.

교통 생모리츠 기차역에서 버스 1, 9번 타고 5분 또는 도보 10분 주소 Via Maistra 8, 7500 전화 +41 818 333 864 시간 매일 07:30~19:00 가격 에스프레소 CHF4.90, 카푸치노 CHF5.60, 애플 스트루델 CHF11 홈페이지 www.hanselmann.ch

킹스 소셜 하우스 King's Social House

MAPECODE 41256

생모리츠 최고의 파티장

바드루츠 팰리스 호텔이 운영하는 킹스 소셜 하우스는 스위스에서 가장 오래된 나이트클럽을 2018년 12월 새 단장을 한 것이다. 런던에서 온 미슐랭 셰프 제이슨 아테르톤Jason Atherton의 레스토랑이자 바 겸 클럽이다. 바드루츠 팰리스의 고급스러운 분위기와는 또 다른 매력을 풍기는 공간이다.

교통 생모리츠 기차역에서 버스 1, 9번 타고 3분 또는 도보 9분 주소 Badrutt's Palace Hotel, Via Serlas 27, 7500 전화 +41 818 372 661 시간 화~일 20:00~04:00 홈페이지 kingssocialhouse.com

아트 부티크 호텔 모노폴 Art Boutique Hotel Monopol

MAPECODE 41257

이것은 호텔인가 갤러리인가

시내 한가운데 위치하고, 73개의 객실과 스위트, 이탈리아 레스토랑 모노MONO, 환상적인 전망의 스파와 피트니스 센터, 와인 셀러 라 칸티나La Cantina와 스모킹 바로 구성된 4성 호텔이다. 이름에서 알 수 있듯 예술을 테마로 한 멋진 호텔이다. 팝 아트와 현대 미술품으로 장식해 밝고 에너지 넘치는 분위기가 감돈다. 원목과 화이트, 베이지톤으로 밝게 꾸민 객실은 미술품과 조화를 이룰 수 있도록 깔끔한 알파인 분위기로 연출하였다. 부츠 히터가 구비된 스키 룸이 마련되어 있고 역과 호텔 간 무료 이동 서비스, 이 지역 여러 박물관에 대한 무료 입장 혜택과 사메단과 주오즈 지역 골프장 그린피 할인 혜택까지 생모리츠 여행을 다방면으로 누릴 수 있도록 도와준다. 여름에는 2박 이상 묵는 손님에게 엥가딘 지역 기차와 대중교통 이용권을 증정하고, 겨울에는 스키 패스 패키지를 판매하니 홈페이지를 참고하여 혜택을 포함한 예약을 진행하면 좋다. 체크인 14:00, 체크아웃 12:00.

교통 생모리츠 기차역에서 버스 1, 9번 타고 6분 또는 도보 10분 주소 Via Maistra 17, 7500 전화 +41 818 370 404
요금 이코노미 더블룸 CHF303~, 주니어 스위트 CHF443~
홈페이지 www.monopol.ch

호텔 손네 생모리츠 Hotel Sonne St. Moritz

MAPECODE 41258

만족도 최상의 숙소

프런트 데스크와 조식을 서빙하는 식당이 있는 메인 빌딩 손네Sonne와 이곳에서 20m 떨어진 카사 델 솔레Casa del Sole, 200m 떨어진 호스텔 건물 카사 프랑코Casa Franco 세 동으로 이루어져 있다. 아름다운 일출과 일몰과 함께하는 채광 좋고 깨끗한 객실에 들어서 침대에 누우면 생모리츠의 산봉우리가 만드는 크고 작은 능선이 한눈에 들어온다. 시내 중심부와 조금 떨어져 있지만 스키장을 가기 위한 버스와 시내 중심부로 향하는 여러 버스가 호텔 바로 앞 정류장에 선다. 시내의 시끌벅적한 분위기에서 벗어나 한적한 시간을 보낼 수 있다. 호텔 레스토랑은 동네 맛집으로 유명하여 점심, 저녁 모두 인기가 좋다. 버거나 피자, 스테이크, 샐러드 등 일반적인 서양식, 유럽 음식을 잘한다. 규모도 있고 서비스도 매끄럽다. 걸어서 10분 정도 거리에 마트가 있으니 시내에서 숙소로 돌아올 때 간식이나 음료를 사올 수 있다. 80대 이상이 주차할 수 있는 넓은 주차장과 자전거, 스키 장비를 위한 라커 룸도 있다. 체크인 14:00, 체크아웃 11:00.

교통 생모리츠 기차역에서 버스 1, 9번 타고 10분 주소 Via Sela 11, 7500 전화 +41 818 385 959 요금 싱글룸 CHF160~, 더블룸 CHF130~ 홈페이지 www.sonne-stmoritz.ch

쿨름 호텔 생모리츠 Kulm Hotel St. Moritz

MAPECODE 41259

생모리츠를 대표하는 호텔

생모리츠 관광의 아버지라 불리는 요하네스 바드루트Johannes Badrutt가 1856년 오픈한 호텔이다. 19세기 독일의 그륀더차이트Gründerzeit 풍으로 꾸민 클래식한 인테리어의 객실은 모두 호수나 알프스산맥 전망을 자랑한다. 미식가들이 좋아하는 호텔로도 유명한데, 더 케이 바이 팀 라우에The K by Tim Raue 미슐랭 레스토랑을 포함하여 스위스 지역 요리부터 고급 오트 퀴진Haute Cuisine을 아우르는 다섯 개의 레스토랑이 있다. 또 무려 전체 면적 2,000m²에 달하는 쿨름 스파는 여러 개의 풀과 야외 풀, 소금 스파, 스팀 스파, 사우나, 피트니스 센터 등 다양한 공간으로 구성되어 있다. 웰니스와 웰빙을 중시하는 여행자라면 쿨름에서 심신을 충전하고 건강하고 즐거운 시간을 보낼 수 있을 것이다. 자체 9홀 골프 코스와 드라이빙 레인지, 퍼팅 그린, 골프 아카데미와 3개의 테니스 코트를 운영한다. 겨울에는 호텔 자체 아이스 링크, 컬링 링크도 개장한다. 체크인 15:00, 체크아웃 12:00.

교통 생모리츠 기차역에서 버스 1, 9번 타고 9분 또는 도보 12분 주소 Via Veglia 18, 7500 전화 +41 818 368 000 요금 스탠다드 더블룸 CHF875 홈페이지 www.kulm.com/en

 생모리츠 호텔 Big 5

쿨름, 바드루츠 팰리스와 함께 켐핀스키 그랜드 호텔 데 벵Kempinski Grand Hotel des Bains, 칼튼Carlton과 수베타 하우스Suvretta House를 생모리츠의 5대 고급 호텔로 꼽는다.

바드루츠 팰리스 호텔 Badrutt's Palace Hotel

MAPECODE 41260

생모리츠 고급 호텔의 끝판왕

116개 객실과 40개의 스위트, 8개의 레스토랑과 3개의 바와 나이트 클럽으로 이루어진 고급 호텔. 생모리츠에 도착하면 호텔 롤스로이스가 픽업을 하러 오고, 개별 버틀러 서비스도 준비되어 있다.
높은 천장과 대리석 바닥, 카라바지오와 라파엘을 포함한 훌륭한 미술 컬렉션과 직원들이 '캣 워크(런웨이)'라 부르는 위엄 있는 그랜드 홀과 겨울이면 생모리츠에서 가장 큰 크리스마스 트리가 세워지는 호텔 앞 정원이 있다. 스파와 실내/야외 수영장, 스팀 사우나, 피트니스 센터 등 편의 시설과 자체 프로그램들이 훌륭하여 아무것도 하지 않고 이곳에서 시간을 보내도 충분할 정도이다. 2박 이상 패밀리 디럭스 룸 등급 이상 객실에 묵는 손님에게는 스키 패스 혜택이 주어진다. 여름에는 테니스 코트, 겨울에는 아이스 링크를 운영하고 코르바치 케이블카까지 무료 셔틀 서비스도 있다. 오후 7시 30분 이후로는 호텔 전 구역에서 재킷 착용이 필수이니 옷차림에 신경 쓸 것! 타이 착용도 권장하고 있다. 체크인 14:00, 체크아웃 12:00.

교통 생모리츠 기차역에서 버스 1, 9번 타고 4분 또는 도보 8분 주소 Via Serlas 27, 7500 전화 +41 818 371 000 요금 슈페리어 더블룸 CHF 1,230 홈페이지 www.badruttspalace.com

Tip 히치콕이 사랑한 바드루츠 팰리스

서스펜스 영화의 거장 알프레드 히치콕Alfred Hitchcock은 바드루츠 팰리스 호텔의 단골이었던 여러 명사들 중에서도 특별히 이곳을 자주 찾았다고 한다. 생모리츠에 머물 때마다 많은 영감을 받고 작품을 집필했던 이유로 계속해서 방문했다고 한다.

Lugano

루가노

이탈리아 밀라노 북쪽으로 약 83km 떨어진 곳에 위치한 티치노주(Ticino)를 대표하는 관광 도시이다. 이탈리아어를 사용하고, 언어뿐 아니라 문화, 특히 패션의 경우 이탈리아의 영향을 크게 받아 이탈리아산 실크처럼 화려하고 부드러운 세련됨이 묻어나는 멋쟁이로 가득하다. 기차 윌리엄 텔 익스프레스와 베르니나 익스프레스가 교차하는 지점일 뿐만 아니라 근교 소도시나 이탈리아의 코모, 밀라노도 가까워 하루 이틀 투자해 다녀올 수 있는 최적의 거점 도시이다. 루가노는 취리히의 뒤를 이어 스위스에서 가장 은행이 많은 도시이기도 하다. 부유한 이탈리아 사람들과 다른 유럽 국가의 부호들이 루가노에 자주 들러 계좌를 연다고 한다.

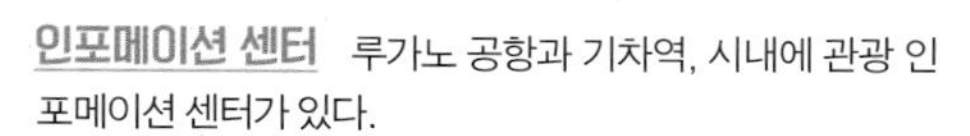

인포메이션 센터 루가노 공항과 기차역, 시내에 관광 인포메이션 센터가 있다.

■ 시내

주소 Palazzo Civico, Piazza Riforma 1, 6900 Lugano 시간 **4~10월 중순** 월~금 09:00~19:00, 토 09:00~18:00, 일요일 및 공휴일 10:00~17:00 / **10월 중순~3월** 월~금 09:00~12:00, 13:30~17:30, 토 10:00~12:30, 13:30~17:00 전화 +41 588 666 600 홈페이지 www.luganoturismo.ch

루가노로 이동하기

루가노 공항 Lugano Airport

취리히와 밀라노 중간에 위치하고 있다. 주로 스위스 국내선과 유럽의 다른 도시와의 항공편이 운항한다. 취리히에서 루가노까지는 약 40분, 제네바에서 루가노까지는 약 1시간 정도 걸린다. 도심과는 약 6km(차로 15분 거리) 떨어져 있다. 시내까지는 기차로 이동하는 것이 일반적이고, 셔틀버스는 항공편의 발착 시간 앞뒤로 10~20분 정도 여유를 두고 운행한다(셔틀 요금: 공항-기차역 편도 CHF8, 왕복 CHF10 / www.shuttle-bus.com). 택시로 루가노 시내까지는 CHF35 정도 요금이 나온다.

주소 Via Aeroporto, 6982 Agno 전화 +41 916 101 282, +41 916 101 292 홈페이지 www.lugano-airport.ch

루가노 기차역 Stazione di Lugano

티치노주는 스위스에서 아름다운 곳으로 손꼽히는 곳이니 스위스의 다른 도시에서 루가노를 찾는 경우 항공편보다 기차를 권하고 싶다. 루가노 역은 언덕에 위치하여 시내로 이동할 경우 내리막길을 걸어 내려가도 되지만 기차역과 구시가를 연결하는 푸니쿨라를 타도 된다. 역은 그리 크지 않고, 버스 터미널, 택시 정류장, 마트 겸 간이 식당, 코인 로커가 있다.

주소 Piazzale Stazione, 6900 홈페이지 www.sbb.ch/en/station-services/railway-stations/lugano-station.html

- 밀라노-루가노 직행 약 1시간 10분
- 제네바-루가노 올텐 경유 약 5시간 30분
- 취리히-루가노 직행 약 2시간 40분
- 루체른-루가노 직행 약 2시간 30분
- 인터라켄-루가노 루체른 경유 약 4시간 45분
- 바젤-루가노 직행 약 3시간 45분

밀라노 말펜자 공항 Milano Malpensa Airport

이탈리아 여행을 마치고 루가노로 이동하거나 스위스 여행을 마치고 이탈리아로 이동한다면 말펜자 공항을 이용할 수 있다. 말펜자와 루가노를 잇는 셔틀버스가 있어 편하게 이동할 수 있다. 밀라노 중앙역에서 기차를 타고 루가노로 이동하는 것도 가능하다. 버스로 약 1시간 15분 정도 걸린다.

플릭스 버스(Flix bus)
요금 루가노-말펜자 편도 7.99유로 홈페이지 flixbus.ch

루가노의 시내 교통

루가노는 도보로 대부분의 주요 지역을 돌아볼 수 있지만 급경사의 언덕길이 많은 편이니, 이동하는 곳에 따라 기차와 버스, 택시, 푸니쿨라를 적절히 이용하면 된다. 경사가 상당하여 신발은 편한 것을 신는 것이 좋다.

푸니쿨라 Funicolare

기차역에서 시내를 잇는 작은 열차 푸니쿨라는 1866년에 처음 만들어졌다. 기차역 지하 1층에서 탑승하여 루가노 시내의 치오카로 광장Piazza Cioccaro 앞 정류장에 하차한다. 이동 시간이 길지 않아 러시아워에 몇 대를 보내더라도 걸어 내려가는 것보다 훨씬 편하게 기차역이 있는 언덕 위와 시내를 오갈 수 있다.

운행 매일 05:00~24:00, 이동 시간 90초 요금 편도 CHF1.30 / 스위스 패스, 티치노 티켓 소지자 무료

버스

정류장마다 노선도가 있고, 버스 앞에 행선지가 표시되어 있으니 방향을 잘 확인하고 탑승한다. 버스 정류장에 있는 티켓 판매기에서 표를 구입하면 되고, 요금은 1존 1회권 CHF 2.30, 1일권은 CHF4.60이다.

티치노 티켓 Ticino Ticket

티치노 지역에서 숙박하면 호텔에서 발급하는 여행자 전용 할인권이다. 스위스의 여러 지역 패스 중 이용 범위가 가장 광범위하다. 총 1,471km에 해당하는 티치노 지역의 다양한 교통수단을 자유롭게 이용할 수 있다. 치아소Chiasso부터 아이롤로Airolo까지 유효하며 루가노, 로카르노 등 티치노 지역의 주요 도시들을 꼼꼼히 돌아보는 데 유용하다. 여러 마을과 도시의 혜택들이 포함되어 있어 무료 교통권 외에 루가노에서 사용할 만한 혜택은 많지 않으나 근교 여행까지 부지런히 다닌다면 꽤 유용한 혜택이 많으니 티치노 지역을 구석구석 다닐 예정이라면 홈페이지를 참고하자.

홈페이지
www.ticino.ch/en/ticket/partner/attraction -discount.html
www.ticino.ch/en/ticket

루가노 투어 트레인 Trenino Turistico Lugano

'빨간 화살표'라 불리는 예쁜 기차가 루가노 호숫가를 따라 파라디소Paradiso와 카사라테Cassarate까지 반달 모양의 12km 정도의 코스를 왕복 운행한다.

교통 루가노 기차역에서 푸니쿨라를 타고 8분 또는 4번 버스 타고 10분 주소 Plazza Manzoni 6900 전화 +41 796 857 070 시간 **동절기** 주말 및 공휴일 10:30~16:30 / **3월** 10:30~16:30(60분 간격), 토요일과 공휴일 10:30~18:00(30분 간격) / **4~6월, 9~10월** 10:00~17:00(30분 간격), 토요일과 공휴일 10:00~19:00(30분 간격) / **여름 성수기** 10:00~20:30(7월 중순~8월 중순 ~22:00) *스케줄이 자주 바뀌니 탑승 전 홈페이지를 확인하거나 직원에게 문의한다. 요금 성인 CHF9, 10세 이하 CHF5, 탑승 시 티켓 구매 홈페이지 www.luganoregion.com/en/detail/id/6648/tourist-train-lugano

루가노

연중 행사와 축제

단잔테 페스타

©Igor Grbesic

연중 루가노 무지카 Lugano Musica

도시를 대표하는 특별한 축제가 1년 내내 열린다. 루가노 예술 문화 센터Lugano Arte e Cultura(LAC)에서 진행하는 일련의 공연을 말한다. 빈 필하모닉, 베를린 필하모닉 등 세계에서 내로라하는 오케스트라의 초빙 공연부터 클래식, 현대 음악, 콘서트 등 프로그램이 풍성하다.

www.luganomusica.ch

2-3월 카니발 Carnivale

매년 가면과 코스튬으로 치장하고 티치노 지역 전역에서 퍼레이드를 한다. 라이브 음악 공연을 하고 온 도시가 나누어 먹을 리소토를 요리하는 등 도시 전체가 들썩이는 한 달여 간의 축제이다.

www.carnevali.ch

4월 부활절 Pasqua

부활절은 연중 가장 중요한 축제 중 하나로, 부활절 관련한 다양한 행사를 연다. 토끼 분장을 하고 색을 칠한 달걀을 나누어 주는 사람을 만나면 반갑게 인사하자. 루가노의 여러 공원과 광장에서는 다양한 라이브 공연이 펼쳐진다.

www.pasquaincitta.ch

5월 라 쿠에르메스 La Quairmesse

이틀 동안 만조니 광장Piazza Manzoni의 세 개의 야외 무대에서 다양한 공연이 펼쳐진다. 실력 있는 신인을 발견하는 무대로 자리매김하였다.

www.facebook.com/LaQuairmesse

5월 단잔테 페스타 Festa Danzante

스위스의 20개 지역의 사람들이 한데 모여 신나게 춤을 춘다. 장르의 제한이 없어 힙합, 탱고, 현대 무용, 아프리칸 댄스 등 다양한 춤을 이틀 동안의 축제 기간 동안 아침부터 자정까지 볼 수 있다.

www.festadanzante.ch/ticino

5-6월 루가노 탱고 페스티벌 Festival Lugano Tango

2004년 처음 생겨난 탱고 축제다. 아르헨티나 정부와 루가노시 정부가 후원한다. 세계 각국의 탱고 댄서들이 몰려와 유럽에서는 쉽게 찾아볼 수 없는 탱고 축제가 펼쳐진다.

www.festivaluganotango.ch

6-8월 롱레이크 페스티벌 Longlake Festival

무료로 볼 수 있는 야외 공연들로 이루어진 여름 축제. 루가노 버스커 축제, 콘서트, 가족 이벤트 등 긴 페스티벌 기간 동안 '축제 속의 축제'들이 많으니 프로그램을 잘 살펴보고 즐겨 보자.

longlake.ch

7월 에스티발 재즈 Estival Jazz

리포르마 광장Piazza della Riforma에서 열리는 재즈와 블루스, 팝, 소울, 록과 월드 뮤직을 결합한 독특한 음악 행사이다. 무료 야외 공연이 많아 세계 여러 나라에서 온 음악가들을 한자리에서 만나볼 수 있다.

www.estivaljazz.ch/en

11월 판네토네 월드컵 Panettone World Cup

11월의 3일 동안 루가노는 고소한 빵 냄새로 가득하다. 이탈리아의 유명한 빵, 특히 크리스마스 시즌에는 집집마다 꼭 장만해 놓는 보드라운 판네토네 빵을 만드는 대회다.

www.smppc.ch

11월 말-1월 6일 공현절 크리스마스 마켓 Natale in Piazza

리포르마 광장의 대형 크리스마스 트리 점등식으로 시작하는 루가노 겨울의 최대 축제이다. 크리스마스 시즌 내내 매일 마켓이 열린다. 맛있는 티치노 지역의 시장 음식과 크리스마스 상품을 판매한다. 아이스 링크도 개관하고, 광장 주변의 맛집도 더욱 바빠진다.

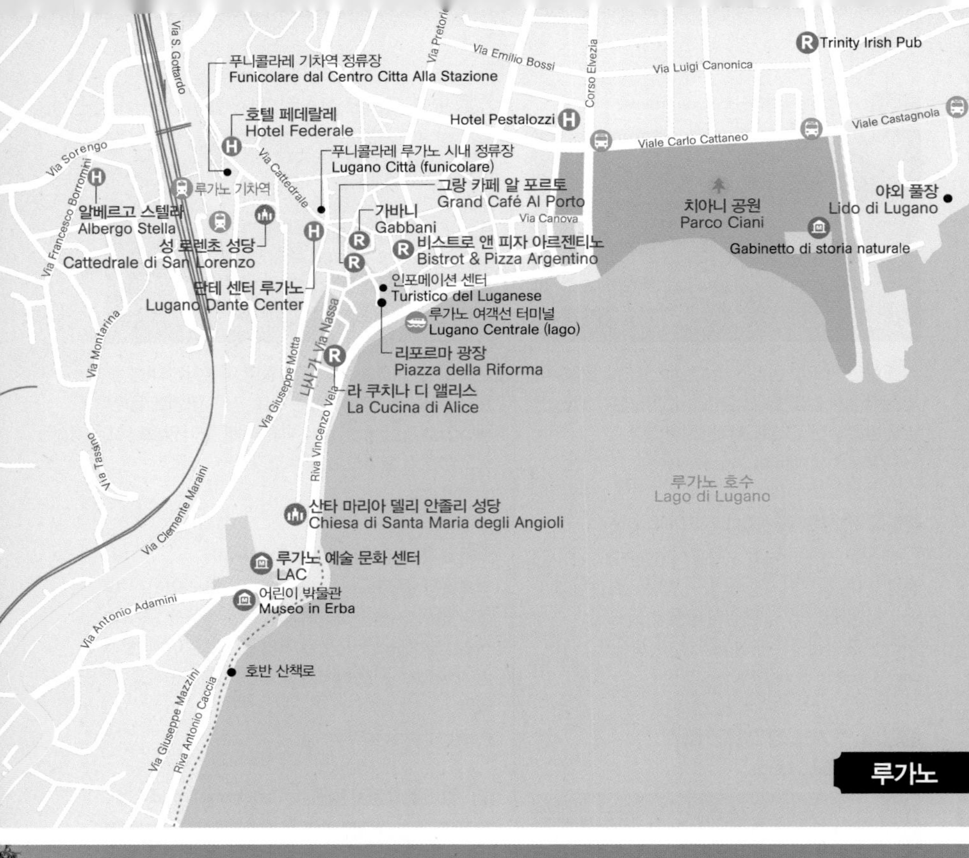

푸니콜라레 기차역 정류장
Funicolare dal Centro Citta Alla Stazione
호텔 페데랄레
Hotel Federale
푸니콜라레 루가노 시내 정류장
Lugano Città (funicolare)
루가노 기차역
알베르고 스텔라
Albergo Stella
성 로렌초 성당
Cattedrale di San Lorenzo
단테 센터 루가노
Lugano Dante Center
그랑 카페 알 포르토
Grand Café Al Porto
가바니
Gabbani
비스트로 앤 피자 아르젠티노
Bistrot & Pizza Argentino
인포메이션 센터
Turistico del Luganese
루가노 여객선 터미널
Lugano Centrale (lago)
리포르마 광장
Piazza della Riforma
라 쿠치나 디 앨리스
La Cucina di Alice
산타 마리아 델리 안졸리 성당
Chiesa di Santa Maria degli Angioli
루가노 예술 문화 센터
LAC
어린이 박물관
Museo in Erba
호반 산책로
Hotel Pestalozzi
Trinity Irish Pub
치아니 공원
Parco Ciani
야외 풀장
Lido di Lugano
Gabinetto di storia naturale
루가노 호수
Lago di Lugano
Via S. Gottardo
Via Pretorio
Via Emilio Bossi
Corso Elvezia
Via Luigi Canonica
Viale Castagnola
Viale Carlo Cattaneo
Via Sorengo
Via Francesco Borromini
Via Cattedrale
Via Canova
Via Nassa
나사 가
Via Montarina
Via Giuseppe Motta
Riva Vincenzo Vela
Via Tassino
Via Clemente Maraini
Via Antonio Adamini
Via Giuseppe Mazzini
Riva Antonio Caccia

루가노

활기찬 분위기가 느껴지는 루가노에는 이탈리아 감성이 물씬 나는 패션과 음식이 있다. 호반 산책로를 산책하거나 유람선을 타고 근교의 아름다운 소도시 모르코테, 간드리아, 몬타뇰라에 다녀와도 좋다.

08:30 부지런히 **몬테 브레**에 오르자. 호수와 어우러지는 루가노 시내를 내려다볼 수 있다.

11:00 **리포르마 광장**과 **나사 거리**를 거닐며 스위스와 이탈리아가 조화를 이루는 독특한 루가노의 분위기를 느껴 본다. 쇼핑을 즐겨도 좋다.

12:00 **라 쿠치나 디 앨리스**에서 신선하고 건강한 이탈리아 요리로 점심 식사를 한다.

13:00 **루가노 예술 문화 센터**에서 전시를 보고, 만조니 광장으로 걸어 내려와 투어 트레인을 타고 호숫가를 한 바퀴 편하게 돌아본다.

14:30 **성 로렌초 성당**과 **산타 마리아 델리 안졸리 성당**과 **치아니 공원** 등 걸어서 루가노 곳곳을 여행한다. 계속 걷는 것이 무리가 된다면 호텔에서 제공하는 티치노 티켓을 적극 활용하여 버스를 타도 된다. 욕심이 난다면 시내 구경은 저녁으로 미루고, **루가노 근교 소도시(모르코테, 간드리아, 몬타뇰라)**를 다녀와도 좋다.

17:00 **그랑 카페 알 포르토**에서 커피 한잔을 하며 쉬어 간다.

19:00 **비스트로 앤 피자 아르젠티노**에서 저녁 식사를 하고, 루가노 예술 문화 센터에서 공연을 본다.

22:00 일찍 잠들기 아쉽다면 **가바니**에서 칵테일 한잔을 즐긴다.

리포르마 광장 Piazza della Riforma

루가노의 응접실과 같은 광장

MAPECODE 41271

루가노의 많은 대로들이 만나는 구심점으로 루가노 시청Municipio di Lugano도 이곳에 위치한다. 동네 사람들이 가장 많이 다니고 붐비는 리포르마 광장에서는 꽃, 야채, 과일을 판매하는 좌판이 가득한 시장도 열리고, 날씨가 좋으면 야외 시네마도 설치하며, 축제가 있을 때는 언제나 그 중심이 된다. 그리고 이탈리아권 스위스 지역인 만큼 이탈리아 식당들이 자주 눈에 띈다. 리포르마와 루가노 호숫가를 따라 늘어서 있는 이탈리아 식당들은 캐주얼해 보이지만 맛만큼은 미슐랭 부럽지 않다. 사람들이 워낙 많이 모이는 곳이라 시에서는 리포르마 광장과 호숫가에 한하여 무료 무선 인터넷 서비스를 허용한다(문자 메시지를 수신할 수 있는 핸드폰으로 인증 후 사용).

교통 루가노 기차역에서 푸니쿨라 6분, 도보 5분 주소 Piazza della Riforma, 6900

성 로렌초 성당 Cattedrale di San Lorenzo

루가노를 대표하는 성당

MAPECODE 41272

중세 시대의 막이 오르기도 전, 1078년부터 성당 역할을 해 온 긴 역사의 건물이다. 818년 교구 성당으로 시작하여 1078년에 콜레지아타Colegiata(대성당과 같이 참사회를 가지나 사교좌가 없는 참사회 성당)로 승격되었고, 1888년 마침내 대성당이라 불리게 되었다. 초기 르네상스 파사드와 바로크식 실내 장식, 섬세한 디테일을 잘 살려 복구한 프레스코화를 눈여겨보자. 이탈리아의 주요 예술 도시인 베네치아, 파비아, 꼬모의 예술 사조 특징들을 모두 포함하고 있는 섬세한 장식이 아름답다.

교통 루가노 기차역에서 도보 7분 주소 Via Borghetto 1, 6900 전화 +41 919 214 945 홈페이지 diocesilugano.ch

치아니 공원 Parco Ciani

장미꽃과 사슴이 있는 루가노의 폐

MAPECODE 41273

아이들이 특히나 좋아하는 넓이 63,000m²의 이 넓은 공원에는 꽃과 나무뿐 아니라 작은 사슴들과 놀이터도 있다. 도시의 번잡함을 완전히 잊을 수 있는 아름다운 조각상과 분수 그리고 잔디 하나까지 정성껏 다듬은 것만 같은 자로 잰 듯 반듯한 영국식 정원도 있다. 이탈리아와 영국식 정원 양식이 혼재되었으며 꽃과 나무는 전 세계 여러 나라에서 공수해 왔다. 티치노주에서 흔히 볼 수 있는 꽃과 나무를 주로 가져다 심었다고 한다. 자연사 박물관과 여러 컨벤션과 행사가 열리는 살구빛 건물 팔라쪼 데이 콩그레시Palazzo dei Congressi와 빌라 치아니Villa Ciani도 공원 안에 위치한다. 페달을 밟아 움직이는 보트를 빌려 호수를 돌아봐도 좋다. 보트 요금은 30분에 CHF8 정도이다.

교통 루가노 기차역에서 푸니쿨라나 4번 버스 타고 10분 또는 도보 11분 주소 Riva Albertolli, Lungolago, 6900 전화 +41 588 666 600 시간 하절기 06:00~23:00, 동절기 06:00~21:00

Tip 야외 풀장

치아니 공원 옆에는 여름에만 개장하는 리도 디 루가노Lido di Lugago가 있다. 다이빙 풀, 유아 풀, 온수 풀 등 다양한 수영장이 있고, 10m 높이의 트램펄린, 비치 발리볼, 작은 축구장 등 즐길 거리가 많다.

시간 5월, 9월 월~일 09:00~19:00 / 6~8월 월~토 09:00~19:30, 화~목 09:00~20:30 요금 성인 CHF11, 9~20세 CHF6, 3~8세 CHF4

산타 마리아 델리 안졸리 성당 Chiesa di Santa Maria degli Angioli

MAPECODE 41274

아름다운 프레스코화가 걸려 있는 성당

성 로렌초 성당이 위엄 있는 파사드로 외관에서부터 눈길을 끈다면 산타 마리아 델리 안졸리 성당은 내부의 그림으로 우리를 유혹한다. 1499년 프란체스코 수도회의 부속 건물로 지어진 이 성당은 레오나르도 다빈치의 수제자인 베르나르디노 루이니Bernardino Luini가 그린 〈그리스도의 수난〉이라는 프레스코화로 유명하다. 이 그림에 등장하는 인물이 무려 153명이라고 한다. 루이니의 다른 작품들인 〈최후의 만찬〉과 〈성모 마리아와 아기 예수〉, 〈성 요한〉 프레스코화도 이 성당에서 볼 수 있다. 성당 내부는 단순하나 프레스코화가 화려하여 더욱 눈길을 끈다. 그림들은 모두 1475~1532년 사이에 완성한 것이며 성당의 현재 모습은 1929~1930년 보수 공사를 거친 것이다.

교통 루가노 기차역에서 4번 버스 타고 7분 주소 Piazza Bernardino Luini 6, 6900

루가노 예술 문화 센터 Lugano Arte e Cultura(LAC)

티치노 지역의 문화 명소

MAPECODE 41275

낮 동안 통유리로 볕이 잘 드는 루가노 예술 문화 센터는 2015년 9월 개관하였다. 지역 출신의 건축가 이바노 지아놀라Ivano Gianola가 설계하였고, 음악과 비주얼 예술, 공연 예술을 위한 공간으로 개관하였다. 스위스 이탈리아권 지역을 대표하는 현대 미술관 마시Museo d'arte della Svizzera Italiana(MASI)와 1850년대부터 현대까지 이르는 다양한 작품을 전시하는 락 암 제LAC am See 건물 두 동으로 이루어져 있다. 약 천여 명의 관람객을 수용할 수 있는 현대적인 극장과 콘서트홀을 겸한 공간이 있어 연중 내내 다양한 공연을 올린다.

교통 루가노 기차역에서 버스 4번 타고 6분 또는 푸니쿨라 타고 10분 주소 Piazza Bernardino Luini 6, 6900 전화 +41 588 664 230 홈페이지 www.luganolac.ch www.masilugano.ch

나사 거리 Via Nassa

루가노 쇼퍼들은 이곳으로 모여라

MAPECODE 41276

1.6km의 루가노 메인 대로는 상점들로 가득하여 쇼핑할 맛이 난다. 나사에서 갈라져 나가는 패시나가Via Pessina 등 주변 골목들도 잊지 말자. 헤맬 수 있지만 나사로 이어져 있어 금세 다시 길을 찾아 돌아오는 것이 어렵지 않다. 나사 거리를 제외하더라도 루가노의 여러 상점들이 곳곳에 흩어져 있어 발품을 많이 팔면 구경할 것들이 꽤 있다. 처음 보는 로컬 브랜드들이 많아 구경하는 재미가 있다. 시간적 여유가 된다면 작은 로컬 상점들을 찾아 다니는 재미도 있어 추천한다. 누구나 아는 브랜드들은 나사 거리에 모여 있다. 루이비통, 에르메스, 베르사체, 까르띠에 등 명품 브랜드의 지점들이 나사 거리의 큼직한 건물을 차지하고 있으며 스위스답게 시계 상점도 많다. 작은 백화점 겸 슈퍼마켓 쿱COOP도 나사 거리에 위치한다. 대부분의 상점들은 오후 여섯 시면 문을 닫으니 쇼핑을 해야 한다면 해가 지기 전에 한다.

교통 루가노 기차역에서 도보 10분 주소 Via Nassa, 6900 홈페이지 www.vianassalugano.ch

몬테 브레 Monte Brè

MAPECODE 41277

루가노 호수 전경을 보는 최고의 포인트

루가노 호수를 둘러싼 자연 경관을 한눈에 보고 싶다면 몬테 브레Monte Brè로 가자. 루가노 호수 동편에 위치한 높이 925m의 몬테 브레는 티치노 일대에서 해가 제일 잘 드는 곳으로 꼽힌다. 사과 한 알 들고 천천히 오르는 푸니쿨라를 타고 브레 정상에 오르자. 위에는 작은 성당, 화장실과 작은 카페, 벤치뿐이라 특별히 할 것은 없지만 호수와 시내가 아주 작게 내려다보이는 때묻지 않은 자연 그 자체만으로 힐링이 된다. 하이킹을 즐기는 사람이라면 걸어 올라가도 되지만 경사가 꽤 되니 푸니쿨라로 올라가 내려가는 길을 걸어 가는 편을 추천한다. 걸어 내려올 예정이라면 푸니쿨라 탑승 시 편도권을 끊는다.

교통 시내 동쪽 끝편에 위치한 푸니쿨라 정류장(Via Ceresio di Suvigliana 36, 6977 Ruvigliana)에서 푸니쿨라 탑승하여 약 10분 요금 푸니쿨라 왕복 성인 CHF25, 6~16세 CHF12.50, 0~5세 무료, 티치노 티켓 할인 혜택 홈페이지 www.montesansalvatore.ch www.montebre.ch

루가노 호반 산책로 Lago di Lugano

MAPECODE 41278

맑고 파란 호숫가 산책

동네 사람들이 세레시오 호수Lac Ceresio라고도 부르는 루가노 호수는 이 도시의 아름다움을 더하는 첫 번째 요소이다. 먼 옛날에는 이탈리아 북부의 코모 호수와 연결되어 있었다고 한다. 호숫가를 따라 천천히 걸으면 예쁜 이 호반 도시의 잔잔한 매력을 느낄 수 있다. 길이 약 2km의 호숫가 산책로를 룬골라고Lungolago라 부르는데, 라임 나무와 사이프러스 나무, 열대 나무가 울창하여 봄과 여름에 특히나 걷기 좋다. 걷다 보면 자연의 향기가 온 마을을 감싸고 있는 듯하다. 해 높이에 따라 시시각각 변하는 모습이 무척 예쁘다. 호숫가에 위치한 루가노 예술 문화 센터에서 전시나 공연을 보고 나와 해가 진 호수 풍경을 감상하며 시내로 돌아가는 길은 오래 기억에 남는다.

홈페이지 www.lakelugano.ch
www.myswitzerland.com/ko/melt-into-the-blue-somwhere-between-water-and-sky.html

Tip 루가노 호수 유람선

시내 중심부 호숫가에 선착장이 있는데, 여기에서 배를 타고 루가노 인근 티치노의 아름다운 소도시인 아스코나Ascona, 비소네Bissone, 간드리아Gandria, 모르코테Morcote로 갈 수 있다. 당일 여행도 가능하니, 루가노에서 하루 이상 머문다면 하루쯤은 주변 소도시에 다녀오는 일정도 좋다. 루가노에서 가까운 간드리아까지 갔다가 한 바퀴 돌아 루가노 시내로 오는 코스는 80분 밖에 걸리지 않는다. 여러 지점을 거치는 유람선은 중간에 내려 구경한 후 다음에 오는 배를 추가 요금 없이 다시 탈 수 있다. 루가노-간드리아 구간의 클래식 투어, 루가노-간드리아-멜리데-모르코테-카폴라고 구간의 매직 투어, 루가노-간드리아-포르레짜 구간의 씨닉 투어, 루가노-카폴라고-몬테 제네로소 구간의 호수&산 투어 등 다양한 프로그램이 있다.

시간 3월 말~10월 말 동안의 하절기와 10월 말~3월 말 동안의 동절기 스케줄을 홈페이지에서 확인하고, 예약 후 이용한다. 요금 루가노-간드리아 클래식 투어 왕복 CHF27.40 홈페이지 www.lakelugano.ch/it/crociere-gastronomia-e-eventi/boat-tours

루가노의 근교 소도시

모르코테 Morcote

루가노 호숫가의 작은 어촌 마을

'루가노 호수의 진주'라 불리는, 빛나는 어촌 마을이다. 인구는 겨우 300명 남짓이다. 모르코테 언덕을 오르면 나타나는 중세 시대의 모습을 보존하고 있는 마을 비코 모르코테Vico Morcote까지 모두 돌아보아도 그리 오래 걸리지 않아 반나절 여행으로 다녀오기 충분하다. 404개의 계단을 올라 만날 수 있는 르네상스 바로크 양식의 걸작으로 불리는 '산타 마리아 델 사쏘Santa Maria del Sasso(Sentee da la Gesa, 6922 Morcote / +41 919 961 250)'도 보고 오자. 여름에는 배를 빌려 호숫가를 노 저어 가며 돌아보거나 호숫가를 따라 줄지어 있는 전망 좋은 카페나 식당에서 시간을 보내는 것도 추천한다.

교통 루가노 기차역에서 431번 버스 타고 약 40분 홈페이지 www.ticinotopten.ch/en/villages/morcote 관광 사무소 Riva dal Garavell, 6922 Morcote / +41 582 206 500

간드리아 Gandria

티치노주에서 가장 아름다운 마을

몬테 브레 발치에 위치한 국경 지대의 마을로, 호수 위에 떠 있는 듯 보이는 간드리아는 유람선을 타고 갈 수도 있다. 과거에 치즈와 올리브를 직접 생산하던 지역으로, 여전히 전원적 분위기가 물씬 난다. 호숫가 주변의 기념품 가게들과 맛집들도 추천한다. 국경에 면하여 밀수업자들이 자주 드나들었다고 하는데, 그 흔적을 모아 놓은 '스위스 관습 박물관'도 있다. 박물관은 마을에서 배를 타고 호수 반대편으로 건너가야 한다. 현재 대부분의 주민들은 간드리아를 떠난 상태로, 옛 가옥들은 별장이나 상가로 이용되고 있다. 간드리아의 가장 아름다운 곳들을 돌아보는 1시간 30분, 2시간 산책로 코스가 마련되어 있다. 간드리아에는 관광 사무소가 없어 루가노 관광 사무소에서 관련 정보를 얻을 수 있다.

교통 루가노 기차역에서 490번 버스로 약 20분 또는 배로 40분 홈페이지 www.ticinotopten.ch/en/villages/gandria

★스위스 관습 박물관

주소 Cantine di Gandria, 6978 Paradiso 홈페이지 www.ezv.admin.ch

몬타뇰라 Montagnola

헤르만 헤세가 반평생을 머문 곳

세계적인 소설가, 시인이자 화가인 헤르만 헤세Hermann Hesse가 40여 년을 머물던 곳이다. 그가 그렸던 수채화들이 전시되어 있는 헤르만 헤세 재단 박물관Fondazione Hermann Hesse도 있다. 헤세 탄생 120주년을 맞아 1997년 이 박물관을 설립하면서 몬타뇰라시는 이 동네를 찾는 사람들이 좀 더 구석구석 탐방할 수 있는 멋진 산책로 '콜리나 도로Collina d'Oro'를 닦았다. 헤세의 집과 헤세가 자주 가던 곳 그리고 헤세가 묻힌 묘지까지 모두 돌아볼 수 있다. 도시 곳곳에 산책로 표시가 되어 있어 길을 잃을 염려도 없다.

교통 루가노 기차역에서 1번 버스 타고 약 50분 홈페이지 www.ticino.ch/en/tours/details/Montagnola/105905.html

★ 헤르만 헤세 재단 박물관

주소 Ra Cürta 2, 6926 Collina d'Oro 시간 3~10월 월~토 10:30~17:30 / 11~2월 토, 일 10:30~17:30 요금 성인 CHF8.50, 학생 CHF7 전화 +41 919 933 770 홈페이지 www.hessemontagnola.ch

★ 루가노

라 쿠치나 디 앨리스 La Cucina di Alice

MAPECODE 41281

예약 필수인 인기 만점의 호숫가 식당

'앨리스의 키친'이라는 사랑스러운 이름의 작은 식당으로 내부 규모는 그리 크지 않지만 동네 주민들이 많이 찾는다. 식사 중에도 자리가 있는지 묻는 사람을 많이 볼 수 있는 인기 맛집이다. 이탈리아 요리를 베이스로 하고, 이곳만의 조리법을 가미하여 건강한 식재료로 맛있는 요리를 만들어낸다. CHF7~8대의 글라스 와인과 디저트도 맛있다. 호숫가 전망이 좋아서 날씨가 맑다면 테라스 자리도 좋다.

교통 루가노 기차역에서 푸니쿨라 타고 8분, 4번 버스 타고 8분, 도보 9분 주소 Riva Vincenzo Vela 4, 6900 전화 +41 919 220 103 시간 매일 12:00~15:00, 19:00~22:00 가격 호박 토마토 파스타 CHF25 홈페이지 lacucinadialice.ch

비스트로 앤 피자 아르젠티노 Bistrot & Pizza Argentino

MAPECODE 41282

루가노 시내 중심의 정통 이탈리안 레스토랑

제대로 된 이탈리아 스타일 화덕 피자와 파스타로 유명하다. 시내 리포르마 광장에 있어 언제나 바쁘다. 분위기는 고급스럽지만 가격은 착하다. 양도 푸짐하고 가격도 높지 않아 먹고 싶은 메뉴를 이것저것 다 시켜도 부담되지 않는다. 루가노에는 수많은 이탈리아 레스토랑들이 있지만 전통 레시피를 따라 소스와 면의 환상적인 궁합을 고려하여 선보이는 아르젠티노의 음식 맛이 단연 우월하다.

교통 루가노 기차역에서 도보 10분 주소 Crocicchio Cortogna 1, 6900 전화 +41 919 229 049 시간 매일 10:00~01:00 요금 마르게리따 피자 CHF12 홈페이지 www.ristoranteargentino.ch

그랑 카페 알 포르토 Grand Café Al Porto

MAPECODE 41283

1803년 문을 연 우아한 레스토랑 겸 카페

리포르마 광장에서 몇 걸음 떨어지지 않은 곳에 위치한 루가노 최고의 카페인데, 이곳에서 식사도 할 수 있어 카페 겸 레스토랑이라 하는 것이 맞다. 19세기 초반 처음 생겼을 때는 루가노 상류층과 루가노에 별장을 둔 부호들을 위한 곳이었다. 역사가 긴 만큼 이곳을 다녀간 유명인도 많은데, 세계 2차 대전 중 미국의 정보 장교 알렌 둘스Allen Dulles가 나치와 접선했던 곳이기도 하다. 할리우드 연기자 클라크 게이블Clark Gable과 소피아 로렌Sofia Loren도 이곳에서 커피를 종종 마셨다고 한다. 서비스가 여느 호텔의 레스토랑 못지않게 훌륭하고, 드레스 코드가 따로 있는 것은 아니지만 고풍스러운 인테리어와 어울리도록 조금 신경 써서 입고 가면 좋다. 셰프가 만든 제대로 된 점심 식사는 오후 2시 30분부터 가능하고, 갓 구워낸 빵도 정말 맛이 있어 아침 식사도 좋다. 무선 인터넷 사용도 가능하다.

교통 루가노 기차역에서 푸니쿨라 타고 5분 주소 Via Pessina 3, 6900 전화 +41 919 105 130 시간 월~토 08:00~18:30 가격 카페 라테 CHF5.20, 알 포르토 핫 초콜릿 CHF5.50 홈페이지 www.grand-cafe-lugano.ch

가바니 Gabbani

MAPECODE 41284

오랜 전통의 맛집

가바니는 1937년부터 가바니 가문이 루가노에서 운영해 온 부티크 디자인 호텔, 레스토랑, 바, 케이터링 서비스 전문 업체다. 그중 2010년 문을 연 루가노 중앙의 치오카로 광장에 위치한 레스토랑과 델리 상점이 가장 인기가 많다. 먹음직스러운 메뉴를 먹고 가도 좋고, 포장도 잘 되어 있어 기념품이나 근교 여행을 위한 도시락으로 사서 가도 좋다. 늦은 저녁이라면 칵테일도 좋고, 일요일 브런치도 추천한다. 겨울 시즌에는 치오카로 광장에 특별히 푸니쿨라 모양의 야외 팝업 바를 설치하고 운영하는 등 종종 즐거운 이벤트를 기획한다.

교통 루가노 기차역에서 푸니쿨라 타고 4분 주소 Via Pessina 12, Piazza Cioccaro 1, 6900 전화 +41 919 113 083 시간 월~금 08:10~18:30, 토 08:15~17:00, 일요일은 베이커리와 페이스트리 상점, 레스토랑과 바만 09:00~17:00 오픈. 일요일 브런치는 11:00~14:00 가격 샐러드, 퍼스트 코스와 물, 커피로 구성된 비즈니스 런치 CHF27, 연어 세비체 CHF24 홈페이지 gabbani.com

단테 센터 루가노 Hotel Lugano Dante Center

MAPECODE 41285

완벽한 위치, 고급스러운 객실과 서비스

하루에 여러 번 들러도 늘 다정한 인사를 건네는 서비스는 푸니쿨라 정류장 바로 앞에 위치한 백 점짜리 위치만큼이나 훌륭하다. 호텔 홈페이지를 통해 예약을 마치면 투숙객 별도의 페이지가 온라인에 마련되어, 베개 메뉴에서 원하는 강도와 모양의 베개를 미리 주문해 놓을 수 있고(도착해서 변경 가능하다) 객실 온도와 미니바 내용을 설정, 주문할 수 있다. 온라인 체크인을 진행하면 호텔에 도착하여 빠른 수속으로 객실까지 이동할 수 있다. 무엇이든 궁금하거나 필요한 것을 프런트 데스크에 전달하고 나가면 돌아왔을 때 정보를 안내한다. 화이트와 오트밀톤으로 꾸민 우아한 스위트를 제외하고 객실은 모두 붉은 바닥과 원목, 흰 침구로 깔끔하게 단장해 놓았다. 침구가 아주 편안해서 숙면을 돕는다. 로비에는 24시간 이용 가능한 커피 머신이 있고, 아침에는 과일, 오후에는 과자 등 간식거리를 늘 마련해 둔다. 시내 한가운데 위치하기 때문에 시내 관광 중 잠깐 들어와 커피 한잔 마시며 휴식을 취하다 다시 나갈 수 있어서 무척 편리하다. 체크인 15:00, 체크아웃 11:00.

교통 루가노 기차역에서 푸니쿨라 타고 2분 주소 Piazza Cioccaro 5, 6900 전화 +41 919 105 700 요금 퀄리티 객실 CHF232~, 슈페리어 객실 CHF265~, 이그제큐티브 객실 CHF298~, 스위트 CHF364 홈페이지 www.hotel-luganodante.com/en

알베르고 스텔라 Albergo Stella

MAPECODE 41286

친절한 주인 덕분에 여행의 질 상승

자그마한 핑크색 건물을 사용하는 귀여운 호텔로 규모가 작지만 그렇기 때문에 서비스가 섬세하고 무척 청결하다. 체크인할 때 아무리 많은 질문을 던져도 친절하게 알려주고, 스위스 다른 도시에 대한 여정까지 참견해 줄 정도로 다정하다. 전 객실은 에어컨과 미니바, 금고, 무료 무선 인터넷, 플랫 스크린 TV를 갖추고 있고 조식도 깔끔하고 맛있다. 여름에 개장하는 수영장이 딸린 정원도 있으며 날이 좋으면 이곳에서 아침을 먹을 수 있다. 기차역 뒤편에 있어 버스 정류장과 기차역이 가까운 것도 장점이다. 야외 주차장도 있다. 전 구역 금연, 애완동물 금지이다. 체크인 14:00, 체크아웃 11:30.

교통 루가노 기차역에서 도보 5분 주소 Via F. Borromini 5, 6903 전화 +41 919 663 370 요금 컴포트 트윈룸 CHF175 홈페이지 www.albergostella.ch

호텔 페데랄레 Hotel Federale

MAPECODE 41287

언덕 위 예쁜 별장 같은 호텔

가족이 운영하는 따뜻하고 안락한 이 숙소는 언덕 위에 위치하여 루가노 시내가 시원하게 내려다보이는 멋진 전망을 자랑한다. 시내 중심과 약간 떨어져 있어 조용하고 전원적인 분위기를 느낄 수 있다. 대부분의 객실은 발코니가 있어 몬테 브레산 또는 루가노 시내를 감상할 수 있으며, 간단한 식사와 가벼운 차 한잔을 즐길 수 있는 단출한 식당과 바도 호텔 내에 있다. 회의실과 피트니스룸도 있어 비즈니스 목적으로 루가노를 찾는 투숙객에게도 부족함이 없다. 무엇보다 기차역 바로 옆에 위치하여 근교 여행을 떠나거나 다음 목적지로 이동할 때 용이하다. 체크인 14:00, 체크아웃 12:00.

교통 루가노 기차역에서 도보 4분 주소 Via Paolo Regazzoni 8, 6900 전화 +41 919 100 808 요금 스탠다드 더블룸 CHF190 홈페이지 www.hotel-federale.ch

테마 여행

SWITZERLAND THEME TRIPS

걸으면 더욱 아름다운 스위스

스위스의 치즈와 와인

세계 최고의 초콜릿 달콤한 스위스

스위스의 영화 촬영지

고급스러운 스파와 리조트

Theme Travel 1

걸으면 더욱 아름다운
스위스

스위스는 하이킹의 천국이다. 알프스 언덕을 숨차게 뛰어 내려와도 좋다. 고개를 돌리면 마주치는 계곡과 언덕, 나무와 꽃을 바라보고 사진도 찍으며 천천히 걸어도 좋다. 온 지구를 통틀어 순도 100%의 가장 깨끗한 하늘 아래 있음이 분명한 스위스에서의 하이킹은 맑고, 건강하고, 행복하다. 이정표가 없는 동네 뒷산 길이라도 즐겁게 땀 흘려 걸으면 그곳이 최고의 하이킹 코스지만, 스위스 곳곳에 하이킹 코스가 많으니 걷기 좋은 곳들을 추려 소개한다.

아래 소개하는 코스들 외에도 스위스 관광청에서는 32개의 하이킹 코스를 자세히 안내하고 있다.
www.myswitzerland.com/ko/interests/hiking.html

아이거 트레일 (아이거글레쳐 - 그린델발드) Eiger Trail (Eigergletscher - Grindelwald)

인터라켄에서 라우터부르넨Lauterbrunnen과 클라이네샤이데크Kleine Scheidegg를 경유하여 유럽에서 가장 높은 곳에 위치한 융프라우요흐역Jun gfraujogh(3,454m)에 도착해 산악 열차를 타고 아이거글레쳐로 이동하여 약 3시간 30분 동안 그린델발트를 향해 걷는 코스이다. 융프라우요흐에서 내려가는 길이기 때문에 많이 힘들지 않다. 중간중간 아이거 트레일이라는 표지판을 볼 수 있어 길 잃을 염려는 없다. 자갈이 많은 길이 꽤 있어 워킹 스틱을 추천한다. 아이거 트레일 하이킹 최적의 시즌은 7~10월이다.

★www.myswitzerland.com/ko/eiger-trail-the-swiss-alpine-experience-trail.html
★총 소요 시간 3시간 30분

라보 포도밭 길 - 생사포랭 호숫가 Lavaux Vineyard Route - St. Saphorin

라보Lavaux 지역은 레만 호수를 끼고 있는 해가 잘 드는 구릉 지대이다. 로잔Lausanne, 브베Vevey, 몽트뢰Montreux에 걸쳐 있는 800헥타르나 되는 면적의 계단식 포도밭이 있어 이곳을 돌아보는 길을 포도밭 길이라 한다. 호숫가의 경관과 포도 향을 눈과 코로 느끼며 향긋한 산책을 즐길 수 있는 무난한 코스이다. 몽트뢰에서 기차를 타고 10분 정도면 금방 찾아갈 수 있는 생사포랭St. Saphorin에서 출발한다. 16~19세기에 지어진 건물들이 낭만적인 생사포랭의 시가지를 구경하는 것도 즐거워 근교 소도시를 여행하는 기분으로 다녀오기에 좋다.

★총 소요 시간 2시간

© MySwitzerland

생모리츠 근처 자메단의 철학자의 길 Philosophers Trail

베르니나 대산괴와 엥가딘Engadin 호수가 내려다보이는 언덕 위로 올라가 보자. 가장 인기 있는 겨울 하이킹 코스 중 하나이다. 소크라테스, 니체, 사르트르 등 철학자들의 명언이 적힌 명판이 트레일 곳곳에 꽂혀 있어 사색하며 걷기 좋은 7km의 코스이다. 자메단Samedan/푼트 무라이Punt Muragl에서 무오타스 무라이Muottas Muragl까지 오르는 케이블카 역에서 걷기 시작하여 발 무라이Val Muragl를 지나 다시 무오타스 무라이Muottas Muragl로 돌아온다. 하강 시 케이블카 또는 터보건 썰매를 타고 내려올 수도 있다.

★www.myswitzerland.com/ko/philosophers-trail.html
★총 소요 시간 2시간

인터라켄 - 하더 클룸 Interlaken - Harder Kulm

해발 1,323m 높이의 전망대 하더 클룸에 오르자. 인터라켄 오스트Ost 역에서 출발할 수 있어 인터라켄에 묵어가는 사람들은 쉽게 도전해 볼 수 있는 접근성 좋은 코스이다. 하더 클룸 전망대에 다다르면 융프라우, 티틀리스 등 인터라켄 주변의 산과 브리엔츠 호수도 볼 수 있다. 올라가 보고 싶지만 전체 코스를 걸어가는 것이 힘에 부친다면 오스트역에서 케이블카를 타고 올라 하강할 때 걸어도 된다. 승강장 부근은 야생 식물 보호 구역으로, 알프스의 야생 동물들이 여럿 살고 있어 마치 실외 동물원 같기도 하다.

★총 소요시간 2시간 30분

Tip 하이킹 시 준비할 것

물과 간단한 간식을 챙겨 가자.
코스 내에 매점이 있는 것도 아니고, 기차역이나 케이블카, 버스 정류장이 아니라면 비시즌에는 쉽게 사람을 볼 수 없는 곳도 많다. 배고프고 목마르면 아무리 평이한 길이라도 걷기가 힘드니 물과 간식은 가방에 꼭 넣어 출발한다.

너무 늦게 출발하지 말자.
표지판 안내가 잘 되어 있어도 해가 지면 무용지물이다. 점심시간을 훌쩍 넘긴 오후라면 하이킹은 그 다음 날로 미루도록 하자. 혹시나 길을 잃어 1시간이라도 지체되면 금세 해가 지고 어두워져 낯선 언덕 위에서 길을 헤매게 되는 낭패를 보게 된다.

체력과 앞뒤 일정을 고려하여 편안한 신발과 워킹 스틱이나 폴을 준비하자.
맨손으로 가볍게 가파른 언덕도 험준한 돌길도 척척 오르면 좋겠지만, 무리했다가는 그 다음 날 아침 온몸이 쑤시는 일이 생길 수도 있다. 적절한 장비를 챙겨 무리가 되지 않도록 해야 한다. 혹시 모를 작은 사고에 대비해 벌레 물림에 대비할 약과 연고, 일회용 반창고도 챙긴다.

Theme Travel 2

스위스의
치즈와 와인

명품 치즈 생산국 스위스는 450여 종에 달하는 치즈의 고향이다. 쫄깃하고 진한 치즈의 맛은 중독적이다. 로마 시대 이전부터 켈트족이 토기에 우유를 담아 장작불에 끓이고, 소나무 가지로 저어 만들기 시작한 스위스 치즈의 역사는 무려 2000년이 넘는다. 와인도 그 역사가 길다. 로마 시대부터 포도를 재배했던 스위스에는 1만 5천여 헥타르의 와인 산지가 있다. 여섯 개의 와인 산지 중 라보(Lavaux)가 속한 보(Vaud), 발레(Valais) 지역이 유명하다. 스위스 여행에서 치즈와 와인은 빼놓을 수가 없다.

스위스 치즈

사방이 산으로 둘러싸인 스위스는 농업에는 불리하지만 목축업에는 최적의 환경으로, 드넓은 초원에서 방목한 가축으로부터 최상급의 원유를 얻는다. 스위스에서 나는 우유의 약 절반이 치즈를 만드는 데 사용된다고 한다. 각 지역의 지리적 요건 또는 환경적인 조건을 고려한 독특한 치즈 생산 기술이 발달하였고, 이러한 기술을 바탕으로 각 지역을 대표하는 치즈의 맛이 정립되었다. 스위스 치즈는 질이 좋고 자연의 맛 그대로를 살리는 것이 특징이다. 엄격한 기준으로 만드는 스위스의 치즈는 질리지 않는 맛이다.

치즈는 수분량과 응고된 정도에 따라 크게 네 종류로 나눈다. 수분 함량 제한이 없는 신선한 연성 치즈, 50% 이하의 수분이 함유된 반경성 치즈, 수분 39% 이하의 경성 치즈, 수분 34% 이하의 초경성 치즈이다.

초경성 치즈

스브린츠 Sbrinz AOP

베른 주의 브리엔츠Brienz 마을로부터 이름 붙여진 스브린츠는 로마 시대부터 만들기 시작한 초경성 치즈의 조상격이다. 미끈한 겉모습과 다르게 안쪽 살은 잘 부서진다. 잘 숙성된 스브린츠 치즈를 먹으면 아미노산 알갱이가 뭉쳐 있어 까끌까끌한 식감을 느낄 수 있다. 얇게 자르거나 부수어 파스타에 뿌려 감칠맛을 내는 용도로 쓰인다.

경성 치즈

에멘탈 Emmentaler AOP

스위스 치즈를 대표하는 가장 유명한 치즈로 '스위스 치즈의 제왕'이라고도 불린다. 베른주의 에메Emme 계곡에서 만들어지기 때문에 그 이름을 갖게 되었다. 13세기에 처음 생산된 에멘탈 1kg을 만드는 데에는 약 12L의 원유가 사용됐다. 첨가물을 전혀 더하지 않고 만드는 치즈이다. 숙성시키면서 큼직한 구멍이 뻥뻥 뚫린다. 고소하면서도 약간의 산미가 있어 많은 요리에 사용되며, 달콤한 화이트 와인과 무척 잘 어울린다.

그뤼에르 Le Gruyère AOP

퐁듀에 사용되는 대표적인 하드 치즈의 대명사로, 에멘탈과 같이 치즈가 만들어지는 마을의 이름을 따서 그대로 부른다. 1115년경부터 생산된 그뤼에르는 만드는 과정이 매우 복잡하고 맛도 매우 복합적이다. 경성 치즈는 따뜻한 음식과 차가운 음식 모두에 잘 어울려 에멘탈과 마찬가지로 다양한 요리에 사용한다.

반경성 치즈

라클렛 Raclette Suisse AOC

발레Valais 지역에서 해마다 2천 톤 이상을 생산하는 초인기 치즈이다. 휴대가 용이하여 어디서든 가지고 있다 꺼내 먹을 수 있는 치즈로 인기가 높아진 것인데, 녹여 먹는다는 것이 특이하다. 라클렛 치즈는 그냥 먹는 것보다 녹여 먹는 것이 훨씬 맛있다. 라클렛을 녹여서 감자 등에 올려 먹는 라클렛 요리 역시 이 지역에서 개발한 것으로, 겨울철에는 반드시 먹어 봐야 할 간단한 일품 요리이다.

아펜젤러 Appenzeller

다양한 종류의 허브가 자라는 스위스 동북부 아펜젤 지역에서 생산되는 아펜젤러는 이 때문에 영양소가 매우 풍부하다. 만드는 과정에서 허브 간수를 사용하여 맛과 향이 남다르다. 숙성 초기에는 시원한 맛, 숙성 후기에는 알싸한 맛을 내는 독특한 치즈이다. 처음 만들던 그 방식 그대로 지금도 생산하여 처음 만들어낸 큰 덩어리 아래에는 품질을 보장하는 마크인 패스포트를 찍는다고 한다.

테트 드 무안 Tête de Moine AOP

유라Jura 지역의 수도사들이 처음 만든 장미 꽃봉오리 모양의 예쁜 치즈이다. 그래서 이름도 '수도사의 머리'라는 뜻이다. 매우 얇게 썰어 먹는 치즈로, 얇게 깎아내서 공기와의 접촉면을 늘려 맛과 냄새를 강하게 했다. 이 치즈는 포장에서 꺼내자마자 바로 얇게 썰어서 냄새와 맛이 날아가기 전에 먹는 것이 좋다. 특유의 톡 쏘는 매콤하고도 달큰한 향과 맛이 매혹적이며, 샐러드와 고기 등 다양한 요리에 얹어 먹는다.

연성 치즈

바슈랭 몽도르 Vacherin Mont-d'Or AOC

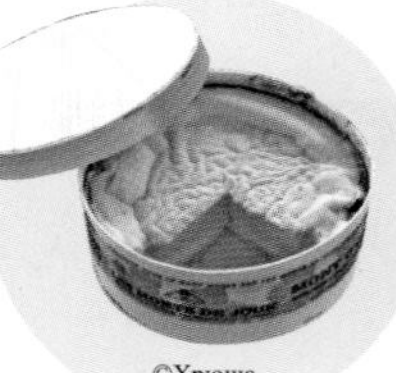

©Хрюша

연성 치즈는 주로 저온 살균한 우유로 만드는데, 우리가 알고 있는 대부분의 연성 치즈인 까망베르와 브리 등은 모두 프랑스산이다. 대표적인 스위스 연성 치즈로는 바슈랭 몽도르가 있다. 프랑스 군인이 전파하여 만들어진 치즈로, 날씨가 추워지면 소들이 산에서 평원으로 내려오는데, 이때 소의 젖을 짜 만들기 때문에 9~4월까지가 바슈랭 몽도르를 먹을 수 있는 적기이다.

품질 보증을 위한 AOC 제도

스위스 치즈에는 어떠한 인공 첨가물도 들어가지 않는다. 생산자 간의 엄격한 규칙으로 자국의 치즈 생산의 품질에 대한 자부심을 지켜 나가는데, 흔히 와인 생산지에서 사용하는 원산지 통제 명칭 제도(AOC: Appellation d'Origine Controlée)를 스위스에서는 치즈에도 도입한다. 'AOC' 표기는 원유에서부터 숙성에 이르기까지의 모든 과정이 한 지역에서 이루어져야 한다는 합의된 전통 방식 그대로 만들어진 치즈에만 붙일 수 있다.

스위스의 특별한 '사일로 프리(Silo Free)' 원유로 만든 치즈

명품 치즈만을 생산하는 스위스는 표기 방법도 엄격하다. 겨울 동안 완전히 건조된 풀만 먹인(가축의 겨울 먹이로 말리지 않은 채 저장하는 풀인 사일리지Silage를 먹이지 않았다는 뜻) 소들의 원유를 공급받아 만드는 '사일로 프리' 치즈는 단단한 경성 치즈를 만드는 데 주로 사용된다.

스위스 와인

로마 시대부터 포도를 재배해 온 스위스에는 1만 5천여 헥타르의 와인 산지가 있다. 여섯 개의 와인 산지 중 라보(Lavaux)가 속한 보(Vaud), 발레(Valais) 지역이 유명하다. 스위스 와인이 타 유럽 국가들의 와인에 비해 거의 알려지지 않은 것은 내수의 비중이 높기 때문이다. 스위스 사람들은 우스갯소리로 '우리끼리 다 먹어서 수출할 것이 없다'라고 말하기도 하는데, 실제로 스위스에서 소비하는 와인의 1/3은 스위스 와인이다. 스위스 와인은 법적으로 원산지를 라벨에 표기할 의무가 있다. 그래서 마트나 식당 등 어디서든 쉽게 스위스 와인을 찾을 수 있다.

대표적인 스위스 와인

★ 레드 와인
피노 누아Pinot Noir, 가메Gamay, 메를로Merlot

★ 화이트 와인
샤슬레(펜당)Chasselas(Fendant), 뮐러-투르가우Müller-Thurgau, 실바너Sylvaner

세계적인 와인 요리 전문 잡지 푸드 앤 와인 Food & Wine에서 뽑은

가격 대비 훌륭한 스위스 와인 베스트 5

BEST 1

2007 Cave de la Côte Oenoline la Côte

$18, 약 18,000원

라이트한 바디의 시원한 화이트 와인. 제네바 호숫가에 위치한 와이너리에서 나는, 스위스에서 가장 많이 재배하는 샤슬레Chasselas 품종으로 담근다.

BEST 2

2007 Robert Gilliard les Murettes Fendant

$28, 약 29,000원

이탈리아와 마주한 국경 부근의 발레Valais 지역에서 나는 샤슬레는 펜당Fendant이라 부른다. 펜당으로 만드는 와인 중 이 라벨은 꽃향기가 나고 새콤한 맛이 나도록 보틀링을 한 것이 특징이다.

BEST 3

2006 Serge Roh Les Ruinettes Amigne de Vétroz Grand Cru

$40, 약 41,000원

또 한 병의 발레 와인으로 지역에서 재배하는 아미뉴Amigne 품종으로 담그는 부드러운 화이트 와인으로, 풀 바디와 상큼한 새콤함이 돋보이는 세미스위트 와인이다.

BEST 4

2007 Château d'Auvernier Oeil de Perdrix

$33, 약 34,000원

풍부한 맛의 피노 누아 로제 와인이다. 연어빛을 띠는 오묘한 빛깔로, '자고새의 눈(Oeil de Perdrix)'이라는 명칭이 붙었다고 한다.

BEST 5

2005 Caves Cidis Gamaret la Côte

$19, 약 20,000원

라이헨슈타이Reichensteiner와 가메Gamay를 크로스하여 만든 하이브리드 포도종 가마레Gamaret로 만드는 와인으로 스파이시하고 스모키한 맛을 낸다.

Theme Travel 3

세계 최고의 초콜릿
달콤한 스위스

초콜릿을 빼놓고 스위스를 말할 수 없다. 전 세계적으로 유명한 초콜릿 브랜드는 모두 스위스산이라는 사실. 원재료와 기술도 세계 최고로, 1등 품질의 초콜릿을 만드는 나라답게 세계에서 초콜릿을 가장 많이 먹는 것도 스위스 사람들이다. 밀크 초콜릿을 처음 만든 브베(Vevey) 지역의 다이넬 피터(Daniel Peter), 초콜릿 제조 과정 중 부드러운 조직감을 주는 콘칭(Conching) 기술을 개발한 린트사(Lindt)의 로돌프 린트(Rodolphe Lindt) 등 초콜릿의 역사에 큰 획을 그은 인물도 많다.

스위스를 대표하는 초콜릿 브랜드

17세기부터 초콜릿 생산을 시작한 스위스는 시간이 지날수록 초콜릿 사업에 박차를 가해 1819년에는 오늘날 네슬레가 된 카이예가 탄생하였고, 19세기부터는 수출을 시작하였다. 현재는 세계 어디에서도 찾아볼 수 있는 여러 유명 브랜드와 그 지역에서만 찾아볼 수 있는 쇼콜라티에 장인의 상점들을 수없이 보유하고 있다. 스위스 여행 중 마음껏 달콤쌉싸름한 초콜릿의 맛을 느껴볼 수 있다.

네슬레 Nestlé SINCE 1866

스위스 상장사 중 시가 총액 1위의 대기업으로 세계 최대 식품 회사이다. 브베에 본사와 박물관을 두고 있으며 영양, 건강 그리고 웰니스(Nutrition, Health and Wellness) 전략을 기반으로 건강하고 믿을 수 있다는 브랜드 이미지를 탄탄히 구축하여 초콜릿뿐 아니라 다양한 식품군에서 강세를 보인다. 1820년 창립된 카이에Cailler 초콜릿을 1931년 인수하여 카이에 제품들도 네슬레에서 제조한다.

홈페이지 www.nestle.com

밀카 Milka SINCE 1901

주재료인 밀크와 카카오의 앞 글자를 따서 만든 브랜드명에서 알 수 있듯이 알프스의 우유로 만든 부드럽고 진한 밀크 초콜릿으로 유명하다. 1990년부터는 몬델레즈 인터내셔널(미국, 구 크래프트Kraft)이 국제적인 제조를 맡고 있다.

홈페이지 www.milka.com

프레이 Frey SINCE 1887

초콜릿과 풍선껌을 만드는 프레이는 스위스의 소매상 미그로스Migros 기업 산하에 있다. 스위스 초콜릿 시장의 약 35%를 차지하고 있지만 국내에서 쉽게 볼 수 없어 우리에게는 생소하다. 약 125년 동안 스위스에서 생산된 프레이 초콜릿은 스위스 사람들이 믿고 먹는 초콜릿이다.

홈페이지 www.chocolatfrey.ch

토이셔 Teuscher SINCE 1932

세계 각지에서 가장 고급 품질의 값비싼 코코아, 마지팬, 과일, 견과류 등의 원료를 구해 정교한 기술로 배합하여 초콜릿을 만든다. 100개가 넘는 종류의 초콜릿 제품들을 취리히 본사에서 제조하며 어떠한 화공약품, 첨가제, 방부제도 사용하지 않는다. 신선함을 가장 중시하는 수제 초콜릿 토이셔는 유통 기간이 짧아 취리히에서 매주 항공편으로 서울을 포함하여 전 세계 25여 개 도시의 매장에 제품을 보낸다. 여느 고급 초콜릿 브랜드보다도 월등히 비싼 가격으로 판매하니 원하는 대로 구매하지 못하는 것이 유일한 단점이다.

홈페이지 www.teuscher.com

린트 Lindt SINCE 1845

프리미엄 초콜릿 기업 린트 앤 스프룽글리Lindt & Sprüngli 회사의 대표적인 브랜드로, 스위스에서만 이름을 떨치는 스프룽글리와 달리 세계 곳곳에 알려져 있다. 160년 이상 장수하며 최고급 기술과 원재료를 사용한다는 고집을 꺾지 않는 곳이다. 2005년부터는 질 좋은 코코아만을 사용하기 위해 오로지 엄격한 생산 기준에 따라 코코아를 재배하는 가나에서만 코코아를 공급받아 사용한다.

홈페이지 www.chocolate.lindt.com

토블론 Toblerone SINCE 1868

베른에서 생산되는 작은 오면체 피라미드 모양이 나란히 줄을 서 있는 기다란 스틱 모양의 초콜릿이다. 달콤한 밀크 초콜릿 속에 단단하고 매우 단 누가를 품어 식감이 쫄깃쫄깃한 것이 특징이다. 1908년 베른 출신의 테오도어 토블러Theodor Tobler(1876~1941)라는 사람이 개발했는데, 로고에 그의 출신 지역을 상징하는 곰을 그려 넣은 것으로도 유명하다. 베른 사람들이 자부심을 갖는 세계적인 초콜릿 브랜드이다.

홈페이지 toblerone.fr

레더라 Läderach SINCE 1962

신선한 최상의 재료를 사용하여 일반 소비자보다도 일류 요리사와 제과제빵 장인들에게 명성을 얻은 스위스를 대표하는 최고급 수제 초콜릿 브랜드 중 하나로, 1926년 알프스 기슭의 작은 마을에서 베이커리로 시작하였다. 1960년대부터 초콜릿 사업을 시작했고, 2011년에는 서울에 세 번째 상점을 여는 등 해외 진출도 활발하다. 얇고 넓은 판에 피스타치오, 아몬드 등 다양한 재료를 아낌없이 넣어 판매하는 판 모양의 프레시 초콜릿이 가장 유명하다. 신선한 재료를 사용하는 수제 초콜릿을 맛보고 싶다면 레더라의 생초콜릿 'Frischschokolade'을 맛보자.

홈페이지 kr.laderach.com

Theme Travel 4

스위스의 영화 촬영지

그 어떤 최첨단 장비로 스위스의 장관을 담아도 실제로 보는 것에는 한참 못 미치겠지만, 영화 속에 담긴 스위스의 면면들을 보는 것은 또 다른 멋이 있다. 영화 속 장면에 잘 녹아든 배경들이 강한 기억으로 남기도 한다. 여행을 떠나기 전 여행을 준비하면서 영화 속에 담긴 스위스의 모습을 감상하는 것도 좋다. 생각지도 못했던 곳에 오래 머물고 싶은 마음이 생길지도 모른다.

유스 Youth (2015)

감독 파올로 소렌티노 **주연** 마이클 케인, 레이첼 바이스
촬영지 다보스

해마다 다보스 포럼이 열리는 경제 지식인들의 모임 장소로 유명한 다보스의 색다른 모습을 볼 수 있다. 영화가 주로 전개되는 메인 로케이션은 다보스와 가까운 버그 호텔 샤찰프Berghotel Schatzalp 리조트 앤 스파이다.

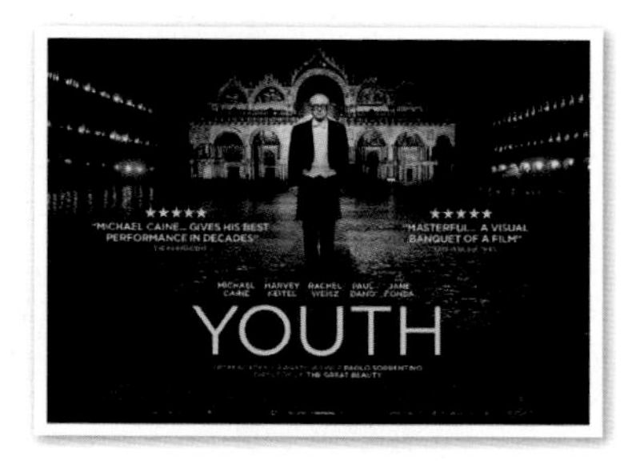

밀레니엄: 여자를 증오한 남자들 The Girl with the Dragon Tattoo (2011)

감독 데이비드 핀처 **주연** 다니엘 크레이그 **촬영지** 취리히

스위스에서 가장 고급스러운 호텔로 꼽히는 취리히 돌더 그란드Dolder Grand의 스파 윙 객실에서 이 영화의 마지막 장면을 찍었다고 한다.

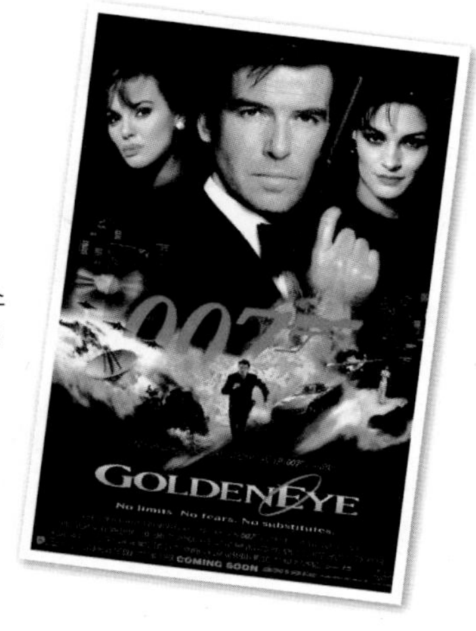

골든아이 Goldeneye (1995)

감독 마틴 캠벨 **주연** 피어스 브로스넌 **촬영지** 티치노

세계에서 가장 맑은 물이 흐른다는 티치노주Ticino의 베르자스카Verzasca 계곡에서 촬영한 007 시리즈. 제임스 본드가 이 영화에서 멋진 번지 점프를 한 것으로 유명하여, 실제로 스턴트가 촬영했던 장소에서 많은 사람들이 영화 속 주인공이 된 기분으로 220m 높이에서 번지 점프를 한다.

번지점프 www.trekking.ch

007 골드핑거 Goldfinger (1964)

감독 가이 해밀턴 **주연** 숀 코너리 **촬영지** 푸르카 패스

체르마트로 넘어가는 푸르카 패스Furka Pass 드라이빙 코스에 위치한 벨베데르 호텔Hotel Belvèdère이 짧지만 강렬하게 등장한다.

007 여왕폐하 대작전 On Her Majesty's Secret Service (1969)

감독 피터 헌트 주연 조지 라젠비 **촬영지** 쉴트호른

작품 속 알레르기 클리닉으로 등장하는 곳이 쉴트호른 정상에 위치한 회전식 레스토랑이다. 영화에서 가장 인상 깊은 장면 중 하나로 꼽히는 중요한 장면에 등장한다.

007 나를 사랑한 스파이 The Spy Who Loved Me (1977)

감독 루이스 길버트 주연 로저 무어 **촬영지** 베르니나 산맥

많은 제임스 본드 영화들이 스위스에서 촬영되었는데, 이 1970년대 명작의 오프닝에 등장하는 스키 스턴트 장면은 베르니나 봉우리Piz Bernina에서 촬영했다.

스타워즈 에피소드3: 시스의 복수

Star Wars III: Revenge of the Sith (2005)

감독 조지 루카스 주연 헤이든 크리스텐슨, 나탈리 포트먼 **촬영지** 그린델발트

영화 속 눈 덮인 알데란 봉우리는 그린델발트에서 촬영한 것이다.

인포먼트 The Informant! (2009)

감독 스티븐 소더버그 **주연** 맷 데이먼 **촬영지** 취리히

영화에 취리히에서 촬영된 주요 장면들이 담겨 있다. 리마트 강변과 시청을 지나는 장면에는 90여 명의 현지 엑스트라들이 동원되었다고 한다.

시리아나 Syriana (2005)

감독 스티븐 개건 **주연** 조지 클루니, 맷 데이먼 **촬영지** 제네바

맷 데이먼이 맡은 배역인 에너지 분석가의 주거지가 제네바로 세련되고 학구적인 분위기의 도시를 볼 수 있다.

천사와 악마 Angels and Demons (2009)

감독 론 하워드 **주연** 톰 행크스, 이완 맥그리거 **촬영지** 제네바

댄 브라운 소설을 원작으로 한 영화로, 제네바의 세른CERN이 배경이기 때문에 원작에 충실하게 촬영하여 현실감을 높였다.

클라우즈 오브 실스 마리아 Clouds of Sils Maria (2014)

감독 올리비에 아사야스 **주연** 줄리엣 비노쉬, 크리스틴 스튜어트 **촬영지** 실스 마리아

영화 제목에 지명이 들어갈 정도로 주요 로케이션 역할을 하는 작은 마을이다. 취리히에서도 몇몇 장면을 촬영했고, 주로 실스 마리아에서 촬영했다. 고요하고 차분한 분위기의 영화에 실스 마리아의 아름다움이 다 담기지는 않지만 주연 배우들의 연기가 워낙 뛰어나 추천한다.

Theme Travel 5

고급스러운 스파와 리조트

힐링이 필요한 사람들을 위한 숙소이다. 호텔 자체가 여행이 되는 곳으로 그 안에서 최고의 요리를 먹고 몸과 마음을 완전히 충전하는, 그저 스위스의 풍경만을 바라보고 있어도 좋은 완벽한 호캉스를 누릴 수 있다. 일상에 쫓겨 지친 몸과 마음을 달래 줄 최상의 힐링 호텔 몇 곳을 소개한다. 앞서 지역 여행에서 소개한 로잔의 샤토 두쉬와 생모리츠의 바드루츠도 스위스 최고의 고급 호텔로 손꼽히는 곳이니 함께 고려해 보자.

더 캄브리안 The Cambrian

몽트뢰에서 브리그Brig와 프루티겐Frutigen을 경유하여 아델보덴Adelboden으로 가는 길은 꽤 번거롭지만 이곳에는 더 캄브리안이 있다. 700m² 면적의 스파 공간과 벽난로와 당구 테이블을 갖춘 라운지와 일광욕 테라스, 제철 재료와 지역 농산물로 요리하는 스위스 레스토랑 그리고 겨울에는 수온을 높여 연중 즐길 수 있는 수영장이 있는 최고급 호텔이다. 이곳의 어디에서든 스위스 알프스의 절경을 볼 수 있고, 실내외 장식도 모두 현지에서 나는 자재를 사용하여 자연 경관과 훌륭한 조화를 이룬다. 스키장 셔틀 서비스와 자전거 대여도 무료로 제공하고 있어 이곳에 묵으면서 갖가지 혜택을 누릴 수 있다. 피트니스와 스파, 사우나, 실내외 수영장 등 더 캄브리안 안에서 시간을 보낼 시설들이 많아 무엇보다도 이곳에서는 몸이 호강한다. 특히 더 캄브리안의 수영장은 CNN이 선정한 세계에서 가장 아름다운 수영장 중 하나로, 물에 몸을 담그고 알프스산맥을 감상하는 그 순간이 힐링 그 자체이다.

주소 Dorfstrasse 7 CH-3715 Adelboden 전화 +41 33 673 8383 홈페이지 www.thecambrianadelboden.com 요금 미드 위크 스페셜 CHF405 (평일 중 1박, 60분 스파 프로그램 이용 또는 스키나 하이킹 데이 패스 포함)

클리니크 라 프레리 Clinique La Prairie

세포 재생 생명 공학을 연구하는 최고의 의료진과 노벨상 수상자 60여 명의 연구 업적을 바탕으로 설립된 재활 전문 메디컬 센터이다. 1931년 일찍부터 웰빙에 선견지명이 있던 연구원들이 오픈한 곳이다. 젊음과 건강을 유지하고 나아가 체내 면역 체계를 강화하는 것을 목적으로 한다. 이곳에서는 단순한 피부 재생뿐 아니라 심리 치료, 영양사의 식습관 지도 등 방대한 분야를 체계적으로 관리, 치료한다. 1953년에는 교황 비오 12세Pope Pius XII가 이곳을 찾아 세포 재활 트리트먼트를 받았으며, 영화배우 오드리 헵번, 그레이스 켈리, 찰리 채플린, 영국의 엘리자베스 여왕, 미국 전 대통령 빌 클린턴 등 유럽의 왕족을 비롯하여 전 세계 최상류층 및 VVIP들이 찾는 곳으로 유명하다. 이들의 피부세포 재생 기술을 담아 만든 기능성 화장품 브랜드가 한국에서도 잘 알려진 스위스 퍼펙션Swiss Perfection이다. 2013년 대대적인 리노베이션을 거쳐 '유럽 최고의 스파' 상도 받았다. 홈페이지를 통해 다양한 프로그램을 살펴보고 치료 나 관리를 원하는 경우 온라인으로 문의할 수 있다.

주소 Rue du Lac 142, 1815 Clarens 전화 +41 21 989 33 11 홈페이지 cliniquelaprairie.com 요금 윈터 부스트 프로그램 CHF10,700 (모든 식사를 포함하는 5박 숙박, 3번의 메디컬 컨설테이션과 연구소 건강 분석, 영양사 분석, 면역 체계 테라피, 겨울 부스터 큐어, 60분 딥 티슈 스웨덴 오일 마사지, 할리우드 필링, 3회 1:1 트레이닝 세션, 식이요법 워크숍, 무제한 스파, 수영장, 사우나, 스팀, 풀 이용, 크리오테라피, 그룹 피트니스 수업, 특별한 선물 등 알차고 다양한 전문 프로그램으로 구성)

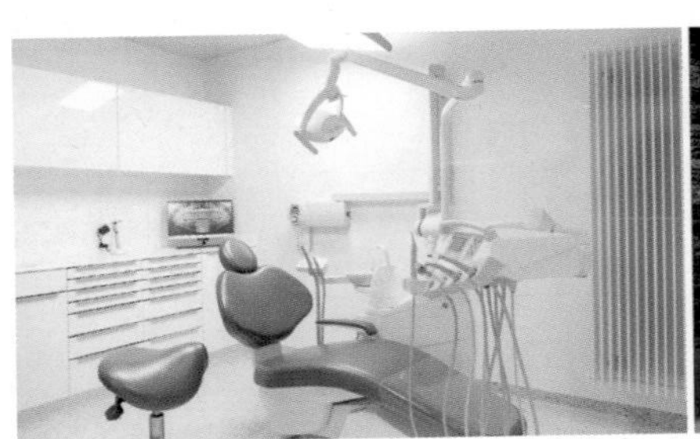

더 체디 안데르마트 The Chedi Andermatt

해발고도 1,447m에 위치한 더 체디는 아시아의 영향을 받아 알프스 스타일의 시크함과 따뜻함에 이국적이고 이색적인 색깔까지 더해진 진한 멋이 있는 호텔이다. 저명한 건축가 장 미셸 가티Jean-Michel Gathy의 작품으로 따뜻함과 개방적인 분위기가 공존할 수 있도록 계획한 건물은 123개의 객실과 스위트로 구성되어 있다. 짙은 색의 원목과 가죽 소파, 눈이 편안한 컬러감의 소품과 가구로 꾸민 인테리어도 훌륭하다. 2,400m²의 면적을 차지하는 웰니스 공간에는 티벳 스타일의 릴랙스 라운지, 35m 실내 수영장, 12m 실외 수영장, 테크노짐Technogym 설비를 갖춘 개인 트레이너들이 상주하는 피트니스 클럽, 요가와 필라테스 스튜디오가 있다. 스파를 찾거나 스파가 객실 내 마련되어 있는 10개의 디럭스 스파 스위트에서 묵으며 다양한 프로그램을 체험해 볼 수도 있다. 투숙객이 아니더라도 데이 스파를 찾아 스파와 피트니스 클럽만 이용하는 것도 가능하다. 시즌별로 서킷 트레이닝, 스노우 슈 하이킹, 카디오 등 다양한 그룹 또는 개인 프로그램을 운영한다.

주소 Gotthardstrasse 4, 6490 Andermatt 전화 +41 41 888 74 88 홈페이지 www.thechediandermatt.com 요금 디럭스룸 CHF670~

라 헤저브 제네브 호텔, 스파 앤 빌라 La Réserve Genève Hotel, Spa and Villa

심플하고 꾸밈없는 솔직한 고급스러움을 표방하는 제네바의 라 헤저브는 29개의 객실과 73개의 스위트룸으로 이루어진 스위트룸이 훨씬 더 많은 고급 중의 고급 호텔이다. 나이를 거스르는 안티에이징Anti-aging이 아니라 더욱 건강하고 행복하게 나이 듦을 지향하는 베러에이징Better-aging 과학이라 이름 붙인 스파 네성스Nescens에서는 과학 연구진들의 자문을 받아 체계적인 프로그램들을 진행한다. 테라피스트, 건강 코치, 의료진을 모두 갖추고 있다. 실내 수영장, 사우나, 함맘, 테니스 코트, 피트니스 센터, 헤어 살롱, 스파를 운영한다. 또 겨울이면 매주 화요일과 일요일 아침에 스노우 슈 나들이를 진행하고, 호텔 내에 제네바 최고의 식당으로 손꼽히는 다섯 개의 레스토랑도 있다. 이처럼 호텔 밖으로 나갈 이유를 찾기가 어려울 정도로 모든 것을 갖추고 있다.

주소 301 Route de Lausanne, 1293 Bellevue, Genève 전화 +41 22 959 59 59 홈페이지 www.lareserve-geneve.com 요금 슈페리어룸 CHF468~

더 돌더 그란드 The Dolder Grand

시내에서 조금 떨어져 있고 언덕 위에 위치하여 호텔 자체가 여행지가 되는 특별한 곳이다. 이곳에 묵는 여행객들은 취리히가 아니라 호텔을 즐기러 온다. 1899년부터 운영해 온 긴 역사의 더 돌더는 2008년 대대적으로 레노베이션을 거쳤다. 이곳의 4,000m^2의 넓은 스파에는 사우나, 스팀 목욕, 족욕, 아로마 풀, 냉탕, 선베드 등으로 이루어진 여성 전용과 남성 전용 스파가 따로 준비되어 있다. 월풀과 수영장, 스팀 바스, 사우나, 스파 라이브러리, 스파 스위트, 피트니스 센터, 릴랙싱 공간, 명상실 등 다양하고 세부적인 목적을 위한 공간들도 마련되어 있다. 클래식한 고급 호텔답게 버틀러 서비스가 마련되어 있으며, 예술품 컬렉션도 훌륭하다. 호텔 내 2개의 레스토랑 중 하나는 미슐랭 셰프 하이코 네이더Heiko Neider가 이끌고 있다.

주소 65 Kurhausstrasse, 8032 Zürich 전화 +41 44 456 60 00 홈페이지 www.thedoldergrand.com 요금 싱글룸 슈페리어 CHF420~, 더블룸 슈페리어 CHF570~ / 투숙객이 아니더라도 스파만 방문하여 이용할 수 있다. 월~목 중 하루 동안 돌더 그란드 스파 시설을 자유롭게 이용할 수 있는 입장권은 CHF260이다.

여행정보
TRAVEL INFORMATION

Switzerland
여행 준비

여권 발급

여권은 외국을 여행하고자 하는 국민에게 정부가 발급해 주는 일종의 신분 증명서이다. 여권이 없으면 어떠한 경우에도 외국을 출입할 수 없으며 여권을 분실하였을 경우에는 본인이 신고하여 재발급을 받아야 한다. 대한민국의 경우 2008년 6월 이후로 전자 여권을 발급하고 있는데, 이는 기존 여권과 마찬가지로 종이 재질의 책자 형태로 제작된다. 다만, 앞표지에 국제민간항공기구 ICAO의 표준을 준수하는 전자 여권임을 나타내는 로고가 삽입돼 있으며, 뒤표지에는 칩과 안테나가 내장되어 있다. 반드시 본인이 직접 방문 신청해야 발급이 가능하다. 종류는 종전과 마찬가지로 5년 또는 10년간 사용할 수 있는 복수 여권과 1년간 단 1회만 사용 가능한 단수 여권이 있다. 복수 여권의 경우 여권 발급 비용은 유효 기간 5년은 45,000원, 5년 초과 10년 이내의 경우 53,000원이고, 단수 여권은 20,000원이다. 여권 발급은 외교부가 허가한 구청 혹은 도청에서 가능하고, 인구 밀도에 따라 별도의 발급 장소를 두고 있다. 여권 발급의 소요 시간은 지역에 따라 차이는 있지만, 보통 5일 정도이다. 단, 6~8월과 11~1월은 여행객들의 신규 접수가 많아 약 10일 정도 소요된다. 여권 발급에 관련한 자세한 사항은 홈페이지(www.passport.go.kr)에서 확인 가능하다.

일반 전자 여권 발급에 필요한 서류

★ 여권 발급 신청서 1통(여권과에 비치)
★ 여권용 사진(최근 6개월 이내에 촬영한 것) 1매
★ 신분증(주민등록증, 운전면허증, 공무원증, 군인 신분증)

비자 발급

스위스는 쉥겐 조약에 포함된 국가로 90일 동안 무비자로 여행할 수 있다.

여행 중 여권을 분실했다면

혹여라도 여행 중 여권을 분실할 경우를 대비해 여권 사진과 증빙 서류는 추가적으로 구비하고 있는 것이 좋다. 여권 분실 시에는 가까운 대사관 또는 총영사관에 여권 분실 신고를 하고 여행 증명서나 단수 여권을 발급받는다.

항공권 구입

항공권은 여행 경비 예산에 따라 다양한 선택이 가능하다. 여행 1년 전이나 최소 3개월 전에 항공권을 구입한다면 직항이라도 저렴하게 구입할 수 있고, 여행 일이 얼마 남지 않았거나 성수기라면 다소 비싼 항공권을 구입하게 된다.
여행지가 정해졌다면, 일단 항공권 판매 사이트에서 목적지에 취항하는 항공사를 살펴보고, 항공사별로 가격과 경유지 등을 비교해 본다. 그런 다음 마음에 드는 항공사의 홈페이지에 들어가 할인 항공권이나 프로모션 항공권이 있는지 살펴본다. 여행사나 항공권 판매 사이트들은 옵션이나 수수료가 붙는 경우가 많다. 오히려 항공사 홈페이지에서 직접 구입하는 것이 좀 더 저렴할 수 있다.
여행을 좋아하고 자주 다닌다면, 항공사 그룹(스타얼라이언스, 스카이팀, 원 월드)을 살펴보고 항공권 마일리지를 적립하는 편이 좋다.

★ 항공권 비교 사이트
- 인터파크 투어 tour.interpark.com
- G마켓 투어 www.gmarket.co.kr
- 투어캐빈 www.tourcabin.com
- 땡처리 항공 072air.com

인천 – 취리히 직항 노선

대한항공이 유일하게 스위스 직항 노선을 운항한다. 제네바, 베른 등 기타 도시와는 직항 노선이 없으며 직항으로 갈 수 있는 도시는 취리히가 유일하고, 약 11시간 정도 걸린다. 경유하는 번거로움을 원치 않고, 시간을 절약하고 싶은 사람이라면 직항편을 추천한다.
★ 대한항공 kr.koreanair.com

여행 루트 정하기

구체적으로 내가 가고 싶은 도시들의 우선 순위를 정하고, 각 도시의 대표적인 여행 명소를 알아보자. 여행 후기를 찾아보거나 트립 어드바이저TripAdvisor와 같은 여행 포털에서 인기 명소를 미리 검색해 보는 것도 좋다. 사람들이 많이 가는 곳은 분명 이유가 있고, 많이 찾는 루트는 그만큼 효율적인 이동 경로이기 때문이다. 인 아웃 도시를 정하고 대강의 루트를 잡았다면 각 도시에서 며칠 일정으로 여행할 것인지 결정한다. 그 다음 지도에 표시해 놓은 루트를 조금 더 구체적으로 정리해서 하루 동안의 일정을 정한다. 너무 많은 도시에 욕심을 내면 자칫 여행이 아니라 극기 훈련이 될 수도 있다는 점에 유의하자. 인 아웃 도시와 너무 거리가 멀거나 루트에서 많이 벗어난 곳은 과감하게 일정에서 뺀다. 도시 간 이동 방법도 고려한다. 현재 여행을 떠나 있는 사람들의 실시간 글을 참고하거나 최근 다녀온 여행기를 살펴보면서 주요 랜드마크가 공사 중인 도시가 있는지 여행 중에 축제 기간이 있지는 않은지 살펴보고 루트를 확정하자. 이동 시 다른 유럽 도시에서 저가 항공을 이용해 스위스에 도착한다면 미리 예약하는 것이 좋다. 단, 저가 항공의 경우 티켓 양도나 환불이 불가한 경우가 많으니 루트가 확정이 되면 예매하도록 한다.

숙소 예약

성수기에는 인기 명소 주변의 숙소들이 가격이 오르거나 만실인 경우가 있고, 스위스는 물가가 다른 유럽 국가와 비교해도 높은 편이라 가성비가 좋은 호텔들은 그만큼 일찍 객실이 찬다. 장기 투숙을 하려면 더욱 서두르는 것이 좋다. 숙소를 한데 모아 놓은 웹사이트를 이용해도 좋고, 호텔 웹사이트에서 직접 예약할 때 가격인 가장 좋은 경우도 있으니 교차 확인해 보도록 한다.
1주일 이상 한 지역에 머문다면 요즘 유행하는 에어비앤비와 같은 서비스를 이용하여 현지인의 집을 임대하여 머무는 방법도 있다. 짧게는 1주, 길게는 몇 달 이상 임대할 수 있으며, 여행자의 취향에 따라 집 한 채를 통째로 빌릴 수도 있고, 단독으로 사용하는 방이나 함께 사용하는 방을 임대할 수도 있다. 숙소마다 최소 숙박 일, 혹은 최대 숙박 일을 정해 놓기도 하니 숙소 각각의 조건을 꼼꼼히 살펴보자. 홈페이지에서 사진과 함께 숙소 정보를 자세히 보고, 후기가 좋은 슈퍼호스트Super Host 필터로 더욱 안전한 숙소를 고르는 것이 좋다.

★ 숙박 예약 홈페이지
- 트립어드바이저 www.tripadvisor.com
- 부킹닷컴 www.booking.com
- 호텔스닷컴 www.hotels.com
- 호스텔스닷컴 www.hostels.com
- 익스피디아 www.expedia.co.kr
- 아고다 www.agoda.com
- 에어비앤비 www.airbnb.co.kr

환전과 여행 경비

여행 예산의 가장 큰 부분을 차지하는 것은 항공권과 숙박이다. 항공권과 숙박 예산을 제외한 나머지 예산은 식비, 교통비, 입장료, 기타 잡비 등으로 나눠서 생각해 볼 수 있다. 항공권과 숙박비는 사전에 계산하는 경우가 많기 때문에 현지에서 사용할 예산은 나머지 예산 비용을 고려하여 일부는 환전을 하고, 일부는 체크 카드나 현금 인출이 가능한 통장에 넣어 둔다.

환전

스위스는 유로화가 아닌 스위스 프랑(CHF)을 사용한다. 유로화를 받는 경우도 있지만 대부분의 경우 프랑으로 계산해야 하니 환전해 가도록 한다. 모든 은행에서 스위스 프랑을 취급하는 것이 아니므로 유로화로 환전하고 현지에서 프랑으로 바꾸는 방법이 있고, 현지에서 해외 ATM기 사용이 가능한 체크, 신용카드로 현금 인출을 해도 된다. 인천공항에 지점이 있는 대부분의 은행에서도 가능하나 일반 지점보다 환율 우대를 많이 해주지 않는다. 미리 은행에 전화로 문의하면 몇일 후 프랑을 준비해주니 시간 여유가 있다면 이렇게 하는 편이 가장 경제적이다. 스위스 각 도시마다 ATM기가 많이 비치되어 있기 때문에 현금 인출이 어렵지 않다. 해외에서 사용 가능한 체크 카드를 은행에서 발급받아 국내에서 체크 카드를 사용하듯 사용하는 방법도 있다. 단, 사용 시 카드 뒤편에 쓴 서명과 동일한 사인을 해야 하거나 비밀 번호를 입력해야 한다. 신용 카드 분실 및 도난을 대비하여 카드 번호와 카드사 전화번호를 따로 적어 두자. 최대한 빨리 연락을 취하여 카드를 정지해야 피해가 적다.

여행자 보험

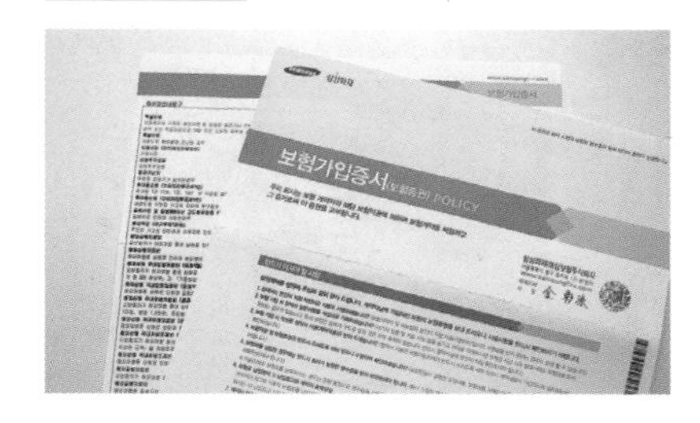

최근 들어 각종 사건 사고가 많이 일어나고 있어 여행자 보험에 대한 관심이 높아지고 있다. 여행 중에 어떤 사건 사고가 발생할지 모르기 때문에 사전에 여행자 보험에 가입하는 편이 좋다. 가입은 각종 보험사 홈페이지와 여행사, 은행 환전 이벤트 연계, 공항 내 보험사 창구 등에서 가능하다. 보험 회사와 종류, 기간 등에 따라 보상 조건과 가격이 다르기 때문에 자신의 조건과 원하는 내용에 맞춰 꼼꼼하게 비교 · 검토한다. 특히 사건 사고 내역과 보상 범위, 보상을 받을 때 구비해야 할 서류 등에 대한 설명을 자세하게 살핀 후 현지에서 사건 사고 발생 시에 필요한 서류들을 반드시 구비하도록 하자.

국제 운전 면허증 / 영문 운전 면허증

여행 중 운전을 할 계획이라면 둘 중 하나는 준비해야 한다. 전국 운전 면허 시험장 또는 각 지역의 지정 경찰서에서 발급 가능한데, 국제 운전 면허증의 경우 발급일로부터 1년간 유효하며 신청 시 여권과 운전 면허증, 사진 1매와 수수료가 필요하며, 30분 이내로 발급 가능하다. 이를 발급받더라도 해외 운전 시 한국 면허증이나 여권과 함께 보여 줘야 하는 경우가 대부분이라 불편함이 있는데, 새로 도입된 영문 운전 면허증은 기존 면허증 뒷면에 영문으로 이름과 생년월일, 면허 번호, 운전 가능 차종 등을 표기하여 휴대가 쉽다. 현재 유럽에서는 스위스를 포함 8개국에서 사용 가능하다. 신분증 역할은 하지 않아 여권도 소지해야 하고, 보통 무비자 여행 기간인 3개월 동안 사용 가능하다.

TIP. 렌터카

유럽은 대체로 수동 운전이 많아 오토 운전자들은 예약 시 꼭 오토 여부를 확인하여 요청하도록 한다.

국제 학생증 / 국제 유스증

유럽 내에는 학생 할인이 되는 곳이 많기 때문에 소지 시 매우 유용하다. 발급 가능한 국제 학생증과 국제 유스증은 ISIC, ISEC, IYEC 등이 있다. 일반적으로 학교와 은행이 연동된 ISIC를 많이 발급받는데 할인 혜택도 다른 것에 비해 많다. 발급 대상은 정부 기관이 인정하는 교육 기관(중·고등학교, 대학, 대학원 등)에 재학(또는 휴학) 중인 학생 또는 해외 교육 기관의 승인을 받은 유학 · 연수생이다. 졸업생 및 수료생은 발급이 불가능하다. 유효 기간은 발급받은 달로부터 13개월이다. 홈페이지에서 신청서를 작성한 후 해당 영업점 또는 학교에 방문하여 신분증과 학생임을 증빙하는 서류(1개월 이내 발급받은 재학 증명서, 휴학 증명서 등), 발급비를 제출하면 당일 발급이 가능하다.

★ISIC www.isic.co.kr ★ISEC/IYEC www.isecard.co.kr

유레일 패스

유럽 27개국의 국유 철도를 이용하여 여행할 수 있는 열차 패스이다. 철도로 잘 연결되어 있는 스위스를 여행하는 데 무척 유용하여 스위스 단일 패스만을 구입해도 실속 있게 쓸 것이다. 또 스위스와 함께 여러 유럽국을 기차로 여행할 경우에도 무척 유용하다. 패스 종류로는 최대 24개 국가를 여행할 수 있는 글로벌 패스, 인접한 4개국을 선택할 수 있는 셀렉트 패스, 인기 있는 2개국을 선택할 수 있는 리저널 패스, 인기 있는 27개국에서 한 국가를 선택할 수 있는 원 컨트리 패스가 있다. 기간도 15일, 21일, 1개월 연속, 2개월, 3개월 등 다양하게 선택 가능하다. 스위스만 여행한다면 스위스 트래블 패스가 훨씬 혜택이 많다.

★유레일 홈페이지 kr.eurail.com

여행 가방 꾸리기

공항에서 수하물로 부치는 짐은 보통 20kg까지만 허용되며 기내 반입은 20L 또는 10kg을 초과할 수 없다(항공사마다 규정이 다르니 확인). 여행 가방을 꾸릴 때는 꼭 필요한 것만 가지고 간다. 신발은 여행지에서 많이 걷게 될 것을 대비하여 편안한 것으로 준비하고, 고급스러운 레스토랑이나 클럽은 신발과 복장에 대한 드레스 코드가 있는 곳도 있으므로 방문 예정이라면 미리 준비하자. 또 휴대할 수 있는 작은 가방을 하나 더 준비해서 꼭 필요한 짐만 작은 가방에 넣어 움직이는 것이 편리하다. 귀중품(여권, 항공권 등)은 가방 안에 넣어두고, 여권 복사본을 미리 준비한다. 여권을 분실했을 경우 임시 입국 여권을 발급받을 때 유용하다. 짐을 싸고 난 후에는 무게가 어느 정도 되는지, 이동 시 무리가 되진 않을지 점검한다. 이동이 많은 여행이라면 캐리어보다 배낭 사용도 고려해 본다.

준비물 체크 리스트

준비물	체크	비고
여권		항상 몸에 소지하는 것을 원칙으로 만약의 사태를 대비해 여권 사진 1~2장과 사본을 준비한다.
신용 카드		호텔 예약, 렌터카 이용 시 필수품. 국제 신용 카드인지 반드시 확인한다.
여행자 보험		여행 중 의외로 사고나 물품 분실이 잦으니, 여행 일수만큼 보험은 필수.
국제 운전 면허증, 한국 면허증 / 영문 면허증		차량 렌트 시 반드시 필요하며, 한국 면허증을 요구하는 렌터카 업체도 있다.
카메라		메모리 카드는 넉넉하게 준비한다.
세면도구		요즘 많은 호텔들이 환경을 고려해 일회용품 사용을 자제하고 있다. 어메니티를 제공하는지 먼저 숙소에 문의하고 제공하지 않는다면 본인의 세면도구를 챙겨 가도록 한다.
자외선 차단제		현지에서도 구입할 수 있지만, 자신의 피부 타입에 맞는 것으로 준비하자. 스키를 타면서도 눈에 반사되는 자외선에 피부가 상할 수 있으니 겨울에도 필수. 차단 지수는 SPF 50 이상인 것이 좋다.
(여름) 얇은 외투, 긴 셔츠, 긴 바지		여름에도 두꺼운 옷은 꼭 챙겨야 한다. 산을 오르거나 강가의 새벽, 밤은 큰 일교차로 꽤 춥다.
수영복, 수영 장비		훌륭한 수영장을 갖춘 호텔이 많다. 겨울 여행자라도 호텔 시설을 알아보고 수영장이 있다면 챙겨 가도록 한다.
우산		건기에도 갑작스럽게 이상 기온을 보이거나 소나기가 내리기도 한다. 혹시 모를 상황을 위해 부피가 작은 접이식 우산을 준비하자.
한국 음식		현지 슈퍼마켓에도 가끔 한국 라면이나 과자를 볼 수 있지만 가격은 비교할 수 없을 정도로 비싸다. 높은 스위스 물가가 부담된다면 가끔 한식을 먹는 것도 좋다. 손쉽게 만들 수 있는 분말 스프나 커피, 차 등도 챙겨 가면 유용하다.
기타 유용한 것들		비닐 봉지 / 복대 / 자물쇠, 체인 / 휴지, 물티슈 / 수건, 손수건 / 세탁용품 / 의약품

스마트폰 사용하기

아무리 일상을 떠나온 여행이라도 휴대폰을 사용할 일은 생각보다 많다. 모르는 곳에서 당황스러운 상황에 의지할 것은 온라인상의 정보일 때가 많다. 그리고 여행의 행복한 순간들을 한국에 있는 소중한 사람들과 사진이나 음성을 통해 나누고 싶은 순간도 자주 있다. 그러나 여행을 마치고 돌아와 요금 폭탄을 맞지 않으려면 떠나기 전 본인에게 맞는 경제적인 요금제나 심 카드 사용법을 알아둬야 한다.

통신사 로밍

한국에서 본인이 사용하는 통신사의 서비스를 이용하는 방법이다. 전화나 문자를 주고받지 않는 한 추가 비용은 없다. 해외 도착 시 자동으로 통신사에서 해당 국가에서 수신, 발신하는 문자, MMS, 통화에 대한 요금을 알리는 문자를 보내준다. 자동 로밍이 된 상태에서 전화나 문자를 사용하지 않더라도 카카오톡과 같은 메신저 서비스나 기타 애플리케이션, 인터넷을 사용하면 데이터를 소비하게 된다. 휴대폰 설정 메뉴에서 데이터 서비스를 해지하고 와이파이만 켜 놓으면 무선 인터넷을 제공하는 숙소나 카페에서만 데이터를 필요로 하는 애플리케이션과 서비스를 사용하게 되어 아무 문제가 없다. 그러나 무료 와이파이가 없는 지역에서 데이터를 사용하고 싶다면 데이터 무제한 로밍 서비스를 신청하거나 현지 심(SIM) 카드를 구입해야 한다.

★ SKT troaming.tworld.co.kr ★ KT globalroaming.kt.com
★ LG U+ www.uplus.co.kr

TIP. 데이터를 이용하지 않을 거라면

사용량과 여행 일정 등을 고려하여 데이터를 사용하고 싶지 않다면 이동 통신사에 '데이터 로밍 차단 서비스(무료)'를 신청하거나 환경 설정에서 '데이터 로밍 비활성화'를 체크하면 데이터 로밍을 차단할 수 있다.

연령대에 특화된 로밍 서비스

통신사 3사 모두 만 24세 이하, 만 55세 이상 등 가입 연령을 구체화하고, 이용 서비스를 한정 또는 무제한으로 하는 다양한 연령별 서비스를 제공한다. 메신저 애플리케이션만 이용하거나 데이터 무제한 이용 등 필요한 서비스에 대하여 연령대별 혜택을 받을 수 있는지 해당 사항을 확인해 보고 가입하자. SKT에서는 데이터 로밍 서비스인 유럽패스와 T전화로 고품질 데이터와 음성 통화를 쓸 수 있는 Baro 로밍 서비스를 제공하며, 세계 최초로 스위스와 5G 로밍을 진행하여 더욱 더 빠른 속도로 인터넷을 사용할 수 있다. KT도 여러 명이 데이터를 나누어 쓰는 함께ON, LG유플러스도 여행 기간과 나이에 따른 요금제 등 다양한 서비스가 있다.

심 카드

언어의 문제가 걱정되거나 미리 준비를 해야 마음이 놓이는 여행자들의 경우 국내에서 미리 유심을 사갈 수 있다. 그러나 유의할 점은 유심을 바꿔 사용하면 전화번호도 바뀐다는 점이다. 한국에서 쓰던 번호로 연락을 취하면 받을 수 없으니 지인들에게 바뀐 번호를 알려줘야 한다.

★ 유심월드 www.usimworld.co.kr
★ 유심스토어 www.usimstore.com

국내 구매의 장단점

- **장점**: 교체, 전원을 켜고 사용하면서 모르는 부분을 미리 물어볼 수 있고, 현지에 가서도 메신저나 전화를 이용해 한국어로 실시간 상담을 받을 수 있다.
- **단점**: 유심은 현지에서 구매하는 편이 훨씬 싸다. 대부분의 여행자들이 솔트 Salt 통신사 지점에서 데이터, 전화와 문자를 다양하게 묶은 구성의 심 카드를 구입한다. 공항과 시내 등 지점이 가장 많아 인기가 많다. 온라인 후기도 많아 어렵지 않게 구매하여 사용할 수 있다.

구입 시 유의할 점

한꺼번에 너무 많이 충전하지 않도록 하자. 자칫 잘못해서 심이 부러지거나 분실되면 쓰지도 못하는 경우가 있으니 구입 시 보상, 교환 정책을 잘 알아보도록 한다.

휴대폰 사용 시 주의할 점

애플리케이션 자동 업데이트를 해지하여 와이파이가 잡혔을 때만 업데이트가 되도록 앱 설정을 변경해 둔다. 업데이트도 데이터를 잡아먹는 큰 요인 중 하나이다.

부정 사용 피해 요금 보상 서비스

LG유플러스는 해외에서 휴대 전화(유심)를 도난, 분실하거나 발생하는 부정 사용 피해 요금을 보상해 주는 로밍 폭탄 보험 서비스를 제공한다. 별도 보험 가입이나 보험료 납부 없이 자동 가입된다. 휴대전화 분실 후 24시간 이내에 LG유플러스 고객 센터(+82-2-3416-7010)로 분실 신고 및 정지 요청을 하면 끝이다. 30만 원을 초과해 발생한 금액에 대해 면제를 받을 수 있다.

휴대폰 도난에 대비하여 비밀번호 설정

휴대폰 안에 담긴 각종 개인 신상 정보를 쉽게 도난당하지 않도록 하기 위함이다. 특히 은행 애플리케이션에 쉽게 접속할 수 있게 되면 휴대폰만 잃어버리는 것이 아니라 더 큰 피해를 입을 수 있으니 잠금 설정을 하도록 한다.

추천 애플리케이션

시티 맵스 투 고 City Maps 2 Go

데이터를 사용하지 않고 미리 다운받은 지도 위에 GPS를 사용하여 현재 위치를 표시해 주는 똑똑한 지도 애플리케이션으로, 구글맵보다 이용

이 편하다는 호평이 많다. 여행을 떠나기 전 미리 지도를 받아볼 수 있다. 최대 5개의 도시 지도를 무료로 다운받아 저장할 수 있으며 지도를 삭제하면 새로운 도시의 지도를 받아볼 수 있어 제약 없는 무료 애플리케이션이라 할 수 있다. 단점이라면 업데이트를 자주 하지 않는 편이다.

구글 번역기 Google Translate

손짓과 표정으로 전달되지 않아 번역기가 꼭 필요한 순간이 있기 마련이다. 가장 보편적으로 사용하는 번역기는 구글 번역(translate.google.com). 수많은 언어를 지원하는 구글 번역 앱을 다운받아 더욱 수월하게 여행을 떠나자.

트립 어드바이저 TripAdvisor

항공권, 호텔, 교통편, 지역별 명소, 식당, 숙소에 대한 정보와 리뷰를 가장 많이 보유하고 있다. 홈페이지(tripadvisor.com)와 앱 모두 사용 가능하며 세계 각지의 여행객들이 남긴 여행기를 바로 번역하여 볼 수 있는 기능을 제공한다. 트립 어드바이저에서 해마다 리뷰와 자체 평가를 바탕으로 수여하는 최고의 식당, 최고의 호텔 등의 상은 각 업체들이 자랑스럽게 광고할 정도로 그 신뢰도가 대단하다. 안드로이드와 애플 모두 지원하며, 한국어 버전을 지원한다.

Switzerland
출국 수속

인천 공항 도착

서울에서 인천 공항으로의 이동은 공항버스를 이용하거나 자동차를 이용할 수 있다. 김포 공항이나 서울역에서 공항 고속 전철을 이용할 수도 있다. 김포 공항에서 인천 공항까지는 약 30분 정도 소요된다. 서울역을 기준으로 인천 공항까지는 공항버스로 약 1시간이 소요되지만, 서울 시내의 교통 사정을 감안하여 미리 서둘러야 한다. 공항버스 노선도 및 시간은 홈페이지(www.airportlimousine.co.kr)에서 미리 확인할 수 있으며, 버스 노선별로 적용되는 할인 쿠폰도 다운받을 수 있다.

탑승권 발급

출발 2시간 전에 공항에 도착하여 해당 항공 카운터에 가서 탑승권을 발급받도록 하자. 인천 국제공항은 2018년 1월 18일부터 제2 여객 터미널이 신설되어 제1청사는 아시아나 항공와 제주 항공을 비롯한 저비용 항공사와 외항사(델타 항공, KLM, 에어프랑스 제외)가 이용하고, 제2청사는 대한 항공, 델타 항공, KLM, 에어프랑스 항공사만 이용을 한다. 아시아나 항공의 경우 제1청사 L, M에서, 대한 항공의 경우 제 2청사 3층에서 탑승권을 발급받을 수 있다.

출국장

인천 공항 제1청사는 3층에 4개의 출국장이 있고, 제2청사는 3층에 2개의 출국장이 있다. 출국장은 어느 곳으로 들어가도 무방하며, 출국할 여행객만 입장이 가능하다. 입장할 때 항공권과 여권 그리고 기내 반입 수하물을 확인한다. 또한 출국장에 들어가자마자 양옆으로 세관 신고를 하는 곳이 있는데, 사용하고 있는 고가의 물건을 외국에 들고 나가는 경우 미리 이곳에서 세관 신고를 해야 입국 시 고가 물건에 대한 불이익을 받지 않는다.

보안 심사

여권과 탑승권을 제외한 모든 소지품 검사를 받는다. 칼, 가위 같은 날카로운 물건이나 스프레이, 라이터, 가스 같은 인화성 물질은 반입이 안 되므로 기내 수하물 준비 시 미리 확인한다.

출국 심사

출국 심사는 항공권과 여권을 검사한다. 출국 심사를 통과하면, 공항 면세점이 있는데 입국할 때에는 공항 면세점을 이용할 수 없으므로 출국 전 이용한다. 온라인이나 시내 면세점에서 물건을 구입한 경우에는 면세점 인도장에서 물건을 찾는다. 면세 범위는 $600이며, 초과 시에는 세금이 부과된다. 성수기에 면세점 인도장은 굉장히 붐벼 대기 시간이 상당하니 이를 고려해서 공항에 조금 더 일찍 도착하도록 한다.

자동 출입국 심사 서비스

2008년 6월부터 시행하고 있다. 출입국할 때 항상 긴 줄을 서서 수속을 밟아야 하는 번거로움을 없애기 위해 시행하고 있는 제도로, 심사관의 대면 심사를 대신하여 자동 출입국 심사대에서 여권과 지문을 스캔하고, 안면 인식을 한 후 출입국 심사를 마친다. 주민등록이 된 7세 이상의 대한민국 국민이면(14세 미만 아동은 법정대리인 동의 필요) 모두 가능하고, 18세 이상 국민은 사전 등록 절차 없이 이용할 수 있다.

비행기 탑승

출국편 항공 해당 게이트에서 출국 30분 전부터 탑승이 가능하므로 이 시간을 꼭 지킨다. 항공 탑승권에 보면 'Boarding Time' 밑에 시간이 적혀 있다. 이 시간이 탑승 시간이므로 늦지 않도록 주의하자.

TIP. 비행기 탑승 시 몇 가지 주의할 점

Q. 액체류는 기내 반입이 안 되나요?

2007년 3월 1일부로 액체, 젤 류 및 에어로졸 등의 기내 반입을 제한한다. 이는 늘어나는 항공 관련 테러를 방지하기 위한 대책의 하나로, 액체로 된 폭탄 제조 사례가 많이 발견되고 있기 때문이다. 한국 내 모든 국제공항 출발편 이용 시 다음과 같은 규정이 적용된다.

❶ 항공기 내 휴대 반입할 수 있는 액체, 젤류 및 에어로졸은 단위 용기당 100ml 이하의 용기에 담겨 있어야 하며, 이를 초과하는 용기는 반입할 수 없다. 100ml는 요구르트병을 조금 넘는 정도의 크기이다. 로션, 향수 등은 용기에 적혀 있는 용량을 꼭 확인한다.

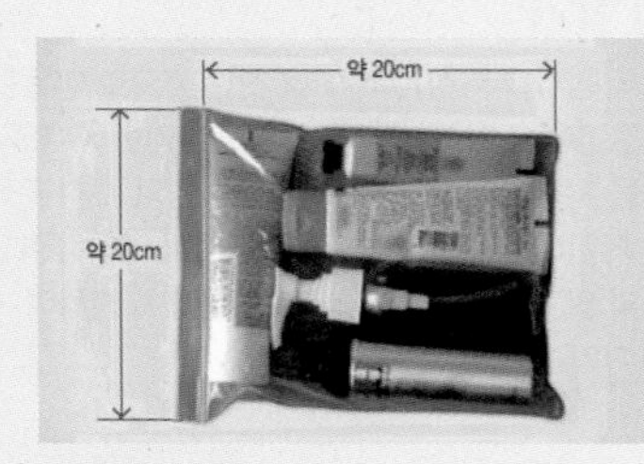

❷ 액체류 등이 담긴 100ml 이하의 용기는 용량 1L 이하의 투명한 플라스틱 지퍼락 봉투(크기 20×20cm)에 담아서 반입하며, 이때 지퍼는 잠겨 있어야 한다. 지퍼락 봉투가 완전히 잠겨 있지 않으면 반입이 불가하며, 지퍼락 봉투로부터 제거된 용기는 반입할 수 없다. 지퍼락 봉투는 1인당 1개만 허용된다. 1L까지 기내 휴대가 가능하므로 규정상으로는 100ml 이하의 용기 10개까지 기내 반입이 허용되나 실제로는 봉투 크기가 작으므로 용기 2~3개 정도를 넣으면 지퍼락이 꽉 찬다.

❸ 기내에서 승객이 사용할 분량의 의약품 또는 유아를 동반한 경우 유아용 음식(우유, 음료 등)은 반입이 가능하다.

❹ 지퍼락 봉투는 공항 매점에서 구입할 수 있다.

Q. 면세품의 경우는?

❶ 보안 검색대 통과 후 또는 시내 면세점에서 구입한 후 공항 면세점에서 전달받은 주류, 화장품 등의 액체, 젤류는 투명하고 봉인이 가능한 플라스틱 봉투에 넣어야 한다.

❷ 봉투가 최종 목적지행 항공기 탑승 전에 개봉되었거나 훼손되었을 경우에는 반입이 금지된다.

❸ 면세품이 담긴 봉투에는 면세품 구입 당시 교부 받은 영수증을 동봉하거나 부착해야 한다.

❹ 한국 내 공항에서 국제선으로 환승 또는 통과하는 승객의 면세품에도 위의 조항이 적용된다.

Switzerland
스위스 입국

출입국에 필요한 특별한 절차는 없다. 단순 관광의 목적이면 체류 기간이나 숙소 정도만 간단히 묻는다. 세관 검사대를 거쳐야 하나 특별히 신고할 만한 물건이 없을 경우 X선 투시기를 거치는 것으로 검사가 종료된다.

짐 찾기

입국 심사를 마친 후 수하물 찾는 곳으로 이동한다. 전광판에서 자신의 항공편명을 확인한 후 해당 수화물 수취대에서 짐이 나오면 본인의 수하물 태그를 확인해 짐을 찾는다. 짐이 나오지 않았다면 당황하지 말고 항공사 직원에게 도움을 요청하여 조치를 기다린다.

세관 심사

세관 신고서는 가족당 대표 1인만 작성하고 육류, 채소, 과일을 포함한 기타 동식물의 반입은 금지되므로 주의한다. 간혹, 가방 검색을 요청하는 심사관이 있으며 이때에는 간단한 질문과 함께 가방 안의 소지품 및 기타 물품에 대한 검사를 진행하기도 한다.

세관 정보

면세 현금 한도는 1인당 CHF300/1일이다. 이 이상의 값에 해당하는 면세품에 대해서는 VAT를 지불해야 한다. 이 경우 모든 제품에 해당하는 영수증과 여행 서류를 준비한다.
육류나 유제품 등을 EU나 EFTA에 속하지 않은 국가에서 반입할 수 없으며, 디자이너 브랜드의 모조품 또한 개인 사용을 위한 것이라고 해도 반입할 수 없다.

스위스 입국 시 담배와 주류 반입 유의 사항

- 18% 이하 주류 5L와 18% 이상 주류 1L
- 담배, 시가(궐련), 기타 담배 제품 250g(17세 이상 나이 제한)

Switzerland
집으로 돌아오는 길

공항 도착

여행 일정을 마치고 다시 공항으로 돌아갈 때는 입국할 때 시내로 나왔던 교통편을 이용하면 된다. 출국하기 2시간 전에는 공항에 도착해 세금 환급 및 출국 수속을 밟아야 한다. 성수기라면 조금 더 서두르도록 한다.

세금 환급 (택스 리펀드)

면세 혜택을 받은 물건들은 도장을 받고 서류를 제출한다. 수하물을 부치기 전에 진행해야 하는 절차로 세부 내용은 이 책 17쪽을 참고한다.

탑승권 발급

공항에 도착하면 해당 항공사 데스크에서 체크인 후 탑승권을 받는다. 일행이 있다면 같이 여권과 항공권을 제시하여 나란히 붙은 좌석을 받을 수 있다. 보안 검사와 출국 심사 시간을 고려해 여유 있게 도착하도록 한다.

출국 심사

한국에서의 출국과 마찬가지로 보안 검사를 받는다. 여권과 탑승권을 제외하고 소지품 모두 검사 대상이다.

비행기 탑승

출국 심사를 마치면 면세 구역이 나타난다. 면세점 쇼핑이 끝나면 탑승 게이트로 이동하는데, 출국 30분 전부터 탑승이 시작되므로 늦지 않도록 주의한다. 게이트가 출발 직전 변경되기도 하니 주기적으로 확인하는 것이 좋다. 기내 서비스는 이륙 후 항공기가 정상 궤도에 진입하면 시작되고, 기내 면세점 판매도 이루어진다. 기내에서 세관 신고서를 미리 작성하면 좋다.

입국 심사

인천 공항 도착 후에 입국 심사대로 이동한다. 입국 심사대에 줄을 설 때는 한국인과 외국인 줄이 따로 있는데 한국 국적을 가진 사람은 한국인 줄에 서서 대기하면 된다. 입국 심사를 받을 때는 여권만 제출하면 된다. 세관 신고서는 수하물을 찾은 후 입국장으로 나가기 전에 세관 심사관에게 제출한다. 자동 출입국 심사에 해당하는 여행자는 더 빠르게 입국 심사를 마칠 수 있다.

짐 찾기

입국 심사를 마친 후 아래층으로 내려오면 수하물 수취대가 여러 개 있다. 항공편명이 적힌 수취대에서 짐을 찾는다. 이때 수하물에 붙어 있는 일련번호를 체크해 본인의 짐이 맞는지 확인한다.

세관 검사

기내에서 작성한 세관 신고서를 제출한다. 세관 신고를 해야 하는 사람은 자진 신고가 표시되어 있는 곳으로 간다. 만약 신고를 하지 않고서 면세 범위를 초과한 물건을 들여오다가 세관 심사관에게 발각되는 경우에는 추가 세금을 지불해야 한다. 국내 면세점에서 고가의 물건을 구입한 경우 면세 정보가 세관에 모두 통보되기 때문에 $600 이상의 면세품을 구매했다면 꼭 미리 신고하자. 세관 검사가 끝나면 입국장으로 나온다. 인천 공항의 입국장은 제1청사에 6개, 제2청사에 2개로 나눠져 있다. 이곳에서 만날 약속을 한 경우 출발 전에 미리 입국편명을 알려 주면 상대방이 쉽게 입국장을 찾을 수 있다.

찾아보기 INDEX

S w i t z e r l a n d

Sightseeing

Eating

Sleeping